Analysis of Radome – Enclosed Antennas(Second Edition)

天线及天线罩分析

(第2版)

[美]丹尼斯·J. 卡扎科夫(Dennis J. Kozakoff) 著

刘佳琪　刘晓春　张文武　张生俊　译

刘晓春　张生俊　审校

國防工業出版社

·北京·

著作权合同登记图字：军 - 2018 - 063 号

内 容 简 介

本书是为数不多的介绍天线罩设计理论与技术的专著，特别是在与工程经验结合方面，本书是作者多年来在这一领域经验的结晶。全书共四部分：第一部分是基础知识，第二部分介绍了天线罩电性能设计仿真方法，第三部分结合典型应用介绍了天线罩设计的计算机程序实现。作为第 2 版新增加的内容，第四部分介绍了天线罩的规范要求、测试及性能退化问题。全书内容系统、完整、实用，并附有重要参考文献和计算机程序代码。

本书可作为天线罩设计相关专业高年级本科生、研究生的参考教材，也可作为天线罩设计相关工程人员重要的参考书。

图书在版编目(CIP)数据

天线及天线罩分析：第 2 版/(美)丹尼斯·J. 卡扎科夫 (Dennis J. Kozakoff) 著；刘佳琪等译. —北京：国防工业出版社，2023. 1

书名原文：Analysis of Radome - Enclosed Antennas (Second Edition)

ISBN 978 - 7 - 118 - 12638 - 9

Ⅰ. ①天…　Ⅱ. ①丹…②刘…　Ⅲ. ①天线罩—设计　Ⅳ. ①TN820. 8

中国版本图书馆 CIP 数据核字(2022)第 222205 号

Analysis of Radome - Enclosed Antennas (Second Edition) by Dennis J. Kozakoff.
ISBN 13:978 - 1 - 59693 - 441 - 2

※

国防工業出版社 出版发行
(北京市海淀区紫竹院南路 23 号　邮政编码 100048)
三河市众誉天成印务有限公司印刷
新华书店经售
*
开本 710 × 1000　1/16　印张 17　字数 292 千字
2023 年 1 月第 1 版第 1 次印刷　印数 1—2000 册　定价 156. 00 元

(本书如有印装错误，我社负责调换)

国防书店：(010)88540777　书店传真：(010)88540776
发行业务：(010)88540717　发行传真：(010)88540762

译者序

雷达是现代战争中的“眼睛”，天线是雷达的“眼睛”，但天线工作面临的环境往往是恶劣的，这就需要安装一个天线罩将其保护起来。天线罩不仅要满足电气性能要求，还要满足环境及工作条件要求，对于飞机或导弹平台，天线罩不光要保护天线，还要起到维持良好气动外形的作用。作为一种放在天线近前、由介质构成的结构，天线罩的存在会对天线的性能产生影响，因而天线罩的设计需要最大可能降低对天线性能的影响，其涉及多个学科，是一项复杂的工作。

美国学者丹尼斯的著作《天线及天线罩分析》(*Analysis of Radome - Enclosed Antennas*)，是天线罩设计方面少有的专著，目前最新版本是第2版。该书从工程设计角度全面介绍了天线罩理论设计与分析、天线罩类型及工艺，以及天线罩影响因素与规范等，是天线罩设计领域具有重要指导意义的作品。鉴于此，试验物理与计算数学“国家级”重点实验室决定组织引进翻译本书，以飨读者。

本书由试验物理与计算数学“国家级”重点实验室和高性能电磁窗航空重点实验室联合组织翻译，两个实验室四名译者组成翻译小组，完成通稿翻译，并对翻译稿进行初译、互校、合校等来确保质量。全书由刘佳琪研究员牵头翻译，刘晓春研究员牵头审校，张生俊研究员牵头核校统稿。此外，王悦研究员翻译了第10、11章，并对第1~5章进行了核校，李梦媛核校了其余章节。本书实际上是我们利用业余时间完成的，感谢我们的家人，没有他们的支持，难以想象本书能够完成，还要感谢为我们提供过帮助的朋友们，在遇到难以抉择的时候，是他们的热情帮助我们做得更好。同时，感谢国防工业出版社的编辑为本书的面世付出大量心血。

译著的精髓是“信”“达”“雅”，我们坚持努力做到“信”、争取“达”、力争“雅”的态度，历经4年，多轮次讨论修改，几易其稿，终于付梓完工。

拟交稿之际，恰逢多年不遇的立冬时节下大雪，印象中，上一次已是儿时的事了。立冬时节雪，可以涤污尘。愿抗环境苦，守得天线身。希望本书如大雪，可以惠及广大从事天线罩设计的学生、学者和工程人员。

限于能力水平,虽尽最大努力,仍难免有不当之处,期待读者批评指正。意见或建议请联系出版社或 zhangsj98@ sina. com。

译者
2021 年金秋时节于北京
2021 立冬终改

序

军用平台需保持其先进性以满足任务需求，这就带来对所有部件和结构设计过程的新要求，包括对复合天线罩的新要求。天线罩设计具有独特的挑战性，是因为其性能参数间一般会有直接的矛盾，必须不断迭代设计，直到相互矛盾的参数都满足要求。设计过程是在电透明性和机械强度之间折中。有很多介电材料可供选择，每种都具有独特的性质，包括电性能、力学性能、耐环境性能以及成本。最后，必须从制造角度进行天线罩设计的评估。

用于天线罩设计的分析工具与方法在不断发展，以解决天线罩设计中与工程应用相关的矛盾问题。下一代有人和无人平台越来越具有挑战性的要求，加速了对这些发展的需求。新的平台要求更高的射频透明度、低可观测性、频率选择表面、减重以及提高结构效率。

计算机硬件和软件算法的进步使得天线罩设计过程有了显著进步。现代计算机不断强大的功能使得天线罩设计人员能够以对以前而言不可能的方式评估设计，如采用频率选择表面、低可观测性处理或超材料设计。以前的天线罩设计方法需要设计者对特定几何外形创建自定义算法以预测性能。由于与这种方法相关的误差需要大量的天线罩实物测量迭代来验证和完成最终设计，既昂贵又耗时。

如今，有极其强大的电磁仿真软件包可用于求解所有类型的电磁问题，包括天线罩。这些工具在市场上可以买到，并使用许多不同的数学方法来分析天线罩及预测天线罩性能。根据设计情况，程序运行可以使用时域有限差分、矩量、物理光学或有限元等方法。

本书对不同形状和要求的现代天线罩设计与分析提出了许多新的有用的见解。支撑新的天线罩规范要求具备能够在设计阶段早期对天线罩进行精确建模的能力。本书所给出的信息有助于天线罩设计和开发过程中在设计精度、成本控制和及时性等方面的提高。

麦克·斯塔修夫斯基
科巴姆防御系统、传感器系统公司 高级天线工程师
马里兰州 巴尔的摩市
2009 年 11 月

前言

如果你在读本书，你就会发现本书适合从事以下职业的人员：

对天线、天线罩或电磁理论感兴趣的工程师、物理学家或科学家。

政府或工业部门从事天线罩采购、说明或评估正在获取或已经安装天线罩工作的项目经理。

进行天线罩测试的技术人员。这本书描述了所需的测试技术和设备。

如果您从事的正是其中的某项职业，那么本书将特别满足您的需要。如果您是出于一种广泛的兴趣阅读本书，那么您将学到很多关于天线罩的知识。

目的

本书的最终目的是帮助您开发自己的用于天线罩分析的先进软件。为了实现这个目标，我们将系统性地引导您一步步地完成构建模块和各个计算步骤。这些是实现最终目标之前必须解决的，这些问题必须在通向最终目标之前逐一解决。

如果您彻底地研读和学习本书，您应该能够：

(1) 定义天线罩，描述它是如何工作的，说出它的发展历史以及理解确定一个好的分析方法的参数。

(2) 开发分析天线罩对天线影响所需要的数学框架以及电磁理论。

(3) 理解天线的基本原理。

(4) 理解天线罩材料以及天线罩组成是如何影响具体分析技术的。

(5) 选择对您的具体天线最适用的天线罩模型。

(6) 理解并运用本书的软件。

(7) 具备开发自己专用计算机软件的能力。

您需要的硬件与技能

虽然天线罩分析不要求您具有博士水平的数学能力，但您必须理解本书中出现的基本公式。此外，您需要具备计算机知识，并具有一定的编程基础。

本书第 1 版出版以来，计算机硬件水平已有了惊人的进步。今天，您可以在计算机上运行复杂的天线罩建模程序，这在过去可能需要一台大型计算机。为更好运行软件程序，计算机硬件配置建议如下：

(1)安装 Windows XP、XP 企业版，或 Visio 操作系统的台式机或笔记本电脑。

(2)时钟频率最低 1.5GHz。

(3)最少 2GB 内存。

(4)32 位或 64 位计算机。

本书各实例的程序采用 Power Basic 语言，这是一种非常简单且成熟的编程语言。它极易学，并且其代码可以很容易地翻译成其他编程语言，如 Fortran、Pascal 或 C++。该编程语言的更多信息可以在互联网站 www.powerbasic.com 上找到。

本书 CD 光盘[①]所提供的计算机软件由可以在计算机上运行的两个独立的程序组成：

(1)WALL 程序。计算电磁波经过由 1~5 层不同类型电介质材料组成的平面多层介质复合材料传播时的传输损耗。

(2)To-Radome 程序。计算一般三维正切卵形(TO)天线罩的传输损耗和瞄准线误差(BSE)，此时用户可以改变天线罩几何形状以及天线罩壁层数等以得到最佳性能。

使用中，WALL 程序可以用来针对不同的复合材料设计获得最小传输损耗，TO-Radome 可以用来确定在天线罩几何外形条件下最佳的复合材料结构设计性能。平板复合材料样件的传输性能可能与该结构以三维天线罩外形应用时的有差异。但是，WALL 程序对大致范围的罩壁设计很有用；当使用 TO-Radome 程序进行性能优化时，这个罩壁设计可能是由半经验迭代出来的。

您能从天线罩分析中获得什么

天线罩分析既是一种艺术也是一种科学，您无法保证您对某个问题的解决是精确的。本书中所使用的分析方法运用了很多近似。您所使用的介质壁材料的数据(厚度、介电常数、损耗角正切)也会限制总的计算精度。此外，这些参数公差的影响极难建模，但您可以期待对天线罩性能有一个大致的估计。作者认为这里所给出的方法和示例都是正确的，并认为在应用时会形成一个合理的大致解决方案。

天线罩分析包括选择解决问题的基本方法，并将整个问题分解为许多小问

---

① 译者注：英文原书配有光盘，中文版没有光盘。

题或软件模块。本书讨论了可以应用的特定方法，包括矩量法（MOM）、平面波谱法（PWS）等。然而，几何光学（GO）或物理光学（PO）这种射线追踪的方法是最直接且最容易应用的技术。当以波长尺度衡量，天线尺寸较大时，GO 技术可以很好地工作；天线尺寸较小时，PO 技术可以很好地工作。这两种技术都广泛使用了射线追踪和向量数学。

本书的组织架构

本书包括四部分：

第一部分，天线罩的背景与基础，包括发展历史、天线罩材料及罩壁结构概述，相关的数学工具，以及天线基础。

第二部分，天线罩分析技术，为电磁理论和天线罩建模方法的概述。

第三部分，计算机实现，讨论在计算机上完成建模的软件编程方法。

第四部分，天线罩的性能要求、测试及性能退化问题，是第 2 版新增加的内容。

致　谢

对于本书第2版，我感谢来自各个公司的关键人员，他们提供了数据，并针对天线罩开发团体的当前需求，以及天线罩设计、制作和测试技术现状，给出了十分有价值的见解。

本书最大的贡献者是位于俄亥俄州 Saint Gobain Performance Plastics 公司（前身是诺顿天线罩公司）的技术和工程总监 Ben MacKenzie，他从事先进天线罩开发工作30年，最近退休。此前，MacKenzie 先生担任一个小组委员会的主席，该委员会制定了第一个国际公认的民用飞机天线罩标准（RTCA－DO－213，机头安装天线罩的最低性能标准）。2005年，他因对航空天线罩发展做出的重大贡献而获得 NASA 颁发的杰出公共服务奖章。

我还要感谢 Cobham Sensor Systems 的高级天线工程师 Mike Stasiowski 为本书作序。Cobham Sensor Systems 总经理 Dave Moorehouse 对本书写作给予鼓励并提供了一些照片。MFG Galileo Composites 的总经理 Clint Lackey 和天线罩设计工程师 Lance Griffiths 博士，以及 Cobham SATCOM 的射频工程师 Tim O'Conner 和工程副总裁 John Phillips 分别提供了宝贵的照片。Saint Gobain Performance Plastics 的航空航天工程经理 Dave Stressing 提供了天线罩环境影响的素材以及相关照片。MI Technologies 营销副总裁 Jeff Fordham 及产品营销总监 Jan Kendell 分别提供了天线罩近场和紧缩场测试设备的照片。Orbit FR 副总裁兼首席技术官 John Aubin 提供了测试中的天线罩照片。我还要特别感谢提供产品信息和/或特性数据供本书使用的众多供应商和制造商。

我还要感谢 USDigiComm Corporation 的副总裁 Dennis Kozakoff, Jr.，他提供了原图、照片和其他计算数据，供本书中的天线罩设计团体使用。本书的完成离不开我妻子 Ruth Kozakoff 的帮助，她不仅打印了原稿，而且在整个过程中给予我很大的鼓励和灵感。

目　录

第一部分　背景与基础

第二部分 天线罩分析

第三部分　天线罩分析的计算机实现

第四部分 天线罩规范及环境适应性

第一部分
背景与基础

第1章　天线罩概述

天线罩一词，源于“雷达半球式顶罩”的缩写，是指放置于天线周围，用于保护天线使其不受物理环境影响的结构。理想上，天线罩是射频透明的且不会降低天线的电性能。

现今，天线罩在地面、航海、飞机以及导弹电子系统中都有广泛的应用。例如，图1.1是某机场空中交通管制雷达天线及其天线罩，图1.2是导弹导引头天线及其天线罩。

图1.1　某机场空中交通管制雷达天线及其天线罩
（照片由美国数字通信（USDigiComm）公司提供）

图1.2　导弹导引头天线及其天线罩（照片由美国空军国家博物馆提供）

1.1 天线罩发展的历史沿革

在出现天线罩之前,也就是第二次世界大战早期,慢速飞行的飞机安装甚高频(very high frequency,VHF)雷达,一般使用八木或偶极子阵列天线,采用在外部安装的方式。随着微波雷达在高速飞行飞机上的出现,采取措施保护天线不受实际飞行物理环境的影响变得十分必要。

当微波雷达于1940年首次出现于美国时,对保护机载天线有了更大的需求。起初,Sperry Rand公司测试了悬挂于B-18飞机外挂炸弹舱上的天线实验样件[1]。几乎同时,英国的高功率微波磁控管的引入催生了军用和民用雷达的迅速发展。

最早报道的机载天线罩采用简单的薄壁设计。第一个装机飞行的是1941年出现的半球形鼻锥天线罩,由亚克力(Plexiglas)制成,用于保护B-18A飞机上西部电气(Western Electric)公司的S波段实验雷达,如图1.3所示。从1943年开始,机载雷达开始采用0.25英寸(1英寸=2.54cm)厚的胶合板天线罩[2]。这一时期,胶合板天线罩也同时用于海军鱼雷快艇、飞艇以及地面雷达。

图1.3 B-18A飞机照片(照片由美国数字通信(USDigiComm)公司提供)

由于胶合板有吸潮问题并且不容易弯成双曲形状,研究新的天线罩结构和材料势在必行。例如,1994年,麻省理工学院(Massachusetts Institute of Technology,MIT)辐射实验室开发了三层"A夹层"结构,这种结构采用高密度蒙皮和低密度芯材。这个时期常用的还有玻璃纤维蒙皮和聚苯乙烯纤维芯材结构[3]。

然而,自第二次世界大战以来,天线罩材料的发展集中在两个主要领域:一是陶瓷材料,主要用于高速导弹的天线罩;二是高强度有机材料,主要用于夹层复合结构的天线罩。

现今,最现代的机载天线罩都采用夹层结构。图 1.4 给出了一架现代化的飞机,其鼻锥天线罩采用夹层结构设计。

图 1.4　现代飞机鼻锥上的雷达天线及天线罩(照片由美国空军国家博物馆提供)

由于新一代航空和雷达对电子性能的需求,诞生了先进的计算机设计分析技术。各种专题研讨会上天线罩技术数据的发布成为推进天线罩计算机设计分析技术的主要动力。其中,最为人所知的可能是在佐治亚州亚特兰大的佐治亚理工学院举办的两年一度的电磁窗研讨会。

1.2　天线罩—天线的相互作用

近几十年来,电磁频谱使用的快速增长,促使了电磁传感器或通信电子系统天线的性能大大改善。典型的例子有两个:一是用于改善雷达性能的双极化超宽带天线系统;二是用于 SATCOM 公司通信设备的超低副瓣天线,其必须满足非常严格的远区副瓣要求。

与前期产品相比,这些设备的天线对天线罩有更严格的性能要求,这是因为天线的性能会由于天线罩影响而改变,主要包括以下几项:

(1)引入了瞄准误差(boresight error,BSE)以及瞄准误差斜率(boresight error slope,BSES)[①]。

(2)引入了配准误差(registration error)。

(3)抬高了天线副瓣电平。

① BSE,也称为瞄准线误差;BSES,也称为瞄准误差变化率。

(4)去极化,或者说将能量由一种极化方向(polarization sense)转换到另一种极化方向。

(5)增加了天线电压驻波比(voltage standing wave ratio,VSWR)。

(6)引入了插入损耗。

1.2.1 瞄准误差和瞄准误差斜率

瞄准误差是接收信号到达角相对于真实目标到达角(或视线方向)的偏差,主要源于电磁波波前通过介质天线罩壁传播时发生的相位畸变。瞄准误差斜率定义为瞄准误差随罩内天线扫描角变化的函数关系。

对于导弹天线罩内的单脉冲天线,瞄准误差取决于频率、极化以及天线指向。天线罩的瞄准误差直接影响按追踪制导律
弹道飞行的导弹脱靶距离(或制导精度)。天线罩瞄准误差斜率还影响按比例制导律或现代制导律弹道飞行的导弹脱靶距离[4]。

天线罩的瞄准误差斜率可能会引起现代制导系统和经典比例导航系统性能的严重下降。导弹制导系统的设计者们通常使用计算机和/或半实物(hardware in - the - loop,HWIL)仿真来确定导弹最终脱靶距离与天线罩瞄准误差斜率之间的关系。制导精度指标将决定最大允许的瞄准误差斜率。

在生产过程中,天线罩的制造公差影响天线罩的瞄准误差斜率特性。作为前面讨论的计算机和/或半实物仿真的结果,最大允许瞄准误差斜率通常用于指定天线罩所需的制造公差[5]。

1.2.2 配准误差

配准误差是在天线罩封闭卫星通信天线的情况下,上行链路频率和下行链路频率间的瞄准误差差异。这一参数应该足够小,以确保发射波束峰值和接收波束峰值能够共准直在同一个卫星上。

1.2.3 天线副瓣电平抬高

当天线放置于天线罩内时,天线的副瓣电平一般会抬高,产生副瓣抬高的原因是当电磁波波前通过天线罩壁传输时的相位和幅度畸变。对于最先进的低副瓣天线,天线罩所产生的方向图副瓣抬高成了主要的杂波源[6]。

1.2.4 去极化

天线罩去极化是指天线主极化上的能量转换到其他极化方向。例如,假设

天线正在接收右旋圆极化(right - hand circularly polarized,RHCP)信号,在接收信号透过天线罩壁之后,部分能量转换成左旋圆极化(left - hand circularly polarized,LHCP)信号,这种现象是由于天线罩壁的曲率以及两个正交极化向量之间复传播系数的差异而产生的。

去极化可能是一个大问题,尤其对于采用频率复用技术的卫星通信地面终端而言,更是如此,如图1.5所示的船用典型卫星通信天线,两个独立的信号在同一频率信道中发射和接收,但极化方向相反。

图1.5 船用典型卫星通信天线(照片由美国数字通信(USDigiComm)公司提供)

1.2.5 天线电压驻波比

由天线罩内壁表面反射回来的射频功率会导致天线电压驻波比的大幅增加。因天线罩反射功率所致的电压驻波比增加表现为额外的增益或损耗,如对于卫星通信系统是很关键的。

1.2.6 插入损耗

天线罩插入损耗是指当电磁波通过介质天线罩壁传输时信号强度的下降。部分损耗是由于空气/介质界面处的反射,其他损耗由介质层的耗散产生。材料的损耗角正切($\tan\delta$)是该耗散损耗的量度。

1.3 天线罩性能的重要参数

特定的应用决定了天线罩引起的哪一种效应最受关注。表1.1给出了最典型的天线罩性能指标的总览,其对于各种传感器和电子应用的设计工程师而言是最重要的。

表1.1　各种应用中最重要的天线罩性能指标

应用	引入插损	天线副瓣电平抬高	去极化	瞄准误差	瞄准误差斜率	天线电压驻波比增加
地面/海洋						
气象雷达	×	×	×			×
防空雷达	×	×	×	×	—	×
船用雷达	×	×	×	×	—	×
火控雷达	×	×	—	×	×	×
微波通信	×	—	—	—	—	×
地面及海洋卫星通信	×	×	×	—	—	×
GPS/卫星导航	×	—	×	—	—	—
机载						
气象雷达	×	×	×	—	—	×
对地成像雷达	×	×	—	—	—	×
雷达高度表	×	×	—	—	—	×
雷达信标/空中防撞系统(TCAS)	×	—	—	—	—	×
机载火控雷达	×	×	—	×	×	×
机载卫星通信	×	×	×	—	—	×
微波空—地通信	×	—	—	—	—	—
导弹/弹药						
雷达制导	×	×	×	×	×	×
无源反辐射寻的	×	×	—	—	—	—
无源辐射计成像	×	—	—	—	—	—

早期用于确定天线罩性能指标的评估方法非常烦琐并且是近似的,主要依赖于列线图的使用[7]。随着计算机时代的到来,开始出现现代数学方法,这些方法具有更好的计算精度[8]。

对于天线罩性能的高精度计算,效率成为其作为一种设计手段的限制。因此,精度和效率的结合必定是任何天线罩/天线系统分析方法的目标。

此外,对于新的毫米波(甚短波长)雷达系统分析,天线罩设计面临着计算机运行时间增加的问题。运行时间的增加是由于为避免出现栅瓣,通常在天线孔径上以半波长间隔进行采样。这种额外的运行时间为寻找更有效的毫米波天线罩分析方法提供了动力。

幸运的是,几年前曾经需要采用大型计算机的计算方法现在可以使用低成本、高性能的个人计算机完成。本书的目标是为您提供适合在个人计算机上建模分析的工具,从而使您能够对特定应用中天线罩引起的参数特性进行量化分析。

1.4 第1版以来天线罩技术的进展

自本书第1版出版以来,天线罩技术最伟大的进展是在天线罩壁复合材料中使用超材料或频率选择表面(frequency selective surface,FSS)。以下对这些进展进行简要讨论。

1.4.1 超材料的使用

超材料是一种独特的材料,具有自然材料所不具备的特性,表现出不寻常的电性能,如逆斯涅耳定律。超材料的性质取决于其结构而不是直接由其材料成分所决定的。这一术语1999年由得克萨斯大学奥斯汀分校的Rodger M. Walser所创造[9],他将超材料定义为具有人造、三维、周期性元胞构造的宏观复合材料,旨在产生自然界材料所不具备的最优组合特性。简单说,它是一种具有负折射率的人造复合材料①。超材料的其他信息见文献[10]。

使用超材料设计的天线罩可以提高天线增益。Liu等[11]的研究使用了由两种材料组成的多层结构、平均折射率接近0和空气的左手材料。Liu等的分析表明,这一设计使天线波束宽度减小37.5%,天线增益增加大约6dBi。

Metz[12]的工作使用超材料构造了用于对天线发射的微波进行聚焦的双曲透镜,其中,天线的副瓣大大降低。这表明该种材料可能有益于副瓣抬高影响的最小化,对于卫星通信天线罩来说很重要。

① 译者注:超材料最初是指具有负折射率的材料。

超材料也用于补偿天线罩的瞄准误差[13]。其中的一种补偿技术采用两层天线罩方式,内层使用具有负折射率的超材料,外层是具有正折射率的传统天线罩介质材料。调配两层材料的厚度及各自的折射率,以有效地使得透过天线罩传播的电磁波束不被折射。

1.4.2 频率选择天线罩

在许多情况下,我们希望增加天线罩的频率选择性,以防止来自附近发射天线的耦合对电子设备干扰。例如,接收相对较弱的卫星信号的带罩铱星(IRIDIUM)天线,可能被同一平台上的高功率发射机所干扰。必须采用的措施是在铱星天线罩上采用带通型频率选择表面,在铱星工作频率具有带通性能;或在铱星天线罩上采用带阻型频率选择表面,在会使铱星接收机过载的干扰频段具有带阻性能。

频率选择表面一般是排布在天线罩壁复合材料的表面,关于其设计技术的讨论见文献[14-17]。但是,没有说明频率选择表面不能排布在天线罩壁复合材料内表面或内嵌到天线罩壁中的原因。频率选择表面通常由某种类型的单元阵列组成,设计为以一定频率特性反射或传输电磁波。其中最简单的是导电条带(或金属面上的导电缝隙),在计算机建模仿真中,其可以表示为电抗等效组件。也可在其他更复杂单元,如方环或槽缝以及耶路撒冷十字形状中,确认出电抗组件。对于带通型频率选择表面天线罩而言,主要形式是导电层上的缝隙型单元。

对于单层天线罩,Purinton[18]研究了在天线罩材料内嵌金属网栅或金属屏的可能性。可以通过设置电感来抵消天线罩介质的电容。通过合适的设计,可以在任意所需雷达工作频率的单通带天线罩上构造中心频率。Wu[19]发展了一种获取多通带频率选择表面性能的方法。

1.4.3 隐匿天线罩

分区规划规定、土地开发商/细分契约以及其他法律限制有时会给在某些城市地区安装各种类型的微波敏感天线和卫星通信天线的电信公司带来问题。最近,出现了一些采用创新结构形状设计、塑料材料制造的具有独特高性价比、长寿命的射频透明结构[20]。这些结构重量轻,几乎适用于任何环境,并且可以制造成几乎能组装成任何建筑物的配置,如图1.6所示,图中包含了一个小型微波天线。这一概念可以缩放到任何天线尺寸,如图1.7中所示的超大微波天线。

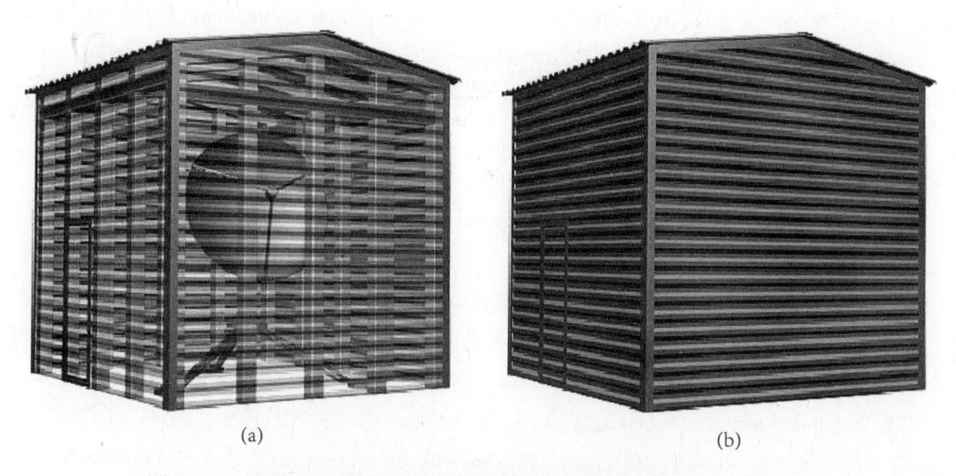

图1.6 RF透波结构中的微波天线(照片由ConcealFab公司提供)

图1.7 RF透波结构中的超大微波天线(照片由ConcealFab公司提供)

参考文献

[1] Tice, T. E., "Techniques for Airborne Radome Design," AFATL-TR-66-391, Air Force Avionics Laboratory, AFSC, Wright Patterson AFB, Ohio, December 1966.

[2] Baxter, J. P., *Scientists Against Time*, Boston, MA: Little, Brown and Company, 1952.

[3] Eggleston, W., *Scientists at War*, Toronto, Canada: Hunter Rose Company, Ltd., 1950.

[4] Johnson, R. C., "Seeker Antennas," Ch. 38 in *Antenna Engineering Handbook*, 3rd ed., New York: McGraw-Hill, 1992.

[5] Yueh, W. R., "Adaptive Estimation Scheme of Radome Error Calibration," *Proceedings ofthe 22nd IEEE Conference on Decision and Control*, Vol. 8, No. 5, 1983, pp. 666 – 669.

[6] Rulf, B., "Problems of Radome Design for Modern Airborne Radar," *Microwave Journal*, Vol. 28, No. 5, May 1995, pp. 265 – 271.

[7] Kaplun, V. A., "Nomograms for Determining the Parameters of Plane Dielectric Layers of Various Structure with Optimum Radio Characteristics," *Radiotechnika I Electronika* (Russian), Part 2, Vol. 20, No. 9, 1965, pp. 81 – 88.

[8] Bagby, J., "Desktop Computer Aided Design of Aircraft Radomes," *IEEE MIDCON 1988 Conference Record*, Western Periodicals Company, N. Hollywood, CA, 1988, pp. 258 – 261.

[9] Walser, R. M., *Introduction to Complex Mediums for Electromagnetics and Optics*, W. S. Weiglhofer and A. Lakhtakia, (eds.), Bellingham, WA: SPIE Press, 2003.

[10] Smith, D. R., et al, "Composite Medium with Simultaneously Negative Permeability and Permittivity," *Physical Review Letters*, Vol. 84, No. 18, May 2000.

[11] Liu, H. – N., et al., "Design of Antenna Radome Composed of Metamaterials for High Gain," *IEEE Antennas and Propagation Society International Symposium 2006*, July 9 – 14, 2006, pp. 19 – 22.

[12] Metz, C., "Phased Array Metamaterial Antenna System," U. S. Patent, October 2005, http://patft. uspto. gov/netacgi/nph – Parser? Sect2 = PTO1&Sect2 = HITOFF&p = 1&u = %2Fnetahtml%2FPTO%2Fsearch – bool. html&r = 1&f = G&l = 50&d = PALL&RefSrch = yes&Query = PN%2F6958729 – h0#h0http://patft. uspto. gov/netacgi/nph – Parser? Sect2 = PTO1&Sect2 = HITOFF&p = 1&u = %2Fnetahtml%2FPTO%2Fsearch – bool. html&r = 1&f = G&l = 50&d = PALL&RefSrch = yes&Query = PN%2F6958729 – h2#h26,958,729.

[13] Schultz, S. M., D. L. Barker, and H. A. Schmitt, "Radome Compensation Using Matched Negative Index or Refraction Materials," U. S. Patent 6,788,273, September 2004.

[14] Parker, E. A., "The Gentleman's Guide to Frequency Selective Surfaces," *17th Q. M. W. Antenna Symposium*, London, Electronic Engineering Laboratories, University of Kent, April 1991.

[15] Munk, B. A., *Frequency Selective Surfaces*, New York: John Wiley & Sons, 2000.

[16] Vardaxoglou, J. C., *Frequency Selective Surface: Analysis and Design*, Electronic & Electrical Engineering Series, Taunton, Somerset, England: Research Studies Press, 1997.

[17] Wang, Z. L., et al., "Frequency – Selective Surface for Microwave Power Transmission," *IEEE Transactions on Microwave Theory and Techniques*, Vol. 47, No. 10, October 1999, pp. 2039 – 2042.

[18] Purinton, D. L., "Radome Wire Grid Having Low Pass Frequency Characteristics," U. S. Patent 3,961,333, 1976.

[19] Wu, T. – K., "Multi – Band Frequency Selective Surface with Double – Square – Loop

Patch Elements," Jet Propulsion Laboratory, NTRS: 2006 - 12 - 25, Document ID: 20060037676, available through National Technology Transfer Center (NTTC), Wheeling, WV, 1995.

[20] http://www.concealfab.com.

第2章　基本原理和约定

本章给出了在模拟天线罩内的天线时所用到的相关主题的参考资料及综述,包括以下主题:

(1)向量数学。

(2)电磁理论。

(3)矩阵。

(4)坐标系与万向节。

对这些主题不是严格讨论,而是高度概括。如果您精通这些科目,可以跳过本章的大部分内容。但是您应该好好阅读2.4节,因为这一节定义了后面数学建模中使用的参考约定。

2.1　向量数学

如果一个向量能表示为三个平行于笛卡儿坐标轴的分量之和,那么就使用笛卡儿坐标系,三个分量分别用a_x,a_y,a_z给出。为此,将三个相互垂直的单位向量($\boldsymbol{x}$,$\boldsymbol{y}$,$\boldsymbol{z}$)与该坐标系相关联,该向量沿着三个坐标轴的正方向。相应地,该向量可以表示为

$$\boldsymbol{A} = a_x\boldsymbol{x} + a_y\boldsymbol{y} + a_z\boldsymbol{z} \tag{2.1}$$

图2.1示意给出了选取它们的公共起点为坐标系原点的三个单位向量$\boldsymbol{x}$,$\boldsymbol{y}$,$\boldsymbol{z}$,并示意了该坐标系内的向量$\boldsymbol{A}$。以类似的方式,另一个向量$\boldsymbol{B}$可以定义为

$$\boldsymbol{B} = b_x\boldsymbol{x} + b_y\boldsymbol{y} + b_z\boldsymbol{z} \tag{2.2}$$

向量$\boldsymbol{A}$和$\boldsymbol{B}$的点积和标量叉积都是以两个向量间夹角ψ表示的标量[1],即

$$\boldsymbol{A} \times \boldsymbol{B} = AB\cos\psi \tag{2.3}$$

$$|\boldsymbol{A} \times \boldsymbol{B}| = AB\sin\psi \tag{2.4}$$

这里,两个向量的幅度用两个公式表示为

$$A = \sqrt{a_x^2 + a_y^2 + a_z^2} \tag{2.5}$$

$$B = \sqrt{b_x^2 + b_y^2 + b_z^2} \tag{2.6}$$

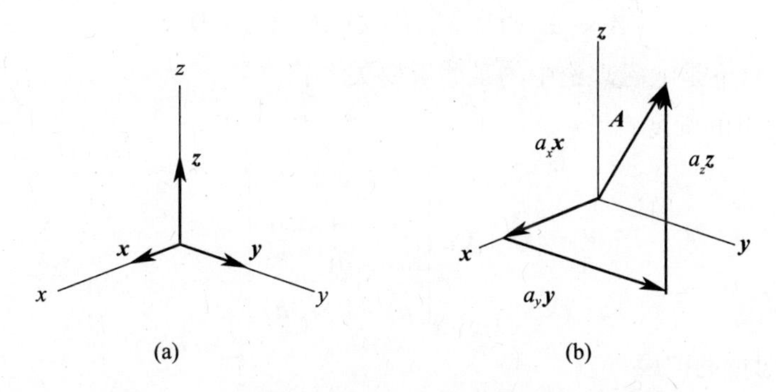

图 2.1　(a)单位向量 $\boldsymbol{x},\boldsymbol{y},\boldsymbol{z}$ 以及(b)向量 $\boldsymbol{A}$ 的表示

然而,向量 $\boldsymbol{A}$ 和 $\boldsymbol{B}$ 的向量叉积产生另一个向量,可以定义为

$$\boldsymbol{C}=\boldsymbol{A}\times\boldsymbol{B} \tag{2.7}$$

示意如图 2.2 所示。

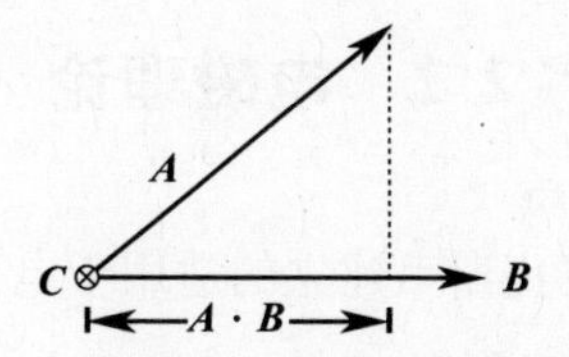

图 2.2　向量 $\boldsymbol{A}$ 和 $\boldsymbol{B}$ 的点积和叉积

这个向量垂直于向量 $\boldsymbol{A}$ 和 $\boldsymbol{B}$ 所在的平面,并且它的方向是由右手规则确定的,采用矩阵形式,该向量为[2]

$$\boldsymbol{C}=\begin{vmatrix} \boldsymbol{x} & \boldsymbol{y} & \boldsymbol{z} \\ a_x & a_y & a_z \\ b_x & b_y & b_z \end{vmatrix} \tag{2.8}$$

或者,展开矩阵

$$\boldsymbol{C}=(a_y b_z-b_y a_z)\boldsymbol{x}+(b_x a_z-a_x b_z)\boldsymbol{y}+(a_x b_y-b_x a_y)\boldsymbol{z} \tag{2.9}$$

其他值得一提的向量运算包括以下几种:

(1)标量乘积的分配律[3]:

$$\boldsymbol{A}\cdot(\boldsymbol{B}+\boldsymbol{C})=\boldsymbol{A}\cdot\boldsymbol{B}+\boldsymbol{A}\cdot\boldsymbol{C} \tag{2.10}$$

(2)向量乘积的分配律:

$$\boldsymbol{A}\times(\boldsymbol{B}+\boldsymbol{C})=\boldsymbol{A}\times\boldsymbol{B}+\boldsymbol{A}\times\boldsymbol{C} \tag{2.11}$$

(3)标量与向量的三重积:

$$\boldsymbol{A}\cdot(\boldsymbol{B}\times\boldsymbol{C})=(\boldsymbol{A}\times\boldsymbol{B})\cdot\boldsymbol{C}=\boldsymbol{C}\cdot(\boldsymbol{A}\times\boldsymbol{B})+\boldsymbol{B}\cdot(\boldsymbol{C}\times\boldsymbol{A}) \tag{2.12}$$

$$\boldsymbol{A}\times(\boldsymbol{B}\times\boldsymbol{C})=(\boldsymbol{A}\cdot\boldsymbol{C})\boldsymbol{B}-(\boldsymbol{A}\cdot\boldsymbol{B})\boldsymbol{C} \tag{2.13}$$

最后,以下是电磁理论中的某些重要关系:

(1)向量的旋度:

$$\nabla\times\boldsymbol{A}=\begin{bmatrix}\boldsymbol{x} & \boldsymbol{y} & \boldsymbol{z}\\ \dfrac{\partial}{\partial x} & \dfrac{\partial}{\partial y} & \dfrac{\partial}{\partial z}\\ a_x & a_y & a_z\end{bmatrix} \tag{2.14}$$

(2) 向量的散度:

$$\nabla\cdot\boldsymbol{A}=\frac{\partial a_x}{\partial x}+\frac{\partial a_y}{\partial y}+\frac{\partial a_z}{\partial z} \tag{2.15}$$

(3) 向量旋度的旋度:

$$\nabla\times(\nabla\times\boldsymbol{A})=\nabla(\nabla\cdot\boldsymbol{A})-\nabla^2\boldsymbol{A} \tag{2.16}$$

2.2 电磁理论

波动方程的推导始于麦克斯韦建立的适用于电荷和外加电流下自由空间电场与磁场量的关系:

$$\nabla\cdot\boldsymbol{D}=0 \tag{2.17}$$

$$\nabla\cdot\boldsymbol{B}=0 \tag{2.18}$$

$$\nabla\times\boldsymbol{E}=-\mu\frac{\partial\boldsymbol{H}}{\partial t} \tag{2.19}$$

$$\nabla\times\boldsymbol{H}=\varepsilon\frac{\partial\boldsymbol{E}}{\partial t} \tag{2.20}$$

以及辅助关系:

$$\boldsymbol{B}=\mu\boldsymbol{H} \tag{2.21}$$

$$\boldsymbol{D}=\varepsilon\boldsymbol{E} \tag{2.22}$$

上述微分方程是基本的麦克斯韦方程关系式,采用公制的米·千克·秒(m·kg·s)单位制,该单位制下:

$\boldsymbol{E}$:电场强度(V/m);

$\boldsymbol{D}$:电位移(C/m^2);

$\boldsymbol{H}$:磁场强度(A/m);

$\boldsymbol{B}$:磁感应强度(Wb/m);

$\mu=\mu_r\mu_0$:介质的磁导率或磁感应率(H/m);

μ_r:相对磁导率(无量纲);

$\mu_0 = 4\pi \times 10^{-7} = 1.257 \times 10^{-6}$H/m

$\varepsilon = \varepsilon_r \varepsilon_0$:介质的电容率或电感应率(介电常数)(F/m);

ε_r:相对电容率或相对介电常数(无量纲);

$\varepsilon_0 = 8.854 \times 10^{-12}$F/m。

注意介电常数是复数:

$$\varepsilon = \varepsilon' - j\varepsilon'' \tag{2.23}$$

这里ε'为ε的实部,单位是F/m;ε''为ε的虚部,单位也是F/m。

假定形式为$e^{j\omega t}$的时谐场,需要求出麦克斯韦方程组的波动方程解:

$$\nabla^2 \boldsymbol{E} = -k^2 \boldsymbol{E} \tag{2.24}$$

对沿z方向传播的波,该微分方程具有e^{-jkt}形式的解,其中k是波数。对于在典型介质天线罩材料中传播的波,波数为复数:

$$jk = j\omega\sqrt{\mu(\varepsilon' - j\varepsilon'')} = j\omega\sqrt{\omega\varepsilon'\left(1 - j\frac{\varepsilon''}{\varepsilon'}\right)} \tag{2.25}$$

式(2.25)中,引入介质材料损耗角正切的概念会带来很多方便:

$$\tan\delta = \frac{\varepsilon''}{\varepsilon'} \tag{2.26}$$

这一概念使得波数可以分成实部和虚部[4]:

$$\alpha = \omega\sqrt{\frac{\mu\varepsilon'}{2}\left[\sqrt{1 + (\tan\delta)^2} - 1\right]} \tag{2.27}$$

$$\beta = \omega\sqrt{\frac{\mu\varepsilon'}{2}\left[\sqrt{1 + (\tan\delta)^2} + 1\right]} \tag{2.28}$$

采用这一表示,沿z方向在介质中传播的波具有比较简洁的形式:

$$E = E_0 e^{-jkz} = E_0 e^{-\alpha z} e^{-j\beta z} \tag{2.29}$$

其中,α为衰减常数,β为相位常数。因而,电磁波通过介质传播时,它将同时产生衰减和相移。

对于沿z方向传播的波,波动方程的有效解是正交信号集E_x,H_y或E_y,H_x,二者由介质的波阻抗关联:

$$\frac{E_x}{H_y} = \frac{E_y}{H_x} = \eta \tag{2.30}$$

关于波的极化的定义,注意以下几点:

(1)当仅存在E_x或E_y,或这两个分量同时存在且为同相位时,极化状态为线极化。

(2)当存在两个电场分量,但二者幅度不相等,且二者互为反相位时,极化状态是椭圆极化。

(3)当存在两个电场分量,二者幅度相等且存在+90°或-90°相位差时,极化状态是圆极化。

由于本书后续章节所用建模仿真方法的缘故,入射到电介质上的电磁波必须量化为两个正交分量,定义为平行极化分量和垂直极化分量,其分别与入射面平行或垂直,入射面定义为由波传播的方向向量和入射点处天线罩法向向量所构成的平面。

对于在自由空间传播并入射到电介质上的电磁波,所使用的平行极化波和垂直极化波分量的示意图如图2.3所示。

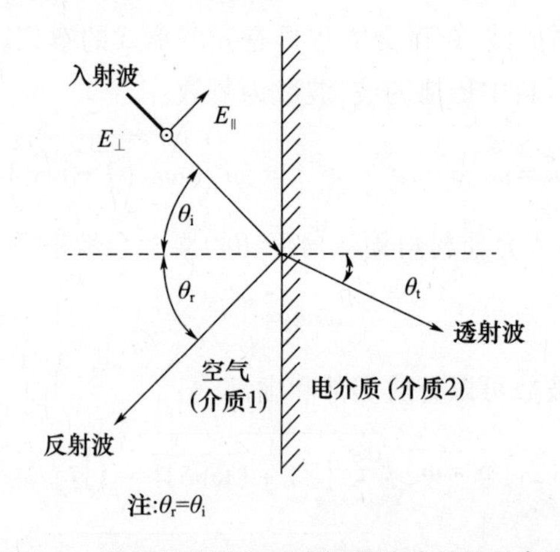

图2.3　平行极化波和垂直极化波分量的示意图

2.3　矩阵

矩阵代数是和线性方程与变换相关的强有力的数学工具[5]。

一个 $m \times n$ 矩阵是 mn 个量在矩形阵列内按 m 行和 n 列排列的有序数组。如果 $m=n$,那么这个阵列是一个 n 阶方阵。只含有一列的矩阵称为列矩阵或列向量。

对于 $m \times n$ 矩阵 $[\boldsymbol{F}]$, $[\boldsymbol{G}]$, $[\boldsymbol{J}]$,以及任意常数 u 和 v,以下关系非常有用:

$$[\boldsymbol{F}]+[\boldsymbol{G}]=[\boldsymbol{G}]+[\boldsymbol{F}] \tag{2.31}$$

$$u(\nu[\boldsymbol{F}])=(u\nu)[\boldsymbol{F}] \tag{2.32}$$

$$(u+\nu)[\boldsymbol{F}]=u[\boldsymbol{F}]+\nu[\boldsymbol{F}] \tag{2.33}$$

$$[\boldsymbol{F}]+([\boldsymbol{G}]+[\boldsymbol{J}])=([\boldsymbol{F}]+[\boldsymbol{G}])+[\boldsymbol{J}] \tag{2.34}$$

$$u([\boldsymbol{F}]+[\boldsymbol{G}])=u[\boldsymbol{F}]+u[\boldsymbol{G}] \tag{2.35}$$

如果有 $m\times n$ 矩阵$[\boldsymbol{G}]$和 $m\times p$ 矩阵$[\boldsymbol{J}]$,$[\boldsymbol{G}]$和$[\boldsymbol{J}]$的乘积是由下式给出的 $m\times p$ 矩阵:

$$[\boldsymbol{F}]=[\boldsymbol{G}][\boldsymbol{J}] \tag{2.36}$$

只有当第一个因子矩阵的列数等于第二个因子矩阵的行数,才能进行两个矩阵的相乘。

为得到逆变换,利用 Cramer(克莱姆)法则[6],可通过式(2.36)给出的关系数组求解$[\boldsymbol{J}]$:

$$[\boldsymbol{G}]^{-1}[\boldsymbol{G}][\boldsymbol{J}]=[\boldsymbol{J}]=[\boldsymbol{G}]^{-1}[\boldsymbol{F}] \tag{2.37}$$

其中单位矩阵定义为

$$[\boldsymbol{I}]=[\boldsymbol{G}]^{-1}[\boldsymbol{G}] \tag{2.38}$$

现在我们来证明逆变换。考虑$[\boldsymbol{G}]$由下式表示:

$$[\boldsymbol{G}]=\begin{bmatrix} g_{11} & g_{12} & g_{13} \\ g_{21} & g_{22} & g_{23} \\ g_{31} & g_{32} & g_{33} \end{bmatrix} \tag{2.39}$$

逆变换过程的第一步是形成$[\boldsymbol{G}]$的转置矩阵:

$$[\boldsymbol{G}]^{\mathrm{T}}=\begin{bmatrix} g_{11} & g_{21} & g_{31} \\ g_{12} & g_{22} & g_{32} \\ g_{13} & g_{23} & g_{33} \end{bmatrix} \tag{2.40}$$

现在用转置矩阵各元素对应的余子式来替换转置矩阵的各元素,并除以$[\boldsymbol{G}]$行列式,从而得到$[\boldsymbol{G}]$的逆:

$$[\boldsymbol{G}]^{-1}=\frac{\begin{bmatrix} g_{22}g_{33}-g_{23}g_{32} & g_{13}g_{32}-g_{12}g_{33} & g_{12}g_{23}-g_{13}g_{22} \\ g_{23}g_{31}-g_{21}g_{33} & g_{11}g_{33}-g_{13}g_{31} & g_{13}g_{21}-g_{11}g_{23} \\ g_{21}g_{32}-g_{22}g_{31} & g_{12}g_{31}-g_{11}g_{32} & g_{11}g_{22}-g_{12}g_{21} \end{bmatrix}}{|\boldsymbol{G}|} \tag{2.41}$$

2.4　坐标系与万向节

用于固定天线罩内实现天线机械对准的数学关系计算,要求我们建立能够在其上解决该问题的坐标系。在所有万向节角度旋转之后,将天线口面上任意点的位置变换到天线罩坐标系是很有必要的。

对于许多问题而言,由标准球坐标系的定义开始所期望变换的推导,该标准球坐标系将 θ,φ 万向节旋转角与标准双轴旋转的天线方位角(AZ)和俯仰角(EL)相关联。特别地,图 2.4 示意给出了两类典型的天线对准万向节,分别是俯仰在方位上(EL/AZ)万向节和方位在俯仰上(AZ/EL)万向节。

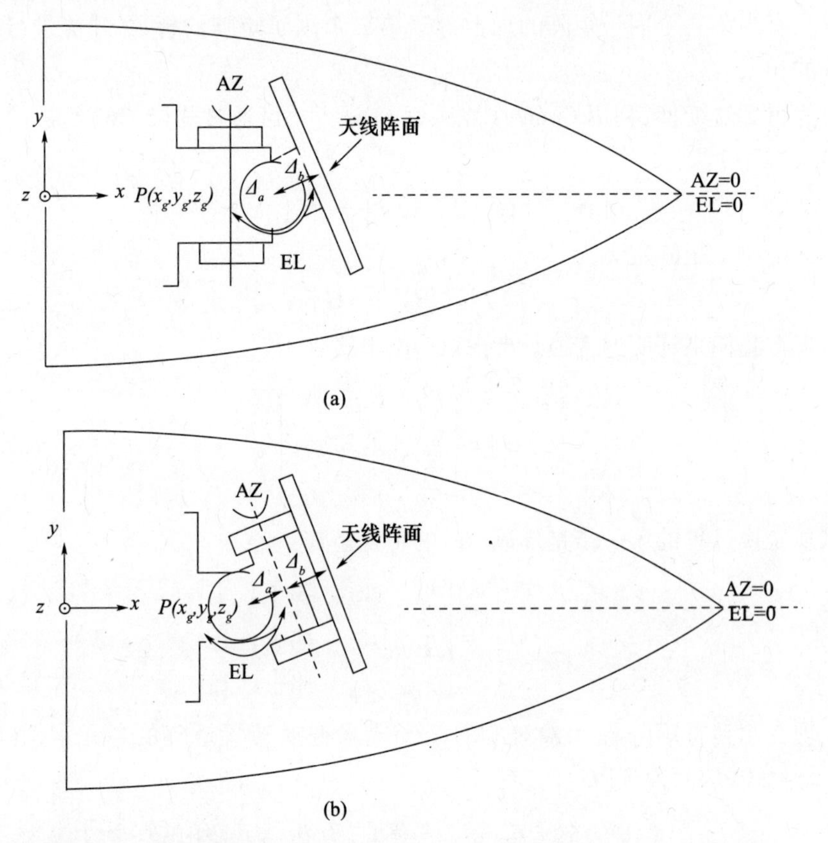

图 2.4 (a)俯仰在方位上(EL/AZ)及(b)方位在俯仰上(AZ/EL)万向节

这些万向节旋转参数的定义如下:

(1)俯仰角(EL):天线中心线与它在本地坐标系 $z-x$ 平面上投影之间的夹角,通常称为视角的俯仰分量。

(2)方位角(AZ):天线中心线在 $x-y$ 平面的投影与瞄准线之间的夹角,通常称为视角的方位分量。

针对导弹或飞机应用,贯穿本书所采用的是笛卡儿参考坐标系,一般放置于

$y-z$ 平面上的天线罩底座的几何中心,见图2.4。天线罩中天线万向节的位置 $P_g(x_g,0,0)$ 代表万向节的旋转中心。注意 Δ_a,Δ_b 为相对于 $P_g(x_g,0,0)$ 的独立的方位和俯仰旋转偏移。图2.5是安装于一部AZ/EL天线万向节上的导弹寻的器波导型天线的照片。

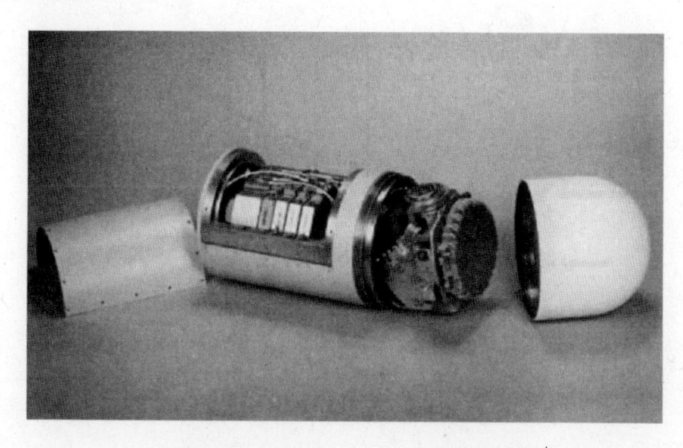

图2.5　方位在俯仰上(AZ/EL)万向节固定的寻的器天线
(照片由洛克希德·马丁公司提供)

通过顺序执行以下步骤可以简化数学推导过程:

(1)按笛卡儿坐标系设置在天线中心的状态,计算由角度旋转引起的变换。

(2)将计算结果变换到设置在万向节旋转中心的笛卡儿坐标系上,计入旋转偏移。

(3)将变换结果线性转换为真正的天线罩坐标,参考坐标系设置在天线罩底座中心。

以下推导,如图2.6所示,基于设置在天线中心的坐标系,天线孔径 $P_a(x',y',z')$ 上的任意点的变换为

$$\begin{bmatrix} x \\ y \\ z \end{bmatrix} = \begin{bmatrix} \sin\theta\cos\phi & -\sin\theta & -\cos\theta\cos\phi \\ \sin\theta\cos\phi & \cos\phi & -\cos\theta\sin\phi \\ \cos\theta & 0 & \sin\theta \end{bmatrix} \begin{bmatrix} x' \\ y' \\ z' \end{bmatrix} \tag{2.42}$$

若令 $\psi=90°-\theta$,则式(2.42)变为

$$\begin{bmatrix} x \\ y \\ z \end{bmatrix} = \begin{bmatrix} \cos\psi\cos\phi & -\sin\phi & -\sin\psi\cos\phi \\ \cos\psi\sin\phi & \cos\phi & -\sin\psi\sin\phi \\ \sin\psi & 0 & \cos\psi \end{bmatrix} \begin{bmatrix} x' \\ y' \\ z' \end{bmatrix} \tag{2.43}$$

俯仰在方位上(EL/AZ)天线万向节情况下坐标系空间示意如图2.7所示,方位在俯仰上(AZ/EL)天线万向节情况下坐标系空间示意如图2.8所示。

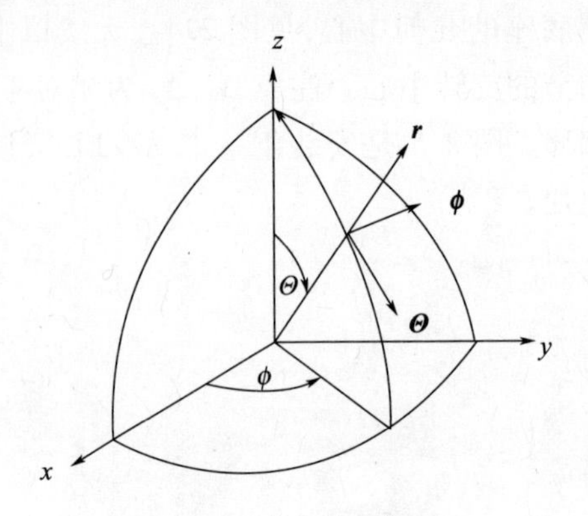

图2.6　参考球坐标系

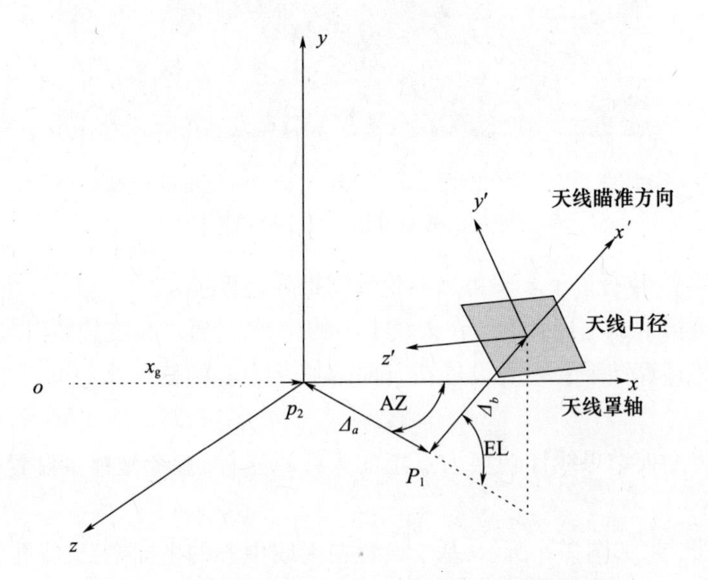

图2.7　俯仰在方位上(EL/AZ)天线万向节坐标系

对于EL/AZ天线万向节的情形,我们可以将由于偏离万向点而导致的平移进行合并。为此,首先按 $x' = \Delta_b, \psi = 0$ 且 $\phi = \mathrm{EL}$ 进行俯仰方向旋转。接着,方位偏移 Δ_a,然后,通过设 $\phi = 0$ 且 $\psi = \mathrm{AZ}$ 进行方位方向旋转。于是得到所需的转换[与宾夕法尼亚州兰斯代尔市 AEL 工业的 Rich Matyskiela 的个人通信,1994]:

$$\begin{bmatrix} x \\ y \\ z \end{bmatrix} = \begin{bmatrix} \cos\mathrm{AZ} & 0 & -\sin\mathrm{AZ} \\ 0 & 1 & 0 \\ \sin\mathrm{AZ} & 0 & \cos\mathrm{AZ} \end{bmatrix} \begin{bmatrix} \cos\mathrm{EL} & -\sin\mathrm{EL} & 0 \\ \sin\mathrm{EL} & \cos\mathrm{EL} & 0 \\ 0 & 0 & 1 \end{bmatrix} \begin{bmatrix} \Delta_b \\ y' \\ z' \end{bmatrix} + \begin{bmatrix} \Delta_a \\ 0 \\ 0 \end{bmatrix} \tag{2.44}$$

进行上面的矩阵乘法操作,并且给初始万向节位置 $P_g(x_g, 0, 0)$ 添加一个平

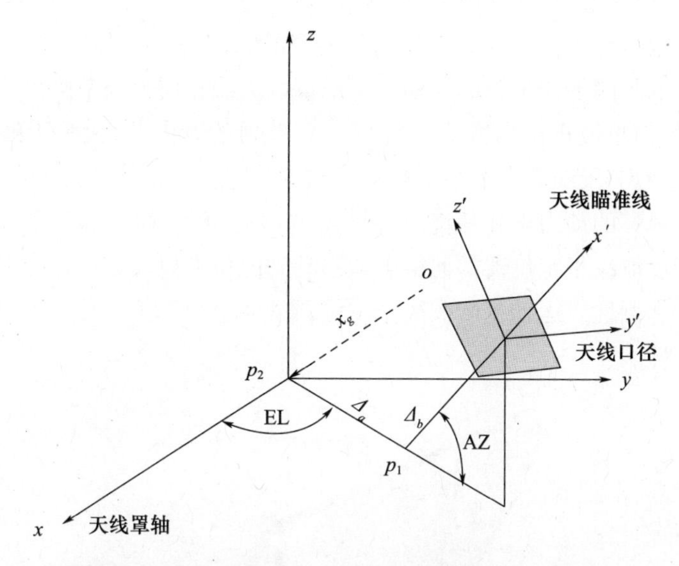

图 2.8　方位在俯仰上（AZ/EL）天线万向节坐标系

移，得到最终结果：

$$\begin{bmatrix} x \\ y \\ z \end{bmatrix} = \begin{bmatrix} \cos AZ\cos EL & -\cos AZ\sin EL & -\sin AZ \\ \sin EL & \cos EL & 0 \\ \sin AZ\cos EL & -\sin AZ\sin EL & \cos AZ \end{bmatrix} \begin{bmatrix} \Delta_b \\ y' \\ z' \end{bmatrix} + \begin{bmatrix} \Delta_a \cos AZ \\ 0 \\ \Delta_a \sin AZ \end{bmatrix} + \begin{bmatrix} x_g \\ 0 \\ 0 \end{bmatrix} \tag{2.45}$$

类似地，对于 AZ/EL 万向节，式（2.46）中矩阵的解包括同样的旋转偏移引起的平移和起始万向点位置：

$$\begin{bmatrix} x \\ y \\ z \end{bmatrix} = \begin{bmatrix} \cos EL\cos AZ & -\sin EL & -\cos EL\sin AZ \\ \sin EL\cos AZ & \cos EL & -\sin EL\sin AZ \\ \sin AZ & 0 & \cos AZ \end{bmatrix} \begin{bmatrix} \Delta_b \\ y' \\ z' \end{bmatrix} + \begin{bmatrix} \Delta_a \cos EL \\ \Delta_a \sin EL \\ 0 \end{bmatrix} + \begin{bmatrix} x_g \\ 0 \\ 0 \end{bmatrix} \tag{2.46}$$

在本书后面要讨论的天线罩内万向节支撑天线的计算机建模中，将广泛地使用后两个表达式。

2.5　专用天线的对准万向节

在天线罩分析中，我们考虑了万向节在天线方位角（AZ）和俯仰角（EL）指向与天线孔径上旋转点坐标之间的数学变换。

已经有很多种用于天线的万向节构型,如图2.9所示。对于要求将其上安装有天线罩的封闭天线平台的运动与天线罩内天线指向万向节隔离这种动力学条件而言,最简单最直接的方法是提供一套单独的万向节,以将天线罩内标准EL/AZ或AZ/EL天线万向节与平台运动隔离开[7]。对于快速的平台方向变化,重要的是在最坏的动力学和环境条件下定位器的精度,稳定性和刚度是可接受的。定位精度取决于定位器如何精确地移动到限位点以及定位器在保持该位置时的稳定性和刚性。运动速度取决于定位器从一个角度位置移动到另一个角度位置的快速性。

图2.9　非AZ/EL或EL/AZ的专用天线万向节
(照片由卡内基梅隆大学的K. Guerin和E. Bannon提供)

现在已经开发了多种更复杂的万向节方法,以将天线指向和平台隔离结合在一个单一的设备中。例如,在一份专利中,Speicher描述了一种万向节组件,其中的外万向节组件是安装在滚轴上绕一个轴旋转的弓形轭架,内万向节组件是作为枢轴安装在轭架上绕第二个正交轴旋转的平台。两台电动机通过差动驱动系统连接,以选择性地旋转某一万向节组件或两者一起旋转,构成任意运动的组合[8]。

在Vucevic的专利中[9],适合稳定通信天线瞄准线的稳定平台下垂安装以保持结构垂直状态。一对陀螺仪主动控制平台的姿态,并通过齿轮装置耦合到平台。当平台快速旋转(解开馈电电缆或允许对天线的过顶跟踪),陀螺仪只经历到程度非常小的运动,具体取决于齿轮比,这样,陀螺仪不会失稳。

还有许多种其他可能的方法[10-12]。在接下来的几小节中,我们考虑可能需要专用天线指向万向节的几种情形:海事卫星通信、车载应用以及机载应用。

2.5.1　海事卫星通信

前些年，受高速数据传输和大多数所用的圆极化卫星转发器限制，船载卫星通信（satellite communication，SATCOM）系统仅限于 C 波段终端。在某些情况下，卫星链路使用线性转发器，但因需要终端运营商两个极化都得租用，这实际上使带宽租用成本翻番[13]。现在，Inmarsat 和 mini - VSAT（very small aperture terminal，甚小口天线地球站）是两项最先进的海事通信服务技术。VSAT 的缺点是需要稳定的天线系统，因为与 Inmarsat 使用低频 L 波段工作相反，VSAT 通信通常工作在 Ku 波段。由于在该频段（Ku）波束宽度要窄得多，因此考虑船的动态横摇、俯仰和偏航运动，保持天线紧紧地锁定到卫星信号上更为重要。

使用海事卫星通信天线时，增益上的损耗是由于指向误差和极化不对准造成的。许多当前一代船用终端都使用 EL/AZ 型天线底座，这种底座需要通过专门设计来消除卫星在正上方过顶时的锁眼效应，如图 2.10 所示。Kiryu 等[14]的一项专利中使用双陀螺参考万向节来稳定海用卫星通信天线，以应对船在海上运动时的俯仰和横摇效应。一些其他市场上可买到的天线万向节可多达四轴稳定，并用光纤激光陀螺参考。陀螺仪连接到安装在每个天线轴上的伺服电机，以不断地调整天线的方向。

图 2.10　装有稳定万向节的船用卫星通信天线（照片由 Cobham SATCOM 公司提供）

Varley 等[15]研究了将卫星通信地面终端技术应用到无人海基平台。Varley 等折中与平台物理约束相关的参数，以评估针对不同海洋平台应用最合适的卫星通信解决方案。

2.5.2 车载应用

车载应用包括但不限于地空雷达及微波通信。由于对及时信息的需求日益增加,最近发展出移动卫星通信终端,以提供移动中甚至以中等速度穿越崎岖的越野地形时的宽带通信。天线平台的运动使指向问题复杂化,必须在移动卫星通信应用中加以考虑。市场上可买到的高性能天线定位器系统为天线几分之一度的指向精度提供惯性稳定平台,并且可以开环或闭环方式工作[16]。一些已成功达到这些目标的系统使用6自由度(6 degree of freedom,6 DOF)运动台面,以使卫星通信天线稳定[17]。典型封闭天线的车载天线罩如图2.11所示。

图2.11 典型封闭天线的车载天线罩(照片由美国数字通信(USDigiComm)公司提供)

工作在Ku波段(11~14GHz)的移动卫星通信,在军事和民用通信系统中都发挥着重要作用。为限制对相邻卫星的干扰,监管机构和标准机构已经对天线偏离轴线方向的有效全向辐射功率(effective isotwpie radiated power,EIRP)建立了严格的限定[18]。由于天线波束宽度要窄得多,工作在毫米波频率的车载卫星通信系统更难以保持波束指向卫星。一种可能性是使用闭环自动采集与跟踪以在动态条件下保持住天线指向。然而,在移动的车辆上使用天线自动跟踪万向节的结果是,配准误差(瞄准误差在发射和接收频带之间的差异)必须比较接近,以便发射和接收天线的波束峰值都对准到同一颗卫星上。为达到这一目的,天线定位器的刚度和稳定性都必须适合极端环境条件。

2.5.3 机载应用

机载应用包括但不限于卫星通信及空地微波通信。Holandsworth 和 Cantrell[19]的一份专利中提出,通过将天线安装在3自由度万向节系统上,机载雷达天线的视线就可以脱离飞机的俯仰和滚转运动稳定下来。万向节系统由三个自由度组成。第一方向节按绕飞机 Z 轴(方位角)旋转安装,以使天线指向沿预定的视线方向;第二方向节安装在第一方向节上,以相对于方位方向节上下旋转;第三方向节安装在第二方向节上,天线连接到第三方向节上,以相对于惯性地面提供极化对齐所需的旋转。

双轴万向节、惯性稳定的机载天线系统的指向和扫描控制算法描述见文献[20]。在存在飞机机动的情况下验证了令人满意的性能,对于非常接近天顶的天线状态有一些(预期中的)性能下降。所呈现的天线扫描算法在其扫描速率上是自适应的(为避免由于物理天线系统施加的方位角速率限定引起的扫描失真),易于实现的,并且适当地考虑了为维持在惯性空间中的圆形扫描轨迹所采取的飞机机动。

在一份美国陆军报告中,与导弹半主动雷达寻的器相关的天线底座和万向节组件支撑了三个陀螺仪,并作为一个参考平台来关联机身姿态。这是通过利用2 自由度万向节得到俯仰和方位,并控制导弹滚转轴得到第三个自由度实现的。定位系统结构包括具有内万向节组件的底座,其上带有安装天线组件和陀螺仪的支架。偏航扭矩电机组件安装在内万向节上,并配备一对输出轴,用于支撑内万向节并控制其偏航运动。俯仰电机安装在底座上,包括一个驱动齿轮和一个驱动轴,驱动齿轮与传动轴相连。驱动齿轮和方位电机工作控制天线组件的俯仰运动[19]。

参考文献

[1] Sokolnikoff, I. S. , and R. M. Redheffer, *Mathematics of Physics and Modern Engineering*, New York: McGraw - Hill, 1958.

[2] Kreyszig, E. , *Advanced Engineering Mathematics*, New York: John Wiley & Sons, 1965.

[3] *Reference Data for Radio Engineers*, 5th ed. , New York: Howard W. Sams & Company,Inc. , 1974.

[4] Ramo, S. , J. R. Whinnery, and T. Van Duzer, *Fields and Waves in Communications Electronics*,2nd ed. , New York: John Wiley & Sons, 1984.

[5] Franklin, P. ,*Functions of Complex Variables*, Englewood Cliffs, NJ: Prentice Hall, 1958.

[6] Pipes, L. A. , and L. R. Harville, *Applied Mathematics for Engineers and Physicists*, New York: McGraw - Hill, 1970.

[7] Storaasli, A. , "Multi - Axis Positioner with Base - Mounted Actuators," U. S. Patent5,875,

685, March 1999.

[8] Speicher, J., "Differential Drive Rolling Arc Gimbal," U. S. Patent 4,282,529, August1981.

[9] Vucevic, S., "Stabilized Platform Arrangement," U. S. Patent, 4,696,196, September 1987.

[10] Fujimoto, K., and J. R. James, *Mobile Antenna Systems Handbook*, 2nd ed., Artech House, Norwood, MA, 2001.

[11] Lawrence, E. G., and W. H. Warner, *Dynamics*, 3rd ed., Courier Dover Publications, 2001.

[12] Biezad, D. L., *Integrated Navigation and Guidance Systems*, AIAA, 1999.

[13] Cavalier, M., *Marine Stabilized Multiband Antenna Terminal*, Overwatch Systems Ltd. Publication, 2002.

[14] Kiryu, R., et al., "Gyro Stabilization Platform for Scanning Antenna," U. S. Patent4,442,435, April 1984.

[15] Varley, R. F., R. Kolar, and S. Smith, "SATCOM for Marine Based Unmanned Systems," *Oceans 02 MTS/IEEE*, Vol. 2, October 2002, pp. 645 - 653.

[16] Marsh, E., "Inertially Stabilized Platforms for SATCOM On - the - Move Applications," Masters Thesis, Massachusetts Institute of Technology Cambridge Department of Aeronauticsand Astronautics, June 2008.

[17] Nazari, S., K. Brittain, and D. Haessig, "Rapid Prototyping and Test of a C4ISR Ku - Band Antenna Pointing and Stabilization System for Communications On - the - Move," *Military Communications Conference (MILCOM 2005)*, October 2005, pp. 1528 - 1534.

[18] Weerackody, V., and L. Gonzalez, "Motion Induced Antenna Pointing Errors in Satellite Communications On - the - Move Systems," *Information Sciences and Systems, 2006 40th Annual Conference*, March 2006, pp. 961 - 966.

[19] Holandsworth, P., and C. Cantrell, "Orientation Stabilization by Software Simulated Stabilized Platform," U. S. Patent 5,202,695, April 1993.

[20] Karabinis, P. D., R. G. Egri, and C. L. Bennett, "Antenna Pointing and Scanning Controlfor a Two Axis Gimbal System in the Presence of Platform Motion," *Military Communications Conference (MILCOM88)*, San Diego, CA, October 23 - 26, 1988, Vol. 3, pp. 793 - 799.

精选书目

Estlick, R. J., and O. E. Swenson, *Pedestal and Gimbal Assembly*, U. S. Army Report, ADD007965, April 1980.

Hirsch, H. L., and D. C. Grove, *Practical Simulation of Radar Antennas and Radomes*, Norwood, MA: Artech House, 1987.

第 3 章　天线基础

本章将讨论天线的辐射方向图,它遵循麦克斯韦方程组的解。该解受辐射体处和无限远处边界条件的影响。许多天线类型对于直接求解而言太过复杂。幸运的是,我们可以通过近似来得到简化解。

我们将研究各种不同的辐射体,包括孔径天线和螺旋天线。针对这些天线,可以使用惠更斯(Huygens)原理来帮助我们分析问题。惠更斯原理指出:孔径中波的每一个基本部分都可认为是空间的一个波源。

本章主要关注天线及其辐射方向图,但请记住,本章仅作为背景材料。本书的重点是天线罩对天线辐射方向图的影响。

3.1　方向性和增益

绕射理论表明,对一个不带天线罩的天线,天线能够集中的辐射最小角度为[1]

$$\theta_0 = \frac{1}{L_a/\lambda} \tag{3.1}$$

其中,θ_0 是以弧度为单位的半功率点波束宽度;L_a 是天线长度;λ 是波长。在评估一个天线的辐射特性时,我们仅需考虑距天线很远距离上的电磁场。在这个远场区域,天线功率辐射方向图仅随角度变换而不随距离变化。

天线的方向性特征表示为辐射强度函数 $P(\theta,\phi)$,其中,θ 和 ϕ 分别是原点位于天线口径中心的标准球坐标系的俯仰角和方位角,如图 3.1 所示。相应地,定向功率增益函数 G_D,与天线波束峰值处每单位立体角辐射有效功率的最大值 $P_{\max}$ 以及总辐射功率 P_t 相关[2]:

$$G_D = \frac{P_{\max}}{P_t/4\pi} = \frac{4\pi P(0,0)}{\int_0^{2\pi}\int_0^{\pi} P(0,0)\sin\theta \mathrm{d}\theta \mathrm{d}\phi} \tag{3.2}$$

这个公式做了两点假设:

(1)将分母中的项在天线的各个方向进行积分。

(2)最大的辐射在 $\theta=0,\phi=0$ 方向。

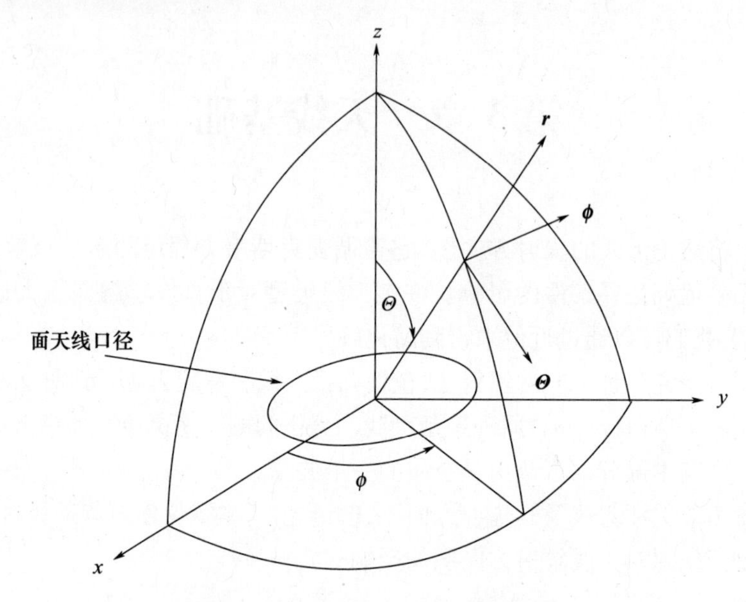

图3.1　在天线口径中心的球坐标系

对一个具有100%辐射效率的天线,我们通过下式将天线的方向性与每个主平面上的半功率点天线波束宽度,分别是 θ_0 和 ϕ_0,关联在一起。

$$G_D=\frac{4\pi}{\theta_0\phi_0} \tag{3.3}$$

其中,半功率点波束宽度都是以弧度为单位的。

对于任何物理上能够实现的天线,由于天线结构内的电阻损耗,辐射效率总是小于100%。通过下式,将任意天线的功率增益与天线辐射效率 η_a 关联在一起:

$$G=\eta_a G_D \tag{3.4}$$

对于口径天线,定向增益和功率增益通过下式与物理口径面积 A 和有效的口径面积 A_{eff} 关联起来:

$$G_D=\frac{4\pi A}{\lambda^2} \tag{3.5}$$

$$G=\frac{4\pi A_{\mathrm{eff}}}{\lambda^2} \tag{3.6}$$

由式(3.4)~式(3.6),可以根据有效面积推导出天线效率公式:

$$\eta_a=\frac{A_{\mathrm{eff}}}{A} \tag{3.7}$$

由于天线辐射效率等于或小于1,可以得出结论,有效天线面积总是等于或小于其物理面积。由于内部损耗,接收天线能够从入射平面电磁波前收集的功率量值一般总小于照射到其物理区域的功率量值。

3.2　电流单元的辐射

就其性质而言,天线的计算机建模要求对天线孔径电流在连续分布的离散点上进行采样。在以下公式中,我们假定天线孔径电流是频率恒定的正弦时变电流,这意味着其中关联了时间因子 $e^{j\omega t}$,但公式中并没有包括该因子。

考虑幅度为 I_0 和长度为 h,沿 z 轴方向无穷小电流单元的远场辐射方向图,如图3.2所示。对于这一无穷小偶极子,距偶极子距离为 r 处的电磁场分量为[3-4]

$$H_\phi = \frac{I_0 h}{2\pi} e^{-jkr} \left(\frac{jk}{r} + \frac{1}{r^2} \right) \sin\theta \tag{3.8}$$

$$E_r = \frac{I_0 h}{2\pi} e^{-jkr} \left(\frac{jk}{j\omega\varepsilon r^3} + \frac{\eta}{r^2} \right) \cos\theta \tag{3.9}$$

①
$$E_\theta = \frac{I_0 h}{2\pi} e^{-jkr} \left(\frac{j\omega\mu}{r} + \frac{1}{j\omega\varepsilon r^3} + \frac{\eta}{r^2} \right) \sin\theta \tag{3.10}$$

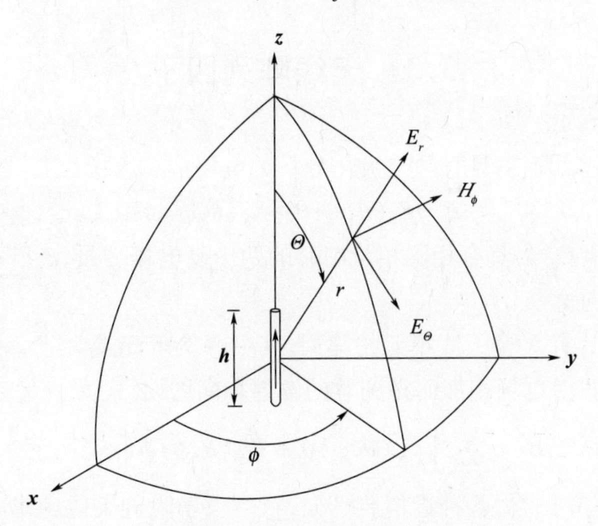

图3.2　z 向电流单元

① 译注:此处原文有误为 jωm,已修正为 jωμ。

其中,E 的单位是 V/m;H 的单位是 A/m;η 是波阻抗,单位为 Ω,即

$$\eta = \sqrt{\frac{\mu}{\varepsilon}} \tag{3.11}$$

大多数感兴趣的问题是,如果 r 远大于波长,则仅需要知道场分量就可以了。对这种条件,可以忽略上述表达式中的 r^2 和 r^3 项。在能够做到这一点的条件下,唯一剩下的重要电磁场分量是

$$H_\phi \approx \frac{I_0 h}{2\pi}\left(\frac{\mathrm{j}k}{r}\right)\sin\theta \tag{3.12}$$

$$E_\theta \approx \frac{I_0 h}{2\pi}\left(\frac{\mathrm{j}\omega\mu}{r}\right)\sin\theta \tag{3.13}$$

由式(3.12)和式(3.13),可以推导出,远场处的自由空间波阻抗(空气或真空中)如下:

$$\eta_0 = \frac{E_\theta}{H_\phi} = \sqrt{\frac{\mu_0}{\varepsilon_0}} = 120\pi \tag{3.14}$$

在固定距离上,电磁场分量的变化仅包含最大值在垂直于偶极子方向上的正弦变化。当将天线口径按偶极子阵进行建模时,必须考虑偶极子单元方向图的这一变化。

3.3 天线阵列因子

一个天线单元辐射具有两个极化分量的电场:

$$\boldsymbol{E} = E_\theta(\theta,\phi)\boldsymbol{\theta} + E_\phi(\theta,\phi)\boldsymbol{\phi} \tag{3.15}$$

其中,E_θ 和 E_ϕ 为具有相同相位中心的两个复电场分量;$\boldsymbol{\theta}$ 和 $\boldsymbol{\phi}$ 分别为 θ 和 ϕ 方向的单位向量。

假设一个具有 N 个天线单元的阵列,其中 N 为等于或大于 2 的整数。通过把每个单元的辐射电场相加而得到总的辐射方向图,公式为

$$\boldsymbol{E} = \sum_{n=1}^{N}\left[E_{\theta_i}(\theta,\phi)\boldsymbol{\theta} + E_{\phi_i}(\theta,\phi)\boldsymbol{\phi}\right]\mathrm{e}^{-\mathrm{j}kr_i} \tag{3.16}$$

我们给式(3.16)做各种近似。例如,忽略由于附近天线的影响在偶极子方向图中由互耦引起的变化,并且只使用单独的单元方向图。如果所有天线都具有相同的单元方向图,那么可以将式(3.16)分解为一个乘积[4]:

$$\boldsymbol{E} = [E_\theta(\theta,\phi)\boldsymbol{\theta} + E_\phi(\theta,\phi)\boldsymbol{\phi}]\sum_{n=1}^{N} I_i\mathrm{e}^{-\mathrm{j}kr_i} \tag{3.17}$$

其中，E_θ 和 E_ϕ 为具有单位电流的一个单元所产生电场的归一化方向图；I_i 为第 i 个单元的相对电流加权，一般包括来自馈源分布的幅度和相位项。(θ,ϕ) 表示两个电场分量都与 θ 和 ϕ 有关。

式(3.17)表达了一个很重要的概念，因为它将远场辐射方向图分解为单元方向图因子和阵列因子两个部分（单元方向图为左边的表达式，阵列因子为右边的表达式）。在对天线罩封闭的天线进行分析中，我们主要感兴趣于天线罩对天线阵列因子的影响。我们将对带有天线罩的阵列因子与没带天线罩的阵列因子进行比较。

3.4　线性口径分布

假设天线在发射状态，并且它是沿 z 方向的电流元的阵列，总阵列长 L_a，中心位于 $z=0$，如图 3.3 所示。如果辐射电流的分布是连续的，那么电场和磁场为[5]

$$E_\theta = \left[\mathrm{j}\omega\mu \frac{\mathrm{e}^{-jkr_0}}{4\pi r_0}\sin\theta\right]\int_{\frac{-L_a}{2}}^{\frac{L_a}{2}} I(z)\,\mathrm{e}^{\mathrm{j}\frac{2\pi z}{\lambda}\cos\theta}\mathrm{d}z \tag{3.18}$$

以及

$$H_\phi = \eta E_\theta \tag{3.19}$$

式(3.18)中，积分遍及天线的物理长度，$I(z)$是作为 z 的函数的复电流。阵列因子是表达式的右侧，并且是相对电流口径场分布的傅里叶变换：

$$E_\theta^{\mathrm{AF}} = \int_{\frac{-L_a}{2}}^{\frac{L_a}{2}} I(z)\,\mathrm{e}^{\mathrm{j}\frac{2\pi z}{\lambda}\cos\theta}\mathrm{d}z \tag{3.20}$$

我们将口径分布定义为贯穿天线口径的电流的幅度和相位分布。控制口径分布可以：①使得副瓣下降；②使所需天线波束形状的合成或天线波束指向的控制成为可能（就像是一部相控阵天线一样）。

若线源具有均匀分布，则 $I(z)=1$，可以通过式(3.20)积分得到远场辐射方向图，于是有

$$E_\theta^{\mathrm{AF}} = \left[\frac{\sin\left(\dfrac{\pi L_a\cos\theta}{\lambda}\right)}{\dfrac{\pi L_a\cos\theta}{\lambda}}\right] \tag{3.21}$$

这个方向图是非常重要的，因为它具有所有已知口径分布中最高功率的指向性。然而，它有相对高的（-13.2dB）的副瓣电平。图 3.4 给出了计算长

0.1m 的线源天线在频率为 10GHz 时的方向图。对于雷达,不希望由于接收地杂波而出现高副瓣。在卫星通信中也不希望天线有高副瓣,因为这可能导致相邻卫星之间的干扰。

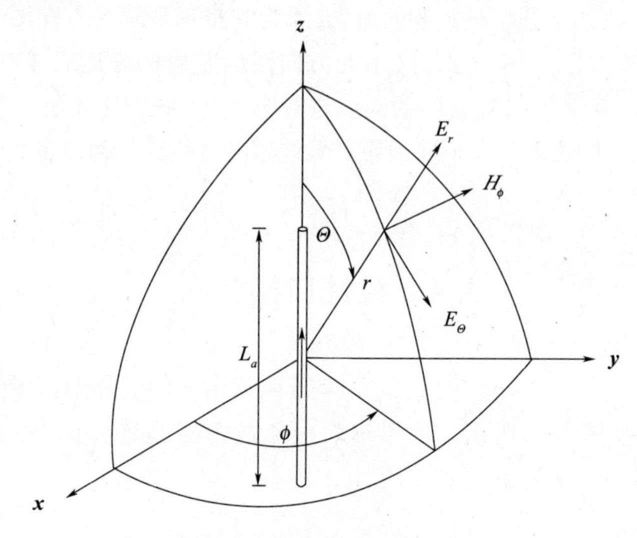

图 3.3　Z 向线源电流分布

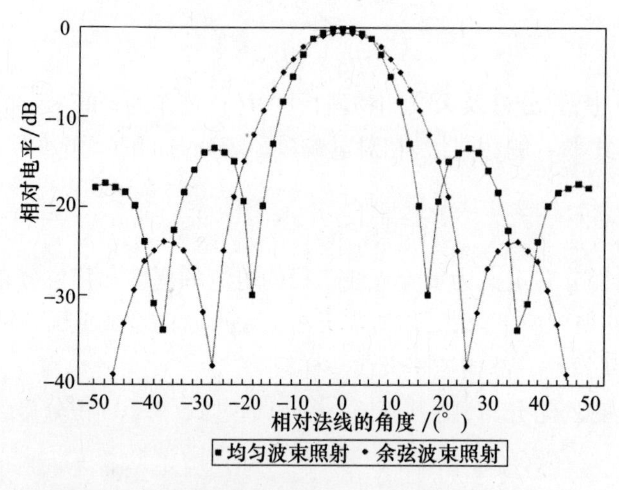

图 3.4　线源天线的方向图(L_a = 0.1m 长,f = 10GHz)

我们可以通过锥削天线口径电流分布来降低天线副瓣,而代价是增加半功率点波束宽度。例如,考虑余弦口径电流分布:

$$I(z) = \cos\left[\frac{\pi z}{L_a}\right] \tag{3.22}$$

注意式(3.22)中电流分布的最大值位于 $z=0$ 的电流单元中心处，并且垂直取向的电流单元是从 $z=-L_a/2$ 到 $z=+L_a/2$。将其代入式(3.20)并进行积分，得

$$E_\theta^{\mathrm{AF}}=\frac{1}{2}\left[\frac{\sin\left(\frac{\pi L_a}{\lambda}\cos\theta+\frac{\pi}{2}\right)}{\left(\frac{\pi L_a}{\lambda}\cos\theta+\frac{\pi}{2}\right)}+\frac{\sin\left(\frac{\pi L_a}{\lambda}\cos\theta-\frac{\pi}{2}\right)}{\left(\frac{\pi L_a}{\lambda}\cos\theta-\frac{\pi}{2}\right)}\right] \tag{3.23}$$

我们也在图3.4中给出了10GHz频率时0.1m长天线的方向图，它具有-23.5dB的副瓣，但比均匀分布情况有更宽的半功率点波束宽度。对于低副瓣电平天线，可以应用这一垂直取向电流单元的其他口径分布，包括余弦的乘方：

$$I(z)=\cos^n\left[\frac{\pi z}{L_a}\right] \tag{3.24}$$

其中，n 为等于或大于0的幂，不必是整数。式(3.24)中该电流分布的最大值位于 $z=0$ 的电流单元中心处，垂直取向的电流单元是从 $z=-L_a/2$ 到 $z=+L_a/2$。同样，$n=0$ 时简化为均匀照射的情况。

底座上的抛物线分布定义为

$$I(z)=p+[1-p]\left[1-\frac{z^2}{(0.5L_a)^2}\right] \tag{3.25}$$

式中：p 为底座参数，等于或小于1。

式(3.25)中电流分布的最大值也是位于 $z=0$ 的电流单元中心处，垂直取向的电流单元从 $z=-L_a/2$ 到 $z=+L_a/2$。

对于所有这些分布，表3.1相对于均匀分布情况给出了相对增益、半功率点波束宽度、第一副瓣电平的汇总。

简单形式的组合可以用来近似表示许多其他的分布。例如，为找出底座上的余弦乘方分布的方向图，可使用下式

表3.1　线源天线的方向图特性

分布	相对增益/dB	半功率点波束宽度/(°)	第一零点位置/(°)	第一副瓣电平/dB
均匀分布	0	$51/(L/\lambda)$	$57.3/(L/\lambda)$	-13.2
$\cos^n$，其中：				
$n=1$	-0.92	$68.75/(L/\lambda)$	$85.94/(L/\lambda)$	-23.0
$n=2$	-1.76	$83.08/(L/\lambda)$	$114.59/(L/\lambda)$	-32.0
$n=3$	-2.40	$95.11/(L/\lambda)$	$143.23/(L/\lambda)$	-40.0

续表

分布	相对增益/dB	半功率点波束宽度/(°)	第一零点位置/(°)	第一副瓣电平/dB
$n=4$	-2.88	$110.58/(L/\lambda)$	$171.89/(L/\lambda)$	-48.0
抛物线,其中:				
$p=0.8$	-0.03	$52.71/(L/\lambda)$	$60.73/(L/\lambda)$	-15.8
$p=0.5$	-0.13	$55.58/(L/\lambda)$	$65.32/(L/\lambda)$	-17.1
$p=0.0$	-0.79	$65.89/(L/\lambda)$	$81.93/(L/\lambda)$	-20.6

$$I(z)=p+[1-p]\cos^n\left[\frac{\pi z}{L_a}\right] \tag{3.26}$$

最终的方向图是均匀分布得到的方向图(这相对于底座)和由余弦的 n 次幂分布得到的方向图的叠加。例如,对于底座上的余弦平方分布,方向图表示为

$$E_\theta^{\mathrm{AF}}=pL_a\frac{\sin\left(\dfrac{\pi L_a\cos\theta}{\lambda}\right)}{\dfrac{\pi L_a\cos\theta}{\lambda}}+(1-p)\frac{L_a}{2}\frac{\sin\left(\dfrac{\pi L_a}{\lambda}\cos\theta\right)}{\dfrac{\pi L_a\cos\theta}{\lambda}}\frac{\pi^2}{\pi^2-\left(\dfrac{\pi L_a}{\lambda}\cos\theta\right)^2} \tag{3.27}$$

在对带有天线罩的天线进行计算机分析时,天线口径一般按照奈奎斯特(Nyquist)准则以离散的增量值进行采样。这些准则类似于相控阵天线情况中将栅瓣保持在真实空间之外的准则。这些栅瓣将破坏天线方向图数据并且产生计算误差。

确定最大采样间隔以使得最近的栅瓣位于真实空间边缘的准则对应于以下条件[6]:

$$\frac{d}{\lambda}\leqslant\frac{1}{1+\sin\theta_0} \tag{3.28}$$

其中,d/λ 是在工作波长上的取样间隔;θ_0 为最大辐射方向(本书中讲到的大多数天线都具有垂直于天线口面的最大辐射波瓣)。要确保半波长采样间隔以使得栅瓣在真实空间之外,因为栅瓣会产生计算误差。

假设有 N 个样本,采样间距为 d_z,这样 $L_a=Nd_z$。以此为基础,对应于式(3.20)的阵列因子简化为

$$E_\theta^{\mathrm{AF}}=\sum_{n=1}^{N}I_n\mathrm{e}^{\mathrm{j}kz_n\cos\theta} \tag{3.29}$$

其中,I_n 表示在第 n 个点加权的采样口径分布,通常是复数,并且 z_n 为 $z_n=nd_z$,为第 n 个点的 z 坐标位置。

3.5　二维分布

一种类似于线源中使用的方法可以用来寻求二维口径的远场辐射方向图。然而,需要在二维而不是一维上进行傅里叶变换。例如,假定口径分布在 $y-z$ 平面,则阵列因子变为

$$E_{\theta}^{\mathrm{AF}} = \iint I(y,z)\,\mathrm{e}^{\mathrm{j}k\sin\theta(x\cos\phi + y\sin\phi)}\,\mathrm{d}y\mathrm{d}z \tag{3.30}$$

这个积分可通过定义合适的照射函数 $I(y,z)$ 来处理圆口径。注意,在圆形天线以外口径分布 $I(y,z)$ 必须为零。为说明这一积分的使用,考虑圆形口径分布,其直径为 D_a,中心在原点,具有以下形式的抛物线的 n 次方分布为

$$I(y,z) = \left[1 - \frac{y^2 + z^2}{(D_a/2)^2}\right]^n \tag{3.31}$$

表3.2给出了远场方向图特性。注意,$n=0$ 的条件对应于均匀照射的圆口径,并具有 -17.6dB 的第一副瓣电平。$n=1$ 的条件对应于圆形口径抛物线分布,具有降低到 -24.6dB 的副瓣电平。

表3.2　圆口径的方向图特性

n	相对增益/dB	半功率点波束宽度/dB	第一零点位置/(°)	第一副瓣电平/dB
0	0	$58.44(D/\lambda)$	$\arcsin[1.22/(D/\lambda)]$	-17.6
1	-1.25	$72.77(D/\lambda)$	$\arcsin[1.63/(D/\lambda)]$	-24.6
2	-2.52	$84.22(D/\lambda)$	$\arcsin[2.03/(D/\lambda)]$	-30.6

当口径分布是一个乘积,且其中每个因子只取决于一个坐标时,每个平面口径二维变换分离为多个一维变换[2],即口径分布是以下可分离形式的积:

$$I(y,z) = I(y)I(z) \tag{3.32}$$

式(3.32)中,我们定义最后的辐射方向图为分别由线源分布 $I(y)$ 和 $I(z)$ 得到的主平面方向图的乘积。然而,如果口径分布是不可分离的,那么必须用数值方法进行二维积分。

由麦克斯韦方程组,附录A中给出了无限小电流单元集合的远场辐射方向图的公式,这组无限小电流单元在 y 平面上为等间距 d_y,在 z 平面上为等间距 d_z,从而形成了图3.5所示的矩形栅格。数值求和给出了最终的阵列因子[5]:

$$E_{\theta}^{\mathrm{AF}} = \sum_{m=1}^{M}\sum_{n=1}^{N} I_{mn}\mathrm{e}^{\mathrm{j}k\sin\theta(md_x\cos\phi + nd_y\sin\phi)} \tag{3.33}$$

指数 m 与 y 坐标有关,指数 n 与 z 坐标有关。

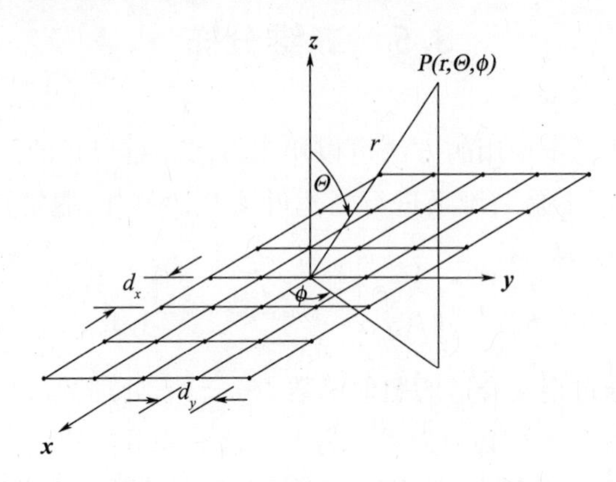

图3.5　模拟在 $x-y$ 平面上由电流方向为 z 向的无限小电流单元组成的集合口径

加权系数 I_{mn} 一般是复数。对于连续口径分布,通过适当地选择 I_{mn} 系数,可以将天线的口径边界建模为方形、长方形、椭圆形或圆形。对于圆形边界,我们经常假定可以将阵列进一步分成4个对称的象限,从而得到可以给出"和"与"差"天线方向图的激励。

若口径分布可以描述成两个电流分布的乘积,其中乘积的每个因子都仅仅依赖于一个坐标 $I_{mn}=I_mI_n$,则这个函数是乘积可分离的,如在式(3.33)讨论中指出的那样。最后的辐射方向图是分别由 I_m 和 I_n 得到的主平面方向图的乘积:

$$E_\theta^{AF}=\sum_{m=1}^{M}I_m\mathrm{e}^{\mathrm{j}kmd_x\sin\theta\cos\phi}\sum_{n=1}^{N}I_n\mathrm{e}^{\mathrm{j}knd_y\sin\theta\cos\phi} \tag{3.34}$$

这里,I_m 和 I_n 表示沿 x 轴和 y 轴的天线电流分布的复系数。有时,这些可以很方便地对应于平面天线口径上辐射单元的物理位置。例如,在图3.6中所示的波导平板天线阵列的裂缝位置。

图3.6　波导平板天线阵列的裂缝位置(照片由休斯导弹系统分公司提供)

3.6 螺旋天线

螺旋天线具有与频率无关的辐射方向图，并且用于飞机的天线罩内的测向（direction finding，DF）系统、反辐射寻的（antiradiation homing，ARH）导弹罩内的制导系统以及宽带监视系统中。对这些天线历史发展的概述见文献[7 - 11]。

我们通常在印刷电路板（printed circuit，PC）上制备平面螺旋天线。为了得到单向方向图，在螺旋线的一侧放置了一个无损耗的空腔。这个空腔将与频率无关的方向图带宽限制在大约 1 个倍频程上。Hamel 和 Scherer[12] 发现，内衬吸波材料的空腔可以将螺旋天线工作频率带宽扩展到 10 个倍频程。

图 3.7 所示的一个双臂（或对数螺旋）天线是与频率无关的，因为它仅以角度就完整地描述了天线的形状，不受尺度变化的影响[11,13 - 14]。半径函数公式为

$$\rho = \rho_0 e^{\alpha\psi} \tag{3.35}$$

其中，α 是扩展系数。我们将等式的曲线沿原点旋转 180°来定义螺旋的第二个臂。

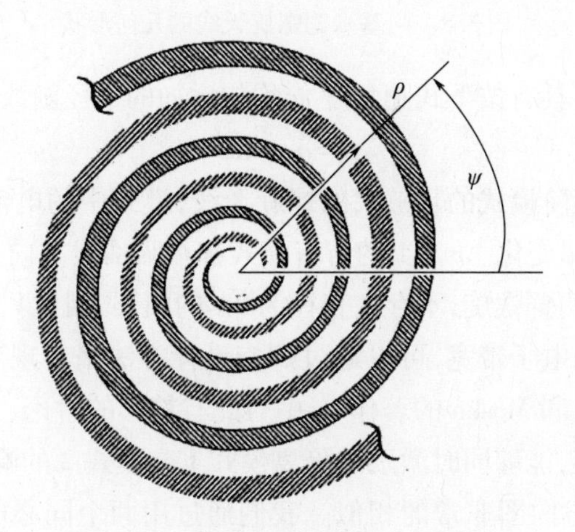

图 3.7 等角螺旋天线的几何形状

我们可以将平面螺旋结构当成一个具有沿悬臂流动电流的带状辐射器进行分析。螺旋的内部部分起到无辐射传输线的作用，将电流传输到有源区域，有源区域是产生天线辐射的一个窄的圆周环。产生辐射的有源区域对应于直径为 $m\lambda$ 的圆周，其中 m 为等于或大于 1 的整数，并被称为辐射的模式。

手性规则确定了圆极化方向。例如，将你的大拇指指向远离螺旋的方向，让其他手指沿螺旋半径增加的方向卷起，所用的手就决定了极化的方向。譬如，当

你必须用右手以使手指沿螺旋半径增加的方向卷起,那么该螺旋天线就是右旋圆极化(RHCP)天线。

阿基米德螺旋天线相邻悬臂间是等间距的,如图3.8所示。它仅在一个10倍带宽的典型频率范围内是频率无关的[15]。然而,为了获得这一完整的带宽,需要在臂的末端使用有耗材料来消除端部反射[16]。

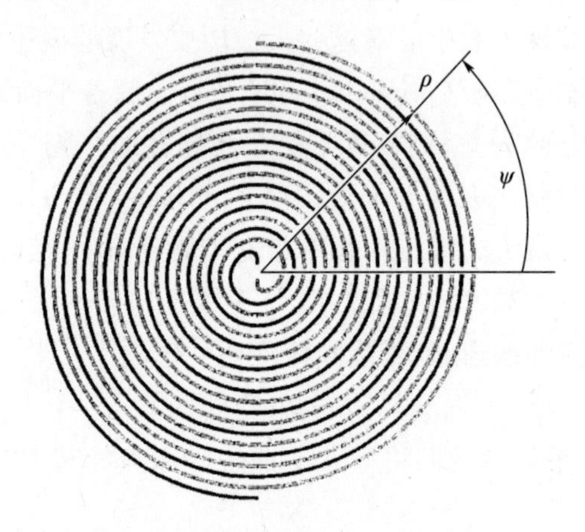

图3.8 阿基米德螺旋天线的几何形状

阿基米德螺旋具有按下式随角度 ψ 均匀增加的半径函数:

$$\rho = \rho_0 + \alpha\psi \tag{3.36}$$

对于支持更高阶模式的足够大的螺旋天线,模式中的电流随 ψ 从0变化到 2π,按照 $e^{jm\psi}$ 的规律变化。$m>1$ 的所有模式都在瞄准线方向上有一个零点。对带宽小于3∶1的两臂螺旋,不存在直径为 3λ 的圆环,因此只有 $m=1$ 的主模式存在。对于更大的电子带宽,可以通过螺旋设计方法来实现对更高阶模式辐射的控制,在Corzine和Mosko的著作[17]中对此有精彩的讨论。

对于四臂螺旋,能够同时激励和隔离模式1与模式2的响应,这与单脉冲天线的“和”与“差”方向图非常的相似。我们通过用两个同心电流环及其合适的相位分布来替代口径从而模拟螺旋天线。模式1和模式2的辐射方向图如图3.9所示,在Schuchardt和Kozakoff的著作[18]中给出了获得这些模式的定相技术,如图3.10所示。这些模式中的每一个都绕 z 轴旋转对称,并且场是纯圆极化的,极化方向由螺旋旋转方向决定。

对于所有以主模式($m=1$)工作的平面螺旋天线,天线必须在最低工作频率上具有1.25倍波长的外圆周。这种外圆周保证了天线在最低频率工作时具有较好的天线方向图和阻抗匹配。

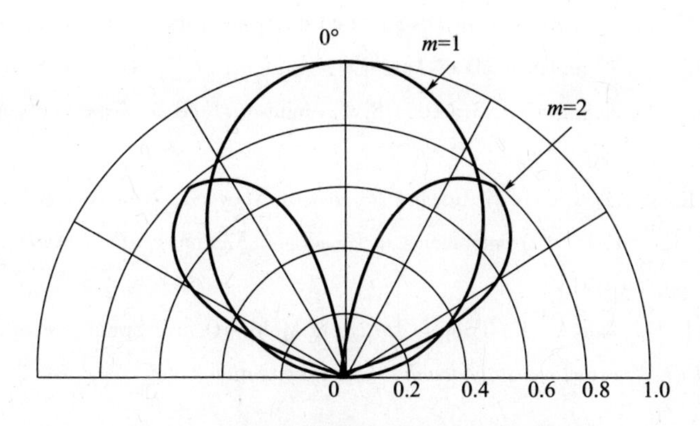

图3.9 四臂多模螺旋天线的辐射方向图

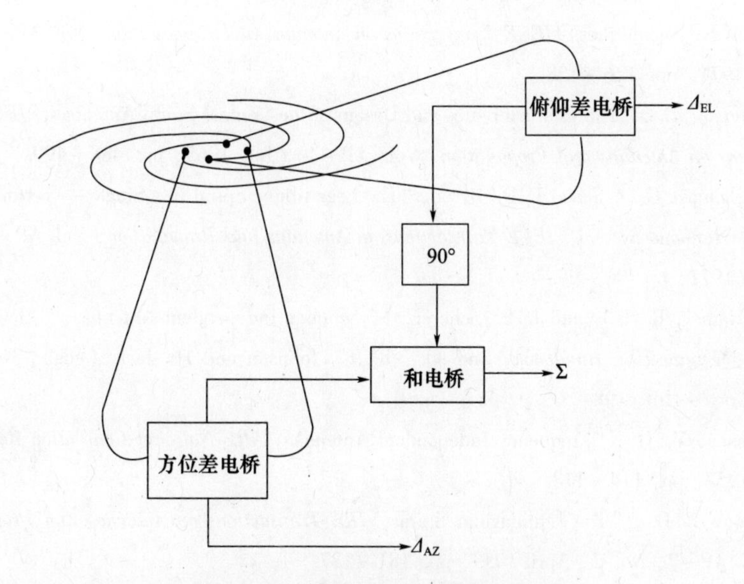

图3.10 四臂螺旋天线的单脉冲电路

参考文献

[1] Silver, S. ,*Microwave Antenna Theory and Design*, New York: McGraw - Hill, 1949.

[2] Jasik, H. , "Fundamentals of Antennas," Ch. 1 in *Antenna Engineering Handbook*, 3rd ed. , R. C. Johnson, (ed.), New York: McGraw - Hill, 1993.

[3] Eibert, T. F. , and J. L. Volakis, "Fundamentals of Antennas, Arrays, and Mobile Communications," Ch. 1 in *Antenna Engineering Handbook*, 4th ed. , J. Volakis, (ed.),New York: McGraw - Hill, 2007.

[4] Milligan, T. A. , *Modern Antenna Design*, 1st ed. , New York: McGraw - Hill, 1986.

[5] Johnson, R. C. , "Fundamentals of Antennas," and "Arrays of Discrete Elements," Chs. 2 and 3 in *Antenna Engineering*, 3rd ed. , R. C. Johnson, (ed.), New York: McGraw - Hill, 1993.

[6] Mailloux, R. J. , *Phased Array Antenna Handbook*, Norwood, MA: Artech House, 1994.

[7] Jordan, E. C. , et al. , "Developments in Broadband Antennas," *IEEE Spectrum*, Vol. 1, A-pril 1964, pp. 58 - 71.

[8] Wang, J. J. H. , and V. K. Tripp, "Design of Multi - Octave Spiral - Mode Microstrip Antennas," *IEEE Transactions on Antennas and Propagation*, Vol. 39, No. 3, March 1991, pp. 332 - 335.

[9] Cubley, H. D. , and H. S. Hayre, "Radiation Field of Spiral Antennas Employing Multimode Slow Wave Techniques," *IEEE Transactions on Antennas and Propagation*, Vol. AP - 19, January 1971, pp. 126 - 128.

[10] Dyson, J. D. , "The Characteristics and Design of the Conical Spiral Antennas," *IEEE Transactions on Antennas and Propagation*, Vol. AP - 13, July 1965, pp. 488 - 499.

[11] Deschamps, G. A. , and J. D. Dyson, "The Logarithmic Spiral in a Single - Aperture Multi - Mode Antenna System," *IEEE Transactions on Antennas and Propagation*, Vol. AP - 19, January 1971, pp. 90 - 95.

[12] Du Hamel, R. H. , and J. P. Scherer, "Frequency Independent Antennas," Ch. 14 in *Antenna Engineering Handbook*, 2nd ed. , R. C. Johnson and H. Jasik (eds), New York: McGraw - Hill, 1984.

[13] Rumsey, V. H. , "Frequency Independent Antennas," *IRE National Convention Record*, Part 1, 1957, pp. 114 - 118.

[14] Dyson, J. D. , "The Equiangular Spiral," *IRE Transactions on Antennas and Propagation*, Vol. AP - 7, No. 2, April 1959, pp. 181 - 187.

[15] Turner, E. M. , "Spiral Slot Antenna," U. S. Patent 2,863,145, December 1958.

[16] Rudge, A. W. , et al. , *The Handbook of Antenna Design*, 2nd ed. , London, England: Peter Peregrinus Ltd, on behalf of the Institution of Electrical Engineers (UK), 1986.

[17] Corzine, R. G. , and J. A. Mosko, *Four Arm Spiral Antennas*, Norwood, MA: Artech House, 1990.

[18] Schuchardt, J. M. , and D. J. Kozakoff, "Seeker Antennas," Ch. 46, *Antenna Engineering Handbook*, 4th ed. , J. Volakis, (ed.), New York: McGraw - Hill, 2007.

第4章　天线罩电介质材料

在分析天线罩电性能时，评估可能使用的天线罩壁材料在不同波长下的电性能很重要。候选材料的主要介电性质是其在天线罩工作频率下的相对介电常数和损耗角正切。

结构(空气动力学)和环境要求决定了候选天线罩材料的其他参数，包括：

(1)力学性能，如弯曲模量、强度和硬度。

(2)材料密度。

(3)吸水性。

(4)抗雨蚀(颗粒冲击)能力。

(5)因温度变化而导致的材料力学性能及介电参数的变化。

本章集中讨论所选择天线罩壁材料的介电性能，因为这影响天线罩的电性能设计。这些候选材料的力学和物理参数可以从很多来源中找到，如两年一次的《电磁窗研讨会论文集》[1-9]。在一份北大西洋公约组织(North Atlantic Treaty organization，NATO)资助的报告中，发表了对许多航空电子设备天线罩材料特性的调查研究[10]，对陶瓷材料的调查研究发表在文献[11]上，有关可塑有机材料(塑料)的综述可见于美国空军的出版物[12]，由美国伊利诺理工大学(Illinois Institute of Teehnology，IIT)研究所和美国普渡大学编辑的电磁窗材料数据手册[13]给出了候选材料的多频谱性能。最后，自本书第1版以来，伯克斯(Burks)已经在文献[14]中发布了一些更新的天线罩材料数据。

4.1　有机材料

大多数民用和军用飞机、地面车辆以及固定的地面天线罩采用有机罩壁材料。有机天线罩材料在最高服役温度低于1000℉(最高服役温度取决于材料选择)时是有用的，当实际温度高于服役温度，天线罩材料的力学和介电参数会快速下降到不可接受的值。天线罩壁结构通常为以下类型之一：

(1)实心(实心壁)：一般由树脂和增强材料(如短切玻璃纤维)制成。

(2)夹芯设计:由交替的高密度(高的相对介电常数)以及低密度(低的相对介电常数)材料组成。

4.1.1 单层天线罩

许多天线罩,特别是电薄壁天线罩,使用单层罩壁材料,并称为单层实心壁天线罩。为了增强树脂材料的力学性能,单层罩壁天线罩中通常在树脂中加入某种类型的纤维增强材料。对于这一情形,复合材料的最终相对介电常数计算公式为

$$\varepsilon_m = \frac{V_R \log \varepsilon_R + V_F \log \varepsilon_F}{V_R + V_F} \tag{4.1}$$

式中:ε_m 为复合材料的相对介电常数;ε_R 为树脂的相对介电常数;ε_F 为增强纤维的相对介电常数;V_R 为树脂体积;V_F 为增强纤维的体积。

式(4.1)中假定复合材料是均匀和各向同性的。

有时,尤其是在毫米波波段,可使用没有增强材料的实心壁天线罩。表4.1给出了几种这样材料的介电性能[15-16]。

表4.1 某些普通塑胶的近似介电性能

材料	X 相对介电常数	X 介电损耗角正切	Ka 相对介电常数	Ka 介电常数角正切
聚苯乙烯交联树脂(Rexolite)	2.54	0.0005	2.60	0.002
尼龙	3.03~3.21	0.014~0.020	3.60	0.02
聚四氟乙烯	2.10	0.0003	2.08~2.10	0.0006~0.001
聚苯乙烯	2.55	0.0004	2.54	0.00053~0.001
胶质有机玻璃	2.59	0.015	2.61	0.02
聚乙烯	2.25	0.0004	2.28	0.007

小的实心壁天线罩的制备方法包括热压或注塑成型,甚至可能进行机械加工。较大的实心壁天线罩的制备可以在期望的天线罩形状的芯轴上使用湿法铺层成型。

4.1.2 夹层天线罩

整个微波频段中,包括低密度芯材和高密度蒙皮材料的夹层天线罩很受欢迎,因为夹层天线罩比实心天线罩带宽更宽,并且还具有更高的强度重量比。

4.1.2.1 预浸料

更致密层通常由纤维增强树脂体系制成。表4.2给出了一些受欢迎的纤维

增强材料和树脂体系的近似介电性质[10-11;与俄亥俄州拉文纳(Saint Gobain)高性能塑料公司(前诺顿高性能塑料公司)的Ben MacKenzie的私人通信,1996]。

表4.2　优选的一些纤维和树脂材料的近似介电性能(X波段)

材料分类	增强或树脂性类型	相对介电常数	损耗角正切
增强材料	E-玻璃	6.06	0.004
	S-玻璃	5.2	0.007
	D-玻璃	4	0.005
	科特拉	2.25	0.0004
	芳纶	4.1	0.02
	石英	3.8	0.0001
树脂材料	聚酯	2.95	0.007
	双马来酰亚胺(Bismaleimide)	3.32	0.004
	聚丁二烯	3.83	0.015
	环氧树脂	3.6	0.04
	聚酰亚胺酰	3.1	0.0055
	聚异氰酸酯	2.86	0.005

天线罩设计者在选择增强材料时必须同时考虑其电特性和力学特性。一些特性列举如下:

(1)S-玻璃:二氧化硅—氧化铝—氧化镁化合物,是一种高强玻璃,其中纤维增强体的拉伸强度可保持到650℃。

(2)E-玻璃:含有氧化铝—硼硅酸盐,并且成本低廉。与S玻璃相比,其650℃时的拉伸强度大大降低。

(3)D-玻璃:是为天线罩应用而开发的,具有比其他玻璃纤维更低的介电常数和损耗角正切。但是,其强度较低并且成本高昂。

(4)科特拉(Spectra):由超高强度聚乙烯纤维组成。它具有重量轻、抗冲击性强、吸水性低等特点,以及低损耗雷达罩所需的优异介电性能。

(5)石英:有很高的二氧化硅含量,从而具有低介电常数和小的损耗角正切。其成本较高,但与聚乙烯天线罩相比,它能够提供更低的损耗。

(6)芳纶(Kevlar):对高强度应用场合十分有用,然而它的损耗角正切较高。

当将增强材料与树脂结合时,总的介电性能取决于树脂与增强材料的比例。类似于式(4.1)的混合定律公式确定最终的介电性能。表4.3给出的是在工业适用的优选预浸料层压板的近似介电特性[10-11;与俄亥俄州拉文纳圣戈班(Saint Gobain)高性能塑料公司(前诺顿高性能塑料公司)的本·麦肯齐(Ben MacKenzie)的私人通信,1996]。

表4.3 优选的一些层叠材料的近似介电性能(X波段)

增强材料	树脂	相对介电常数	损耗角正切
E-玻璃	环氧	4.4	0.016
	聚酯	4.15	0.015
	聚酰胺	4.7	0.014
D-玻璃	氰酸酯	3.45	0.009
聚乙烯(科特拉)	环氧	2.8	0.004
	聚酯	2.52	0.007
	氰酸酯	2.65	0.003
芳纶	聚酯	3.5	0.050
石英	环氧	3.12	0.011
	聚酯	3.6	0.012
	聚酰胺	3.34	0.005
	氰酸酯	3.23	0.006
	聚丁二烯	3.1	0.003
	双马来酰亚胺	3.35	0.009

片状预浸料层压板能够沿整个罩壁具有精确且均匀的树脂含量。因此,与湿法铺层相比,可以更精确地将公差控制到所需的厚度范围。市场上可以买到的常用的离散厚度的预浸料层压板,其厚度一般是预浸料层厚(ply)的若干倍(即每层厚约为11mil)。可以买到半层这种非标准厚度的特殊订购的预浸料(即半层厚为5.5mil)。

对于亚声速飞机或地面夹芯结构天线罩,介电常数特性随工作温度的变化是非常小的[10]。

注意,在天线罩电性能设计中,将显示出最小的致密层厚度(最少层数)产生最佳的带宽和最小的天线罩损耗。海洋、陆地或车载夹层结构天线罩的致密层可以只有1层。然而,对于机载应用,所需的层数(厚度)由空气动力环境决定。极慢速飞行的飞机或无人机(unmanned air vehicles,UAVs)可能使用1~2层致密层。商用喷气式飞机的夹层结构天线罩致密层可能使用3~4层。

4.1.2.2 夹芯材料

蜂窝和泡沫都是夹层结构天线罩通常使用的极轻且高强度的低密度层材料。

图 4.1 所示的酚醛蜂窝材料可用于各种壁结构的树脂和增强材料，可在很宽的温度范围内工作。Nomex 蜂窝一直是航空航天工业中领先的结构蜂窝芯材。Nomex 最高工作温度为 350℉，是一种芳纶蜂窝芯材，具有 1.1 的相对介电常数，损耗角正切小于 0.005[36]。跟 Nomex 芳纶蜂窝一样，Korex 蜂窝可以有小的元胞尺寸和低的密度。我们用高模量的芳纶纤维和酚醛树脂对其进行增强。然而，Korex 芯材的剪切和压缩刚度约为芳纶芯材的两倍，Korex 芯材的介电特性则与 Nomex 芯材的相同。

图 4.1　酚醛蜂窝芯材

标准的酚醛树脂玻璃纤维增强蜂窝可工作到 350℉。这些蜂窝相对介电常数约为 1.35，损耗角正切在 0.001 左右。在毫米波频率下，蜂窝芯材的各向异性成为一个问题。还有许多其他的蜂窝材料可用于高温工作，如玻璃纤维增强的聚酰胺树脂体系，可工作到 500℉。

介质泡沫材料也已用于夹层结构天线罩的低密度层，作为前面讨论的蜂窝材料的替代品。在微波频段，泡沫材料或蜂窝材料都使用，性能上没有本质的区别。然而，在毫米波频段，许多天线罩设计者发现蜂窝元胞的波导型行为导致夹层结构天线罩的性能相对于理论预测出现恶化，而泡沫材料消除了这个问题。用于夹层结构天线罩低密度层的泡沫材料已成功地应用到毫米波频段并直到超过 100GHz。一种以商品名 Divinycell 高性能芯材销售的产品在许多应用中都受到天线罩设计者的欢迎。

通常，使用聚氨酯泡沫作为夹层结构天线罩的芯层材料，泡沫的弹性和韧性取决于其密度。然而，通常用于天线罩的典型泡沫的密度在 0.21 ~ 0.5g/cm^3 范围内，此时对应的相对介电常数在 1.05 ~ 1.30，损耗角正切在 0.0005 ~ 0.001[17]。

4.1.2.3 制备方法

制备夹层结构天线罩最常用的方法是使用湿法铺层或使用预浸料。湿法铺层是制备多层壁结构天线罩最早使用的方法之一。该技术包括在图4.2所示的期望天线罩形状的阴模上,铺设用液态树脂润湿的增强纤维织物层,直到图4.3所示的期望的内蒙层厚度。接着,我们嵌入预先切割成所需厚度的低密度芯层(通常是蜂窝)。用树脂增强纤维织物和低密度芯材交替重复该过程,直至得到所需的层数和总厚度。注意,使用阴模时最后的树脂增强纤维织物层为最里面的天线罩层。

图4.2 天线罩阴模(照片由Cobham传感器系统公司提供)

图4.3 预浸料裁切机布置(照片由Cobham传感器系统公司提供)

完成铺层时,将塑料(真空)袋放置在完整的叠层上,从而密封模具。塑料袋连接到真空泵上,通过真空泵抽空塑料袋和铺层之间的空气。然后将整个模具推入高压罐中,在热和压力作用下固化夹层结构;用于此目的的典型热压罐如图4.4所示。采用这一制造工艺,每个致密层蒙皮的容差通常是±1mil。

图4.4　热压罐(照片由Cobham传感器系统公司提供)

最先进的夹层结构天线罩制造方法是使用树脂预浸渍增强纤维织物的预浸料。该方法与湿法铺层几乎相同;然而,材料是用树脂预浸渍的,因此不必再用树脂。使用预浸料方法比湿法铺层的制造公差要好得多。

4.2　无机材料

大多数有机罩壁材料的力学强度在250℃时开始退化,即使最好的材料也只能在500℃维持很短的时间[18]。因此,高温应用中,如超声速导弹天线罩,常常采用无机材料(陶瓷)。表4.4列出了有代表性的天线罩无机材料的介电性能数值。

表4.4　优选的某些陶瓷材料的介电特性(X波段)

材料	相对介电常数	损耗角正切
氧化铝	9.4~9.6	0.0001~0.0002
氮化硼	4.2~4.6	0.0001~0.0003
氧化铍	4.2	0.0005
硼硅玻璃	4.5	0.0008
微晶玻璃陶瓷	5.54~5.65	0.0002
堇青石陶瓷	4.70~4.85	0.0002

续表

材料	相对介电常数	损耗角正切
熔石英陶瓷(SCFS)	3.30~3.42	0.0004
编织(3D)石英	3.05~3.1	0.001~0.005
氮化硅(HPSN)	7.8~8.0	0.002~0.004
氮化硅(RSSN)	5.6	0.0005~0.001
硼硅氮氧化物陶瓷(nitro-oxyceram)	5.2	0.002
增强钡长石	6.74	0.0009

这些材料大多具有适合于高速飞行平台(如导弹)天线罩应用的介电性能。例如,氧化铝、微晶玻璃(Pyroceram)陶瓷和堇青石(Rayceram)陶瓷(二者都是堇青石)已广泛用飞行速度马赫数4及以下的飞行器。它们很坚硬并具有良好的抗雨蚀能力,难以研磨成型。微晶玻璃陶瓷具有比堇青石陶瓷或氧化铝高的介电常数,这意味着加工中更严格的机械公差要求。

许多陶瓷材料具有较高的热膨胀性,并且易于受飞行中快速形成的温度梯度而产生的热冲击的影响。热冲击会导致天线罩的穹顶破裂,特别是在天线罩处于力学负载情况下。例如,400℃的温差可能会导致氧化铝天线罩因热冲击而失效[11]。因此,天线罩设计师必须注意材料的选择。

熔石英陶瓷(slip cast fused silica,SCFS;国内也常称为熔融石英陶瓷)是一种氧化硅的形式,适合于高温应用。它具有较好的介电性能,成本低,以及小于氧化铝或堇青石材料的热膨胀系数,这提高了其抗热冲击的能力,已应用于速度超过马赫数8的再入飞行器。

现已经开发出一种耐高温树脂,可用于石英基3D复合材料和短切纤维填充模压成型的复合体[19]。这种3D石英具有良好的抗热冲击性,并可用于高超声速导弹或再入导弹的天线罩。由这种材料制造的结构件已经在超过1900℃的温度下进行了测试,透波性能变化可以忽略不计。

天线罩设计者必须关注材料介电常数和损耗角正切随温度增加的变化,因为为达到较高的天线罩透波率,材料必须保持较低的损耗角正切。图4.5给出了熔石英陶瓷、微晶玻璃陶瓷和堇青石陶瓷介电性能随温度的变化曲线。与介电常数一样,损耗角正切也随着温度的升高而增加。如果在特定的天线罩应用中没有考虑到这些特性随温度的变化,可能会导致天线性能灾难性的后果。例如,热致传输损耗增加到不可接受的水平或热致瞄准误差及瞄准误差斜率增加,这可能会导致制导系统的不稳定。图4.6是薄壁结构陶瓷天线罩的照片。

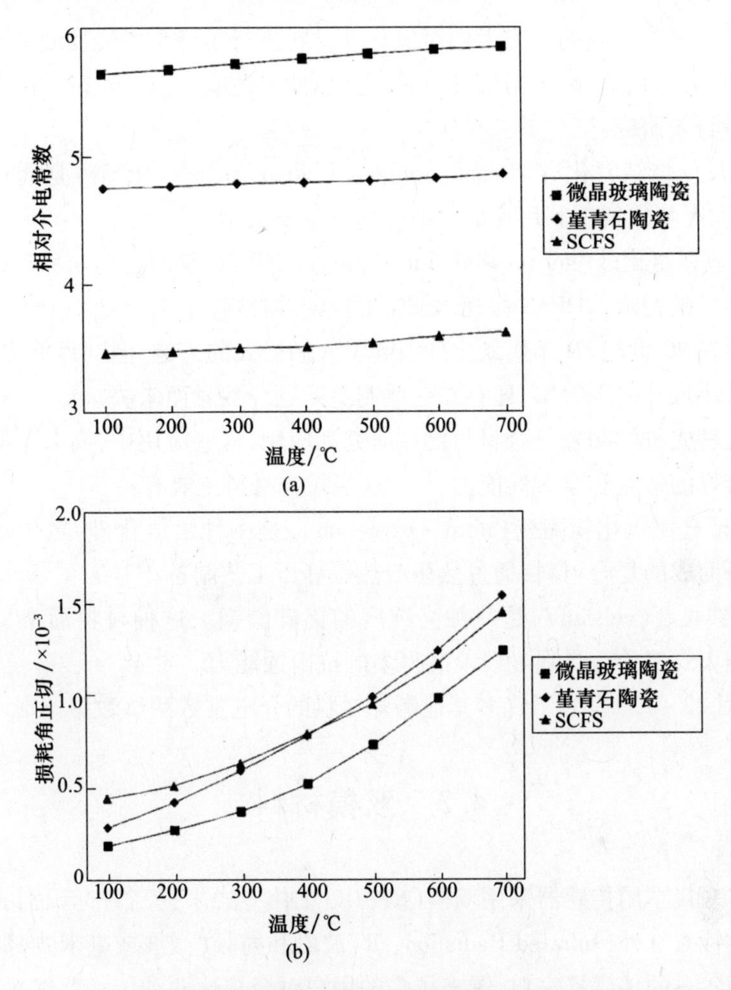

图4.5　熔石英陶瓷、微晶玻璃陶瓷和堇青石陶瓷介电性能随温度的变化曲线

(a)相对介电常数;(b) 损耗角正切。

图4.6　薄壁结构陶瓷天线罩(照片由洛克希德·马丁公司电气与导弹系统分公司提供)

佐治亚理工学院的研究者们对氮化硅材料进行了评估[20],发现其有良好的介电性质、力学强度、高抗雨蚀性以及高抗热冲击性能。他们对以下两种形式的氮化硅进行了研究:

(1)反应烧结氮化硅(Reaction sintered silicon nitride,RSSN)是通过硅氮反应形成的,在氮气氛中利用火焰喷射硅粉反应来成型。

(2)热压氮化硅(hot pressed silicon nitride,HPSN)是通过硅与氮反应形成可以进行热压的粉末。HPSN是比RSSN更致密的材料。

虽然在20世纪80年代氮化硅引起了人们极大的兴趣,但到目前为止,只生产了非常小尺寸的天线罩,还存在一些制造问题仍然悬而未决。

有几种先进的陶瓷复合材料已被研究和应用,这些应用中,高温下的透波率必须结合好的强度和全天候能力[21]。这些复合材料主要有:

(1)硼硅氮氧化物陶瓷(nitro - oxyceram),是一种由氮化硅、氮化硼和二氧化硅制备而成的复合材料,通过热压或热等静压工艺制备。

(2)钡长石(celsian),是一种高纯度的铝硅酸钡。这种材料通常呈现出比二氧化硅大6倍的力学强度以及高得多的抗雨蚀能力。

文献[22 - 23]发表了许多其他陶瓷材料的介电常数测试数据。

4.3 双模材料

许多现代军用传感器采用双模(RF/IR)工作方式来提高目标识别能力。目前大多数针对红外(Infrared Radiation,IR)波段和射频(微波或毫米波)波段的传感器采用各自的传感器窗口,越来越多的用户对合并这两种传感器感兴趣,这使得两者共有一个电磁窗口。典型的IR传感器一般工作于近红外(0.45 ~ 1.2μm波长)、中红外(3 ~ 5μm波长)或远红外(8 ~ 12μm波长)波段。这些波长一般对应于传播损耗可以接受的大气窗口。

4.3.1 无机双模材料

表4.5给出了许多光学材料红外透波率范围与波长的关系。给定材料的透波性能会变化,这是因为:①不同供应商之间的制造工艺差异;②材料杂质;③晶体结构差异。

表4.5 精选光学材料的透薄波范围与波长的关系

材料	波长/μm
氟化锂(LiF)	0.11~6
氟化镁(MgF_2)	0.12~7
氟化钙(CaF_2)	0.13~8
氟化钡(BaF_2)	0.14~12
石英(SiO_2)	0.15~3
紫外熔炼硅(SiO_2)	0.16~2.5
红外熔炼硅($Si\ O_2$)	0.22~3.3
玻璃(BK-7)	0.4~1.4
硅(Si)	0.45~7
锗(Ge)	0.18~12
硫化锌(ZnS)	0.4~13
砷化镓(GaAs)	1~14
氯化钠(NaCl)	0.18~16
硒化锌(ZnSe)	0.6~28
氯化钾(KCl)	0.19~20
溴化钾(KBr)	0.21~25
碲化镉(CdTe)	1~25
氯化银(AgCl)	0.4~29
溴化银(AgBr)	0.45~35
溴碘化铊(KRS-5)	0.6~39
溴化铯(CaBr)	0.22~50
碘化铯(CeI)	0.25~60

当同时考虑天线罩应用的以下两种要求时,光学材料列表中的候选材料会很少。

(1)低损耗角正切,即在感兴趣的微波/毫米波段,$\tan\delta < 0.01$。

(2)如果作为机载应用,要适应飞行体制的热与力学要求。

材料选择因素取决于应用,包括力学强度、硬度、热膨胀系数、抗热冲击性、工作温度范围以及介电常数(或折射率)随温度变化的稳定性。目前,可用的光学材料的另一个问题是抗热冲击性差。

佐治亚理工学院的研究者们进行了硒化锌(ZnSe)和硫化锌(ZnS)用作光学窗口的潜力研究[24]。德州仪器(Texas Instruments,TI)将砷化镓(GaAs)作为潜在的双模材料进行了研究[25]。砷化镓比硒化锌或硫化锌硬度高得多,并且抗雨蚀性也好得多。通用电气(General Electric,GE)研究了化学沉积法氮化硅作为一种双模窗口的可能性[26]。美国通用电话电子公司(GTE)实验室还对用于IR的透明多晶氧化钇进行了研究[27]。圆顶罩可以进行热等静压和烧结,这是一种经济的制造工艺。此外,GTE实验室还报道了近净成型烧结工艺,这将降低研磨和抛光的成本。

美国海军研究办公室(Office of Naval Research,ONR)进行了一项研究,确定了大约30种适用于双模窗口的陶瓷材料[28]。其主要包括

莫来石、锗莫来石、铝酸硼、锗酸锌、锗酸钍、铯榴石、钛酸铪和硫化镧钙等。

近年来,几种新型中红外波段的天线罩材料已经问世,其中包括经氧化镧增强的氧化钇(Lanthana - strengthened Yittria,LSY)。文献[29]报道了这些新型材料的物理和介电性能。

制造工艺生产出近净形状的LSY。这一工艺过程是用一个等压模具将LSY压成最终的形状。接着,将压实后的粉末放置于高温炉中,在2100℃以上温度焙烧。之后,由烧结、退火、研磨和刨光等工艺过程构成。在Ka波段,LSY的相对介电常数为11.2和损耗角正切为0.0005。它的高端红外截止于7.5μm,比其他中红外波段的材料高得多。在红外波段,在晶体结构内的散射也是一个主要的损耗因素。只有陶瓷能够用于中红外和远红外波段的透波窗口。然而,在近红外波段,有许多可行的有机材料可作为选择。

4.3.2 有机双模材料

对于有机材料电磁窗而言,以前的研究表明,OH分子键是造成严重的吸收谐振落在感兴趣的中红外和远红外波段内的主要原因[30]。这些吸收谐振排除了使用许多有机窗口材料的可能性。

然而,许多在微波和毫米波段具有良好天线罩性能的塑料材料也能在近红外波段提供很高的透明度。尽管如此,与陶瓷相比,较低的物理强度与较低的潜在工作温度范围使这些材料限制在亚声速飞机、地面车辆或地面固定的天线罩应用中。

许多有机双模材料能够在近红外波段具有较好的传输性能,这些材料主要包括[31]:

(1)聚甲基丙烯酸甲酯(丙烯酸):是最常用的塑料材料,其相对介电常数$\varepsilon_r=2.22$,价格适中,易于成型和加工。它将传输、抗划伤、对波长的稳定性以及

抗吸水能力有效地结合在一起。也可以买到在紫外波段透波并无显著老化的丙烯酸材料。

(2)甲基戊烯:在光学性质上类似于丙烯酸,其相对介电常数 $\varepsilon_r=2.15$。它韧性强,具有耐化学性、耐高温能力和优异的电性能。

(3)聚苯乙烯(苯乙烯):相对介电常数 $\varepsilon_r=2.53$。它是一种具有优异成型性能的低成本材料。甲基丙烯酸甲酯苯乙烯(NAS)是由70%丙烯酸和30%苯乙烯组成的共聚物材料。取决于混合情况,其相对介电常数可以从 $\varepsilon_r=2.35$ 变化到2.45。该材料可以机械加工和抛光,易于成型,并被认为是比较稳定的。苯乙烯丙烯腈(SAN)也是丙烯酸与苯乙烯的共聚物,其 $\varepsilon_r=2.5$。该材料热稳定性较好且易于成型,但容易变黄。

(4)聚碳酸酯:能够在 -135 ~ 120℃的温度范围内保持其物理强度,使得它很适合于机载应用。它的相对介电常数 $\varepsilon_r=2.52$,比丙烯酸或苯乙烯更难成型,并且由于其高延展性而不易机械加工或抛光。其主要优点是高抗冲击性,这使它成为耐久性非常重要场合下的首选材料。在光学塑料中,它的成本是相当高的。

(5)尼龙:相对介电常数 $\varepsilon_r=2.4\sim2.9$。其主要应用于需要将透明性和耐各种溶剂与化学品性能结合的应用中。它具有优异的电性能、强度和刚度。其吸湿性高,因此,尺寸稳定性差。尼龙的高流动特性和熔融稳定性使得其可以用简单工艺加工,并具有填充薄壁截面的能力。它是更昂贵的光学塑料之一。

4.4　天线罩材料对天线性能的影响

天线罩损耗对其封闭的天线系统有以下影响:①由于传输损失而降低天线主波束增益;②由于天线罩的电阻损耗导致天线噪声温度增加;③由于①和②引起的系统 G/T 比的下降。这对于天线罩所封闭的卫星通信接收系统尤为重要,因为它实际上降低了接收系统的动态范围。

本节中我们将考虑这些性能降低的详细内容。

4.4.1　接收机噪声

通常将接收器系统建模为无噪声的,但是通过噪声因子 F 来考虑输出端的噪声,其中噪声因子是无量纲的。噪声可以是热源型的(热噪声),也可能来自其他产生噪声的过程。大多数过程都可产生噪声,其频谱和概率分布与热噪声相似。为解释如何模拟接收机中噪声的影响,我们要考虑图4.7(a)所示的单个子系统级接收器。使用众所周知的黑体辐射定律,该单级电子子系统输出端的总噪声为[32-33]

$$P_{no} = k_b T_0 BGF \tag{4.2}$$

式中:G 为子系统的功率增益(无量纲);B 为系统的噪声带宽(Hz);k_b 为玻耳兹曼常数,其值为 $1.38\times10^{-23}\mathrm{W\cdot s/K}$;$T_0$ 为环境温度,其值为290K。

$K_b T_0 B$ 是关于子系统输入端的实际产生的热噪声功率。

考虑到噪声指数是以分贝表示的噪声因子:

$$NF = 10\lg(F) \tag{4.3}$$

我们可以用噪声指数表示噪声因子:

$$F = 10^{NF/10} \tag{4.4}$$

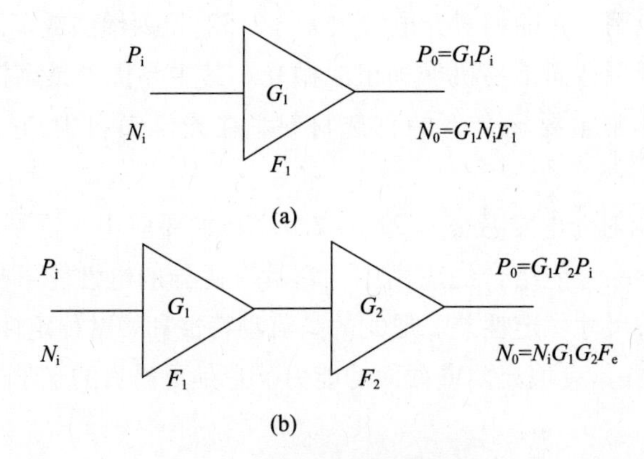

图4.7 接收机噪声级的表示
(a)单级;(b)双级级联。

或者,我们可以通过温度 T_e 下无噪声终端来解释子系统产生的噪声。于是,单级子系统输出端的总噪声为

$$P_{n0} = k_b T_e BG \tag{4.5}$$

由此可以看到,等效噪声温度通过下式与噪声因子相关联:

$$T_e = T_0 F \tag{4.6}$$

这一等效噪声温度将在输出端产生同样的噪声功率。

注意考虑图4.7(b)所示的两个级联的接收器子系统。假设这两个级联子系统级的带宽相同($B_1 = B_2 = B$),则第二级输出端的总热噪声可以表示为

$$P_{n0} = k_b T_0 BG_1 G_2 \left(F_1 + \frac{F_2 - 1}{G_1} \right) = k_b T_0 BG_1 G_2 F_e \tag{4.7}$$

等效噪声因子为

$$F_e = F_1 + \frac{F_2 - 1}{G_1} \tag{4.8}$$

若第一级的增益至少为10,则等效噪声因子近似等于第一级的噪声因子。这种结果在第一级通常为低噪声放大器(low - noise amplifier,LNA),而第二级代表性的为微波接收机,这里 $F_e = F_{\text{LNA}}$。在卫星通信系统中,LNA的噪声因子因此设定为整个接收系统的噪声因子。C波段LNA的最先进技术水平是低于10K。

最后,等效噪声温度可以如文献[34 - 35]那样用系统噪声因子来定义:

$$T_e = T_0\left[F_1 + \frac{F_2 - 1}{G_1}\right] \tag{4.9}$$

注意,式(4.9)仅适用于接收机输入端特定的终端阻抗条件。若使用其他值,则噪声温度表达式要改变。许多微波接收机系统使用50Ω的同轴传输线,并且天线与50Ω的接收机负载阻抗相匹配。

4.4.2　无天线罩时的噪声温度

对于一个连接到接收机的天线,系统噪声温度近似为

$$T_{\text{sys}} = T_a + T_e \tag{4.10}$$

其中,T_a 是天线的噪声温度,并且是天线输出终端处的噪声功率。T_e 表示接收机中非理想组件产生的电子设备的噪声温度,并且近似等于前述讨论的低噪声放大器(LNA)的噪声温度。

考虑接收机 G/T 是接收天线处的品质因数,其计算公式为

$$G/T = G_a - 10\log(T_a + T_e) \tag{4.11}$$

4.4.3　有天线罩时的噪声温度

安装在天线上且具有功率插损 L_{dB} 的天线罩,能够引起接收系统噪声温度的严重降级。考虑图4.8所示的带有天线罩的天线,噪声是内部和外部产生噪声的总和。以下方程给出了影响系统总噪声温度的主要因素:

$$T_{\text{sys}} = T_a L_r + 290(1 - L_r) + T_e$$

式中:T_{sys} 为系统噪声温度(K);T_a 为天线噪声温度(K);T_e 为电子设备噪声温度(K)。

天线罩的损耗因数与以分贝为单位的天线罩插损相关,关系式为

$$L_r = 10^{L_{db}/10}$$

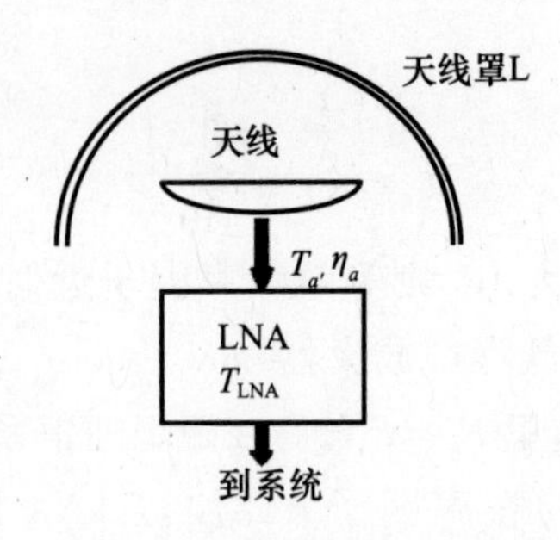

图4.8　损耗为 L_r 的天线罩内的卫星接收天线

注意,对于无损耗天线罩,$L_r = 1$。由天线罩插损引入的噪声温度是指:若天线罩是无损耗的,则必须加热天线罩以获得相同噪声功率贡献所需的温度。可以由天线的辐射方向图及其周围环境来计算天线噪声温度 T_a。由于较低的宇宙(银河系)天空温度,指向天顶的卫星天线可能有10K量级的天线温度。

于是 G/T 比为

$$G/T = G_a - 10\log(T_aL_r + 290(1 - L_r) + T_e)$$

对于一个低噪声系统,图4.9给出了由于天线罩损耗和物理温度引起的附加系统噪声温度。这些数据表明,在环境温度下,天线罩损耗可能是对系统噪声温度一个很大的贡献源。例如,每增加0.1dB的天线罩损耗会使系统噪声温度增加约10K。也应注意,在很高物理温度下工作的导弹天线罩可能会进一步降低由天线罩所封闭的接收系统的灵敏度。还发现,被雨淋湿的天线罩表现出增加了系统噪声温度的退化[34]。为了尽量减少这一影响,研究了聚四氟乙烯(Teflon)作为疏水涂层[35]。文献[29]中列出了各种商用疏水涂料的效果。

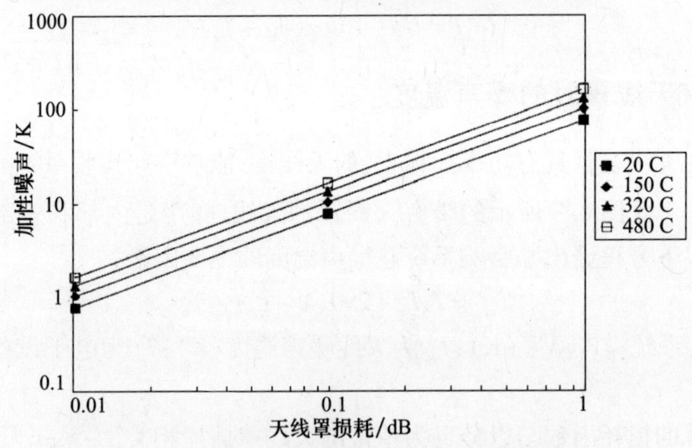

图4.9　加热有耗天线罩引起的附加系统噪声

为说明考虑了这些因素的几种天线罩应用,图4.10给出了安装在几个卫星通信天线上的舰载天线罩,图4.11给出了安装在小型飞机上的卫星通信天线罩。

图4.10　海事舰船应用中的卫星通信天线罩(照片由科巴姆卫星通信提供)

图4.11　无人机应用中的卫星通信天线罩(照片由通用原子航空系统公司提供)

参考文献

[1] Bassett, H. L., and J. M. Newton, (eds.), *Proceedings of the 13th Symposium on Electromagnetic Windows*, Georgia Institute of Technology, Atlanta, GA, September 1976.

[2] Harris, J. N., (ed.), *Proceedings of the 14th Symposium on Electromagnetic Windows*, GeorgiaInstitute of Technology, Atlanta, GA, June 1978.

[3] Bassett, H. L., and G. K. Huddleston, (eds.), *Proceedings of the 15th Symposium on Electromagnetic Windows*, Georgia Institute of Technology, Atlanta, GA, June 1980.

[4] Huddleston, G. K., (ed.), *Proceedings of the 16th Symposium on Electromagnetic Windows*, Georgia Institute of Technology, Atlanta, GA, June 1982.

[5] Bassett, H. L., (ed.), *Proceedings of the 17th Symposium on Electromagnetic Windows*, GeorgiaInstitute of Technology, Atlanta, GA, July 1984.

[6] Harris, J. N., (ed.), *Proceedings of the 18th Symposium on Electromagnetic Windows*, GeorgiaInstitute of Technology, Atlanta, GA, September 1986.

[7] Handley, J. C., (ed.), *Proceedings of the 19th Symposium on Electromagnetic Windows*, Georgia Institute of Technology, Atlanta, GA, September 1988.

[8] Ohlinger, W. L., (ed.), *Proceedings of the 20th Symposium on Electromagnetic Windows*, Georgia Institute of Technology, Atlanta, GA, September 1992.

[9] Handley, J. C., (ed.), *Proceedings of the 21st Symposium on Electromagnetic Windows*, GeorgiaInstitute of Technology, Atlanta, GA, January 1995.

[10] Cary, R. H., *Avionics Radome Materials*, North Atlantic Treaty Organization (NATO) Report AGARD - AR - 75, London, Technical Editing and Reproduction Ltd., 1974.

[11] Walton, J. D., *Radome Engineering Handbook*, New York: Marcel Dekker, 1970.

[12] Ossin, A., et al., *Millimeter Wavelength Radomes*, Report AFML - TR - 79 - 4076, Wright Patterson Air Force Base, OH, AF Materials Laboratory, 1979.

[13] Gibson, C. C., R. H. Bogaard, and D. L. Taylor, "The EM Window Material Database: A Progress Report," *Proceedings of the 21st Symposium on Electromagnetic Windows*, GeorgiaInstitute of Technology, Atlanta, GA, January 1995.

[14] Burks, D. G., "Radomes," Ch. 53 in *Antenna Engineering Handbook*, 4th ed., J. L. Volakis, (ed.), New York: McGraw - Hill, 2007.

[15] Skolnik, M. I., *Radar Handbook*, New York, McGraw - Hill, 1970.

[16] Newton, J. M., D. J. Kozakoff, and J. M. Schuchardt, "Methods of Dielectric Material Characterization at Millimeter Wavelengths," *Proceedings of the 15th Symposium on Electromagnetic Windows*, Georgia Institute of Technology, Atlanta, GA, June 1980.

[17] Rudge, A. W., et al., *The Handbook of Antenna Design*, IEEE Electromagnetic Waves Series, London: Peter Peregrinus Ltd., 1986.

[18] Coy, T. N., "Hot Pressed Silicon Nitride," *Proceedings of the 11th Symposium on Electromagnetics Windows*, Georgia Institute of Technology, Atlanta, GA, 1972.

[19] Favaloro, M. R., "A Dielectric Composite Material for Advanced Radome and Antenna Window Applications," *Proceedings of the 20th Symposium on Electromagnetic Windows*, Georgia Institute of Technology, Atlanta, GA, September 1992.

[20] Walton, J. D., "Reaction Sintered Silicon Nitride," *Proceedings of the 11th Symposium on Electromagnetics Windows*, Georgia Institute of Technology, Atlanta, GA, 1972.

[21] Wright, J. M., J. F. Meyers, and E. E. Ritchie, "Advanced Ceramic Composites for Hypersonic Radome Applications," *Proceedings of the 20th Symposium on Electromagnetic Windows*, Georgia Institute of Technology, Atlanta, GA, September 1992.

[22] Sheppard, A. P. , A. McSweeney, and K. H. Breeden, "Submillimeter Wave Material Properties and Techniques," *Proceedings of the Symposium on Submillimeter Waves*, Polytechnic Institute of Brooklyn, NY, 1970.

[23] Nickel, H. U. , and R. Heidinger, "A Survey of Vacuum Windows for High Energy Millimeter Wave Systems in Fusion Experiments," *Proceedings of the 20th Symposium on Electromagnetic Windows*, Georgia Institute of Technology, Atlanta, GA, September 1992.

[24] Papis, J. , B. DiBeneditto, and A. Swanson, "Low Cost Zinc Selenide and Zinc Sulfide for FLIR Optics," *Proceedings of the 13th Symposium on Electromagnetic Windows*, Georgia Institute of Technology, Atlanta, GA, 1976.

[25] Purinton, D. , "GaAs IR - RF Window Material," *Proceedings of the 13th Symposium on Electromagnetic Windows*, Georgia Institute of Technology, Atlanta, GA, 1976.

[26] Tanzilli, R. A. , J. J. Gebhardt, and J. O. Hanson, "Potential of Chemically Vapor Deposited Silicon Nitride as a Multimode EM Window," *Proceedings of the 14th Symposium on Electromagnetic Windows*, Georgia Institute of Technology, Atlanta, GA, 1978.

[27] Rhodes, W. H. , "Transparent Polycrytalline Yttria for IR Applications," *Proceedings of the 16th Symposium on Electromagnetic Windows*, Georgia Institute of Technology, Atlanta, GA, 1982.

[28] Musikant, S. , et al. , "Advanced Optical Ceramics," *Proceedings of the 15th Symposium on Electromagnetic Windows*, Georgia Institute of Technology, Atlanta, GA, 1976.

[29] Rhodes, W. H. , et al. , "Lanthana Strengthened Yttria as a Mid - Range Infrared Window Material," *Proceedings of the 20th Symposium on Electromagnetic Windows*, Georgia Instituteof Technology, Atlanta, GA, September 1992.

[30] Townes, C. H. , and A. L . Shawlow, *Microwave Spectroscopy*, New York: McGraw - Hill,1965.

[31] Tribastone, C. , and C. Teyssier, "Designing Plastic Optics for Manufacturing," *Photonics Spectra Magazine*, January 1991.

[32] Skolnik, M. I. , *Introduction to Radar Systems*, 2nd ed. , New York: McGraw - Hill, 1980.

[33] Ulaby, F. T. , R. K. Moore, and A. K. Fung, *Microwave Remote Sensing: Volume 1*, Dedham, MA: Artech House, 1981.

[34] Dijk, J. , and A. C. A. Van der Vorst, "Depolarization and Noise Properties of Wet Antenna Radomes," *AGARD Proceedings*, No. 159, Paris, France, October 1974.

[35] Siller, C. A. , "Preliminary Testing of Teflon as a Hydrophobic Coating for Microwave Radomes," *IEEE Transactions on Antennas and Propagation*, Vol. AP - 27, No. 4, July 1979.

[36] "Hexweb HRH10 Aramid Fiber/Phenolic Honeycomb Product Data Sheet," Hexcel Composites, Dublin, CA, 2008.

第二部分

天线罩分析

第5章　介质罩壁结构

本章将主要介绍最常用的天线罩罩壁结构。单层天线罩壁由单独一种类型的介质材料组成。"夹层"这一术语用于任意多层罩壁结构,各层的介电常数不同。所有这些都可以用5.1节中给出的边值问题求解方法进行数学建模模拟。其他不常用的天线罩壁结构,如锯齿状或开槽型的罩壁结构本章不做讨论[1-2]。

5.1　天线罩壁传输的数学公式

可以通过图5.1所示的N层介质壁正向与反向传播波(分别为E^+和E^-)的边界值求解方法,进行平面多层介质叠层结构的微波传输和反射分析,其中解的形式如下[3-4]:

$$\begin{bmatrix} E_0^+ \\ E_0^- \end{bmatrix} = \left[\prod_{i=1}^{N} \frac{1}{T_i} \begin{pmatrix} \mathrm{e}^{\mathrm{j}\gamma_i t_i} & R_i \mathrm{e}^{-\mathrm{j}\gamma_i t_i} \\ R_i \mathrm{e}^{\mathrm{j}\gamma_i t_i} & \mathrm{e}^{-\mathrm{j}\gamma_i t_i} \end{pmatrix} \right] \frac{1}{T_{N+1}} \begin{bmatrix} 1 & R_{N+1} \\ R_{N+1} & 1 \end{bmatrix} \begin{bmatrix} E_{N+1}^+ \\ 0 \end{bmatrix} \tag{5.1}$$

式中:t_i为第i层的厚度;R_i,T_i分别为第$(i-1)$层和第i层之间界面处的菲涅耳反射系数和传输系数,计算方法见附录C;γ_i是第i层内垂直边界的传播常数,计算公式为

$$\gamma_i = k_0 \sqrt{\varepsilon_{ri}} \cos\theta_i \tag{5.2}$$

其中,ε_{ri}是第i层的相对介电常数(为复数);k_0是自由空间波数,θ_i是第i层内相对于表面法线的射线角。

射线透过第一层的入射角,可以由众所周知的斯涅耳定律得

$$\frac{\sin\theta_1}{\sin\theta_0} = \frac{\sqrt{\varepsilon_{r0}}}{\sqrt{\varepsilon_{r1}}} \tag{5.3}$$

$$\theta_1 = \arcsin\left(\frac{\sqrt{\varepsilon_{r0}}}{\sqrt{\varepsilon_{r1}}}\sin\theta_0\right) \tag{5.4}$$

类似地,射线在每一层的入射角都可以从上一层的入射角得到,即

$$\theta_{\mathrm{i}} = \arcsin\left(\frac{\sqrt{\varepsilon_{r(i-1)}}}{\sqrt{\varepsilon_{ri}}}\sin\theta_{i-1}\right) \tag{5.5}$$

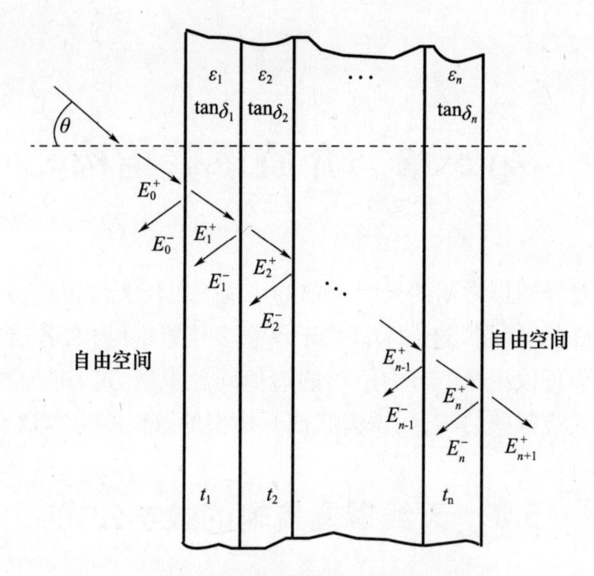

图5.1　N层介质壁边界值问题

注意,介质材料的介电损耗是由损耗角正切来反映的:

$$\varepsilon_n = \varepsilon'_{ri}(1 - \mathrm{j}\tan\delta) \tag{5.6}$$

其中,ε'_{ri}是第i层材料相对介电常数的实部。或者,可以修改先前的公式以包括电导率项。

将式(5.1)中的矩阵乘法各项合并,可以表示为

$$\begin{bmatrix} E_0^+ \\ E_0^- \end{bmatrix} = \begin{bmatrix} A_{11} & A_{12} \\ A_{21} & A_{22} \end{bmatrix} \begin{bmatrix} E_{N+1}^+ \\ 0 \end{bmatrix} \tag{5.7}$$

5.1.1　线极化传输系数

由式(5.7)可得到电压反射系数的最终结果:

$$R_w = \frac{A_{21}}{A_{11}} \tag{5.8}$$

同样,电压传输系数由下式给出:

$$T_w = \frac{1}{A_{11}} \tag{5.9}$$

注意,电压反射系数和电压传输系数是复数,并可用其幅度和插入相位延迟(insertion phase delay,IPD)角度项来表示。例如,传输系数可以表示为

$$T_w = |T_w| \angle IPD \tag{5.10}$$

从事天线罩设计的工程师常常使用电压传输系数模的平方作为天线罩功率传输效率这一术语：

$$|T_w|^2 \tag{5.11}$$

附录5A中，给出了前述矩阵求解多层罩壁传输系数的计算机软件列表。软件代码采用POWER BASIC[5]编写。

5.1.2　圆极化传输系数

圆极化的传输系数计算公式为

$$T_{w-\text{copol}} = \frac{T_{w\perp} - T_{w\parallel}\sin\Delta_{\text{IPD}} + T_{w\perp}\cos\Delta_{\text{IPD}}}{2} \tag{5.12}$$

$$T_{w-\text{xpol}} = \frac{T_{\text{w}\perp} - T_{\text{w}\parallel}\sin\Delta_{\text{IPD}} - T_{\text{w}\perp}\cos\Delta_{\text{IPD}}}{2} \tag{5.13}$$

其中，$T_{w\parallel}$和$T_{w\perp}$分别是平行极化和垂直极化的传输系数。

$\Delta_{\text{IPD}} = (\text{IPD}_{\perp} - \text{IPD}_{\parallel})$为垂直极化和平行极化的插入相位延迟的差值。共极化和交叉极化传输系数表达式可以用于评估天线罩去极化对天线性能的影响。

5.1.3　椭圆极化的传输系数

在某些情况下，我们发射或接收圆极化信号，但极化效应是使两个正交分量中的一个相对于另一个产生衰减或相位延迟，从而产生图5.2所示的椭圆极化。轴比AR定义为椭圆极化的长轴和短轴大小的比：

$$\text{AR} = \frac{b}{a} \tag{5.14}$$

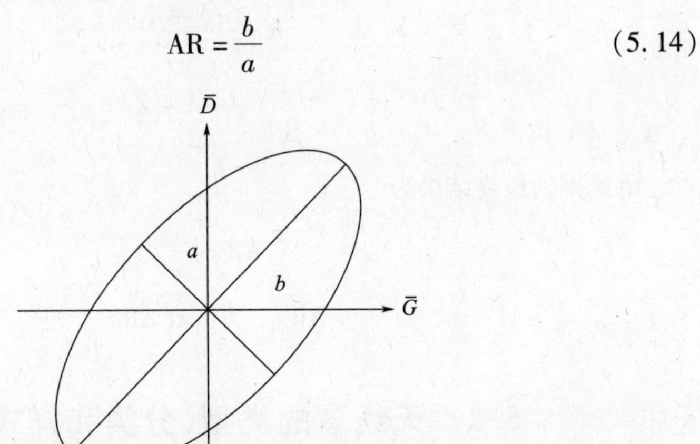

图5.2　椭圆极化

或经常用分贝表示为

$$\mathrm{AR_{dB}} = 20\log(\mathrm{AR}) \tag{5.15}$$

令 $\boldsymbol{D}$ 是一个单位向量,它垂直于一个由通过天线罩壁传播的传播向量和天线罩表面法线定义的平面,且令 $\boldsymbol{G}$ 是一个单位向量,它平行于由通过天线罩壁传播的传播向量和天线罩表面法线定义的平面。通过天线罩壁传播的圆极化信号将修正为

$$E_t = T_{w\parallel}\mathrm{e}^{\mathrm{jIPD}\parallel}\boldsymbol{G} + T_{w\perp}\mathrm{e}^{\mathrm{jIPD}\perp}\boldsymbol{D} \tag{5.16}$$

通过以下定义,可以计算通过天线罩壁传播中的 AR:

$$g_1 = T_{w\parallel}\cos\mathrm{IPD}_{\parallel} - T_{w\perp}\sin\left(\frac{\pi}{2} + \mathrm{IPD}_{\perp}\right) \tag{5.17}$$

$$g_2 = T_{w\parallel}\sin\mathrm{IPD}_{\parallel} + T_{w\perp}\cos\left(\frac{\pi}{2} + \mathrm{IPD}_{\perp}\right) \tag{5.18}$$

$$g_3 = T_{w\parallel}\cos\mathrm{IPD}_{\parallel} + T_{w\perp}\sin\left(\frac{\pi}{2} + \mathrm{IPD}_{\perp}\right) \tag{5.19}$$

$$g_4 = T_{w\parallel}\sin\mathrm{IPD}_{\parallel} - T_{w\perp}\cos\left(\frac{\pi}{2} + \mathrm{IPD}_{\perp}\right) \tag{5.20}$$

现在令

$$Y = \sqrt{g_1^2 + g_2^2} \tag{5.21}$$

$$Z = \sqrt{g_3^2 + g_4^2} \tag{5.22}$$

由此

$$a = \frac{\sqrt{Y + Z}}{2} \tag{5.23}$$

$$b = \frac{\sqrt{-Y + Z}}{2} \tag{5.24}$$

由此得到最终结果为

$$\mathrm{AR} = \frac{b}{a} \tag{5.25}$$

$$\mathrm{AR_{dB}} = 20\log(\mathrm{AR}) \tag{5.26}$$

5.2 天线罩的类型、分类和样式定义

根据 MIL - R - 7705B[6],用于飞行器(飞机或导弹)、地面车辆和地面固定设施的天线罩可分为不同类别,这些类别由特定的天线罩使用和罩壁结构来决定。

下面主要介绍 6 种天线罩类型。

5.2.1　天线罩类型定义

6 种天线罩类型定义如下：

（1）Ⅰ型天线罩为低频天线罩，用于 2.0GHz 及以下的频率。

（2）Ⅱ型天线罩是具有特定方向精度要求的定向制导天线罩，其要求包括瞄准误差、瞄准误差斜率、天线方向图畸变和天线副瓣电平抬高。

（3）Ⅲ型天线罩为相对带宽小于 0.1 的窄带天线罩。

（4）Ⅳ型天线罩为用于两个或多个窄频带的多频带天线罩。

（5）Ⅴ型天线罩为宽带天线罩，一般用于相对带宽为 0.100 ~ 0.667 的宽频带。

（6）Ⅵ型天线罩为甚宽频带天线罩，具有相对带宽大于 0.667 的工作带宽。

5.2.2　天线罩分类定义

除了类型，根据一般应用，引用的美国军标规范定义了天线罩的类别。它们是：

（1）Ⅰ类（飞行器）。

（2）Ⅱ类（地面车辆、水面舰船）。

（3）Ⅲ类（地面固定安装）天线罩。

5.2.3　天线罩样式定义

天线罩样式根据介质罩壁结构来定义共有 5 种：

（1）a 式天线罩为半波壁实心（单层）结构天线罩。

（2）b 式天线罩为薄壁单层结构天线罩，在最高工作频率上壁厚等于或小于 0.1λ。

（3）c 式天线罩也称为 A 夹层多层罩壁天线罩，共有三层，两层高密度的蒙皮层和一层低密度的芯层，蒙皮的介电常数大于芯层的介电常数。

（4）d 式天线罩为具有 5 层及以上介质层的多层罩壁天线罩，有奇数层的高密度蒙皮层和偶数层的低密度芯层，蒙皮的介电常数大于芯层的介电常数。当层数增加时，宽频带性能会得到改善。

（5）e 式天线罩在本书中定义为不适合 a ~ d 式的所有可能的罩壁结构天线罩。这些样式包括 B 夹层和其他结构。B 夹层结构类似于 A 夹层结构，只是它由两个低密度材料外层和一个高密度芯层材料组成。外层材料的介电常数小于芯层材料的介电常数。

5.3 各样式罩壁结构的电性能

本节介绍前面定义的各种天线罩壁结构样式的设计准则和典型传输性能。常用的夹层天线罩壁结构样式如图 5.3 所示。

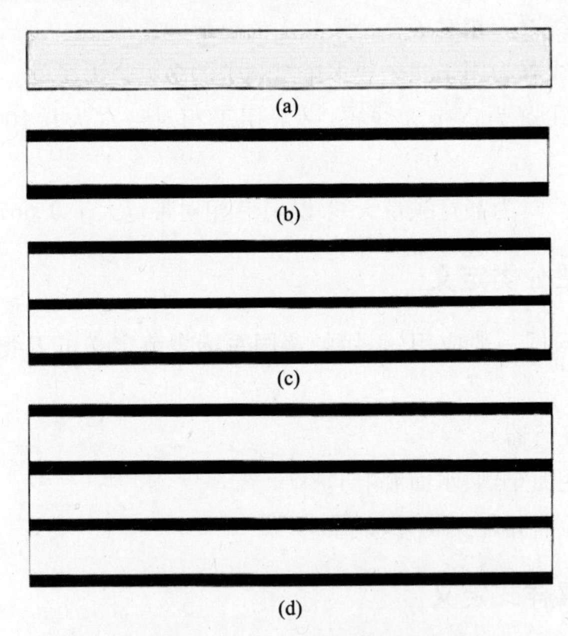

图 5.3 常用的夹层天线罩壁结构样式(a ~ d)

5.3.1 半波壁天线罩(a 式)

半波壁天线罩的特性取决于空气—电介质界面的相互作用,并且本质上是窄频带的,典型带宽为 5%,适合窄带天线罩的应用并可实现性能规范的要求。这类天线罩示例如图 5.4 所示。壁厚为半波长的倍数,并随之具有更窄的工作带宽。这种单层半波壁天线罩的另一个缺点是重量大。

对于半波壁天线罩,使传输损耗最小的罩壁厚度是入射角和辐射电磁波波长以及罩壁材料介电常数的函数,其关系式如下:

$$t = \frac{m\lambda}{2\sqrt{\varepsilon_r - \sin^2\theta}} \tag{5.27}$$

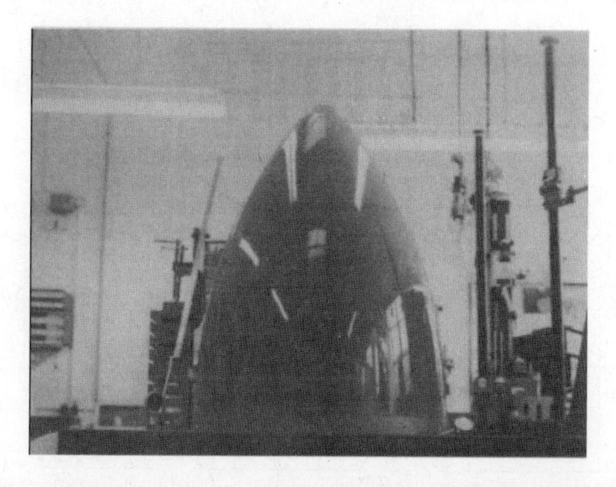

图5.4　英国宇航公司生产的高性能单层天线罩(照片由英国宇航公司提供)

式中:λ 为辐射电磁波的波长;m 为半波壁罩壁的阶数(为整数,且≥1)。

图5.5、图5.6中分别给出了垂直极化和平行极化下,厚度为0.8255cm的单层半波壁天线罩的电压传输系数。材料的相对介电常数为4,损耗角正切为0.015。特别地,平行极化的数据证明了在布鲁斯特(Brewster)角上的镜面反射为零,布鲁斯特角计算公式为

$$\theta_B = \arctan\sqrt{\varepsilon} \tag{5.28}$$

在布鲁斯特角上,通过材料传输时的传输损耗完全是由于欧姆损耗,并且这一损耗随着材料损耗角正切值的增加而增加。

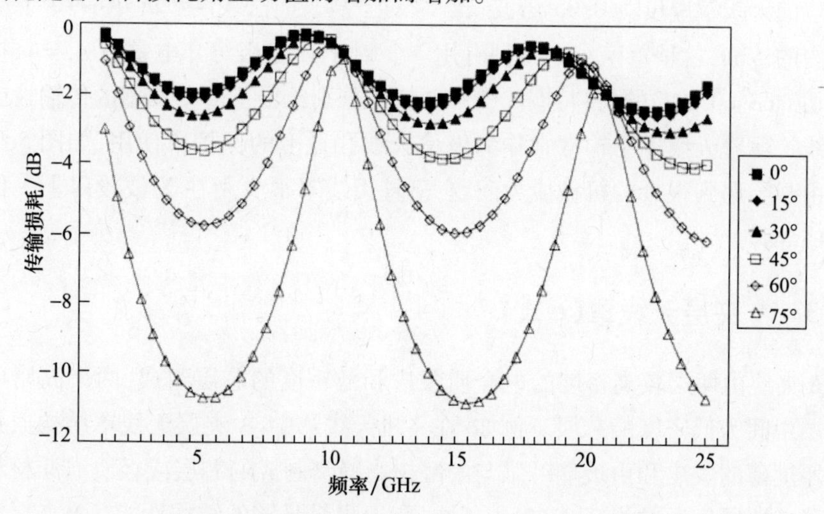

图5.5　半波壁的传输损耗,垂直极化($t=0.8255\text{cm}$,$\varepsilon_r=4$,$\tan\delta=0.015$)

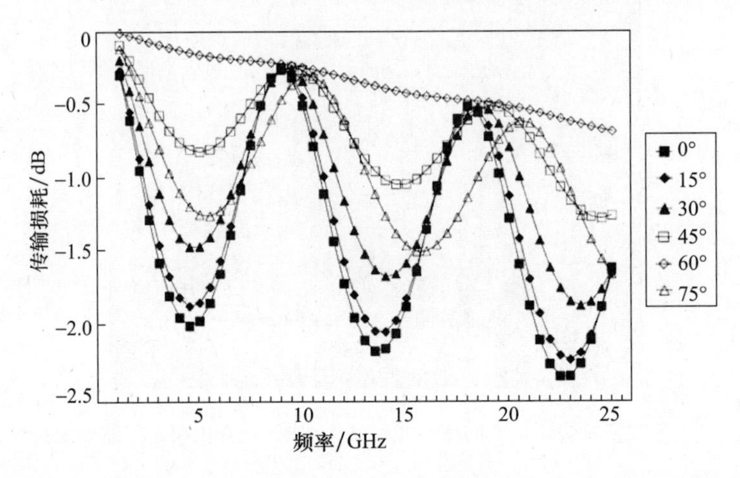

图5.6 半波壁的传输损耗,平行极化($t=0.8255\text{cm}$,$\varepsilon_r=4$,$\tan\delta=0.015$)

除非通过任何其他方法都无法实现结构要求,否则通常不会考虑采用高阶半波壁(即 $m>1$)设计[7]。高阶单层罩壁的不利后果是减小了带宽,并增加了天线罩的瞄准误差和瞄准误差斜率。

5.3.2 薄壁天线罩(b 式)

薄壁天线罩本质上类似一个工作于某个频率以下的低通滤波器,该工作频率对应的天线罩厚度为0.05 倍波长[8]。对于从表面法线度量的0°~70°入射角范围内的传输,这种罩壁结构特别有用[9]。对于具有相对介电常数 $\varepsilon_r=4$,损耗角正切 $\tan\delta=0.015$ 的材料,图 5.7 和图 5.8 分别给出了薄壁典型的传输性能数据曲线。薄壁天线罩结构常常作为电信天线孔径上的保护罩使用,如图 5.9 所示。由于会遇到很大的机械应力问题,薄壁天线罩很少用在 X 波段以上工作的飞机或导弹上[10]。

5.3.3 A 夹层天线罩(c 式)

A 夹层由两层较高密度的电介质蒙皮和低密度的芯层组成,两个高密度的蒙皮层中间为低密度的芯层。例如,在飞机天线罩中,A 夹层天线罩结构通常使用电厚度薄的蒙皮和由玻璃纤维与酚醛树脂蜂窝制成的芯层或轻质泡沫材料芯层。蒙皮层厚度通常为 0.0762cm 或更厚,以提供足够的结构性能。A 夹层设计实现了高的强度—重量比和在小入射角时良好的电性能。在流线型高长细比

(即长度与直径比)天线罩较高入射角时,电性能较差。因此,A夹层天线罩仅用于低长细比(亚声速)飞机或固定目标等可以使用近半球形状天线罩的场合,这些天线罩的入射角较低。

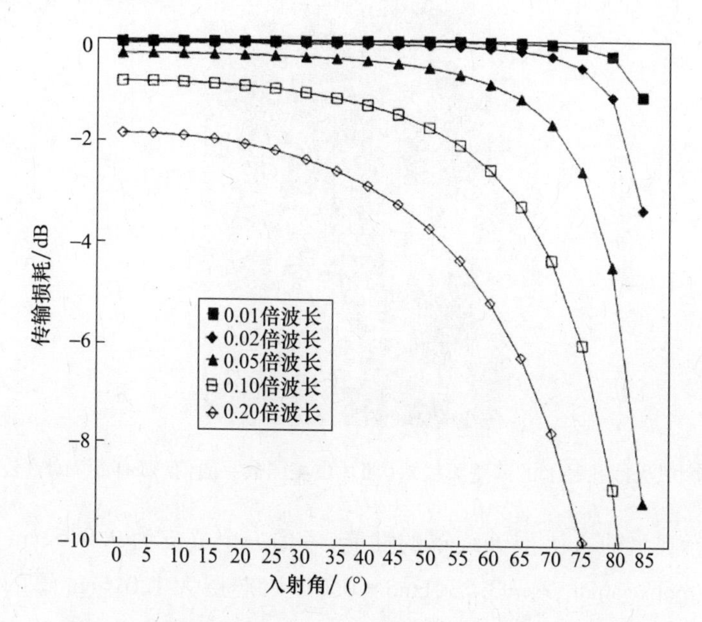

图5.7　薄壁的传输损耗,垂直极化($\varepsilon_r=4,\tan\delta=0.015$)

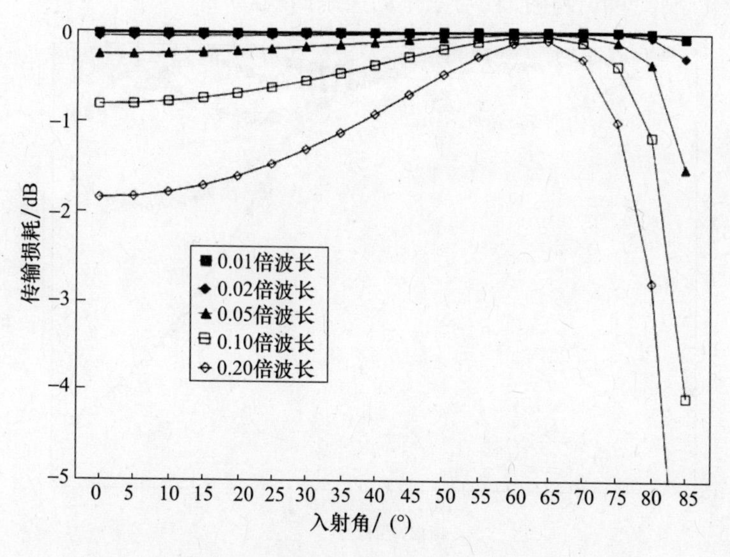

图5.8　薄壁的传输损耗,平行极化($\varepsilon_r=4,\tan\delta=0.015$)

图5.9 喇叭天线孔径上的薄壁天线罩(照片由美国数字通信(USDigiComm)公司提供)

为展示典型的A夹层天线罩的性能,考虑一个蒙皮为0.0762cm厚的石英聚氰酸盐(polycyanate;$\varepsilon_r=3.23$,$\tan\delta=0.016$),芯层为1.016cm厚的酚醛蜂窝($\varepsilon_r=1.10$,$\tan\delta=0.001$)的A夹层罩。图5.10和图5.11分别给出了垂直极化和平行极化下罩壁的传输损耗与频率的关系曲线。

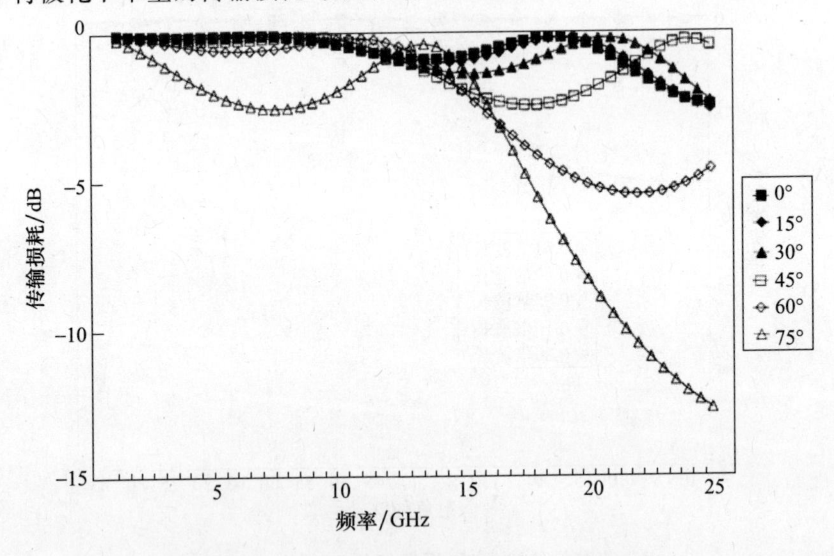

图5.10 一个A夹层罩壁的传输损耗,垂直极化

(蒙皮:$t=0.0762$cm,$\varepsilon_r=3.23$,$\tan\delta=0.016$;芯层:$t=1.016$cm,$\varepsilon_r=1.1$,$\tan\delta=0.001$)

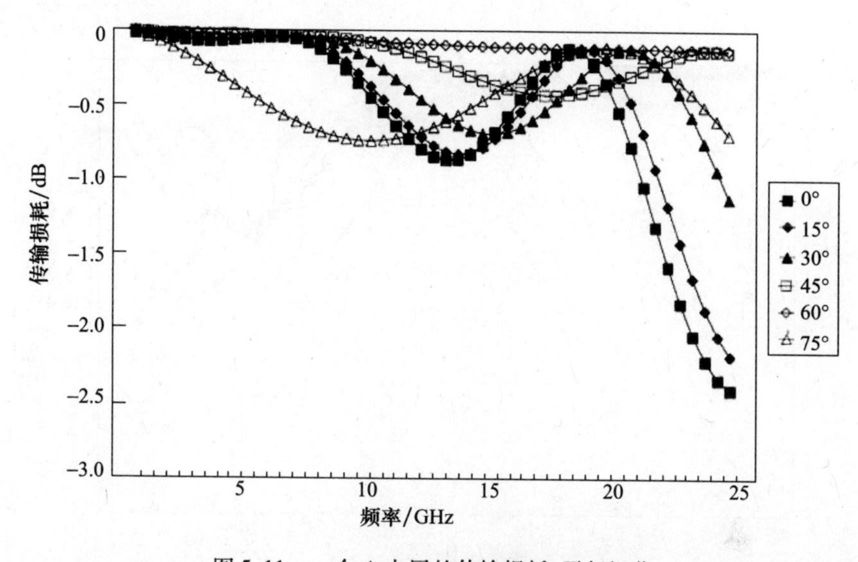

图5.11　一个A夹层的传输损耗,平行极化

（蒙皮:$t=0.0762\text{cm}$,$\varepsilon_r=3.23$,$\tan\delta=0.016$;芯层:$t=1.016\text{cm}$,$\varepsilon_r=1.1$,$\tan\delta=0.001$）

5.3.4　多层壁天线罩(d式)

5层及以上的多层或夹层结构设计,可以满足宽带和减重的需求。因为多层夹层结构有更大的自由度,因而在设计上比单层更为灵活。譬如,更容易适应宽频带和多频带工作的设计。其主要缺点是,在较大的入射角上,夹层天线罩比单层壁天线罩具有更大的插入相位延迟(IPDs),这会引起较大的瞄准误差和瞄准误差斜率。

C夹层由两个A夹层设计组成,它能提供比A夹层更大的工作带宽。另外,如果设计合理,即使在高入射角下,C夹层也能提供相当好的性能。以下给出了一种C夹层天线罩,其蒙皮为0.0762cm厚的石英聚氰酸盐,芯层为0.5842cm厚的酚醛蜂窝。图5.12和图5.13分别给出了垂直极化和水平极化下计算的传输损耗数据与频率的关系曲线。典型的C夹层天线罩如图5.14所示。

更多的层数通常会增加传输带宽。例如,将5层壁(C夹层)设计改进为7层壁系统,这里,石英聚氰酸盐蒙皮厚度仍为0.0762cm,但酚醛蜂窝芯层的厚度减小为0.3302cm。相应的垂直极化和平行极化下传输损耗随频率变化的计算曲线如图5.15、图5.16所示。与前述C夹层的数据相比,可以观察到传输带宽有相当大的改善。

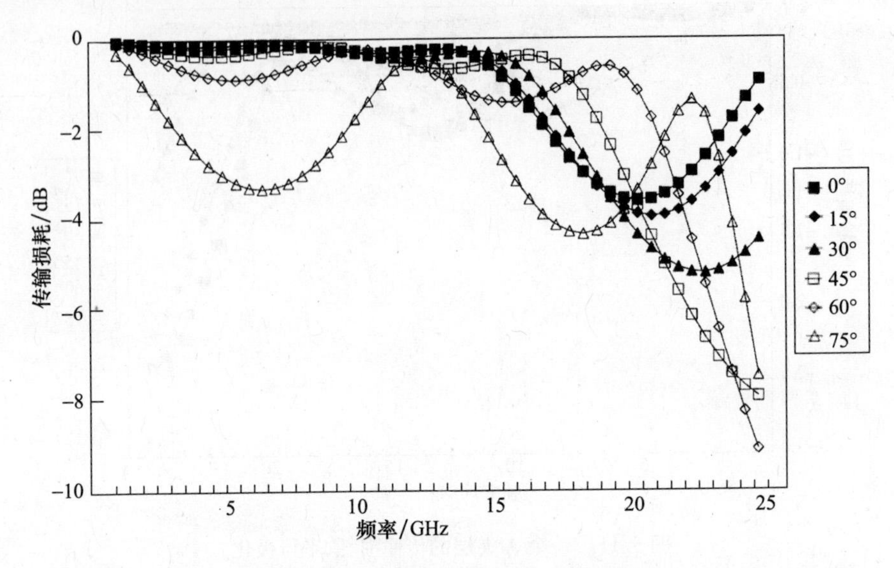

图 5.12　C 夹层的传输损耗,垂直极化

(蒙皮:$t=0.0762\text{cm}$,$\varepsilon_r=3.23$,$\tan\delta=0.016$;芯层:$t=0.5842\text{cm}$,$\varepsilon_r=1.1$,$\tan\delta=0.001$)

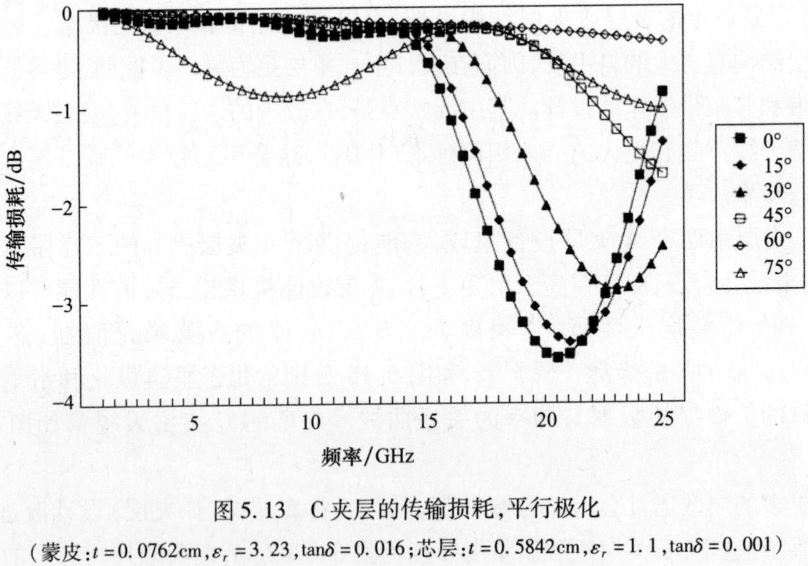

图 5.13　C 夹层的传输损耗,平行极化

(蒙皮:$t=0.0762\text{cm}$,$\varepsilon_r=3.23$,$\tan\delta=0.016$;芯层:$t=0.5842\text{cm}$,$\varepsilon_r=1.1$,$\tan\delta=0.001$)

图5.14　实验中的宽带C夹层天线罩

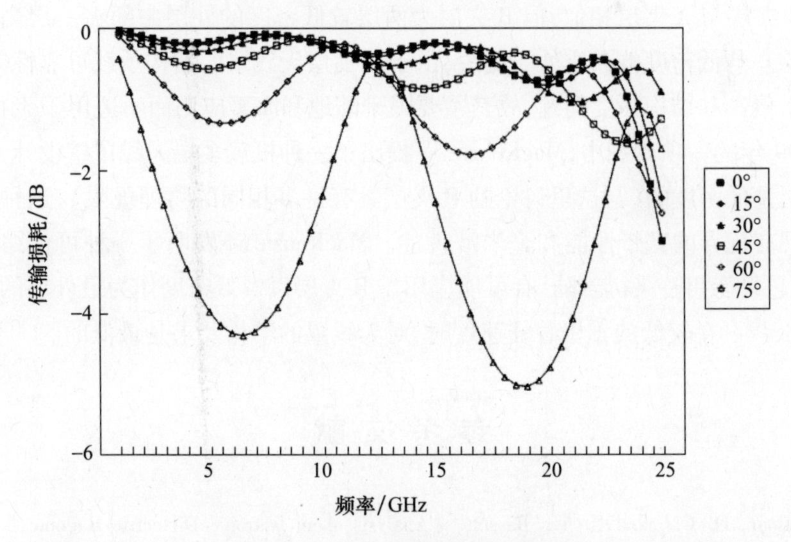

图5.15　7夹层的传输损耗,垂直极化

(蒙皮:$t=0.0762\text{cm}$,$\varepsilon_r=3.23$,$\tan\delta=0.016$;芯层:$t=0.3302\text{cm}$,$\varepsilon_r=1.1$,$\tan\delta=0.001$)

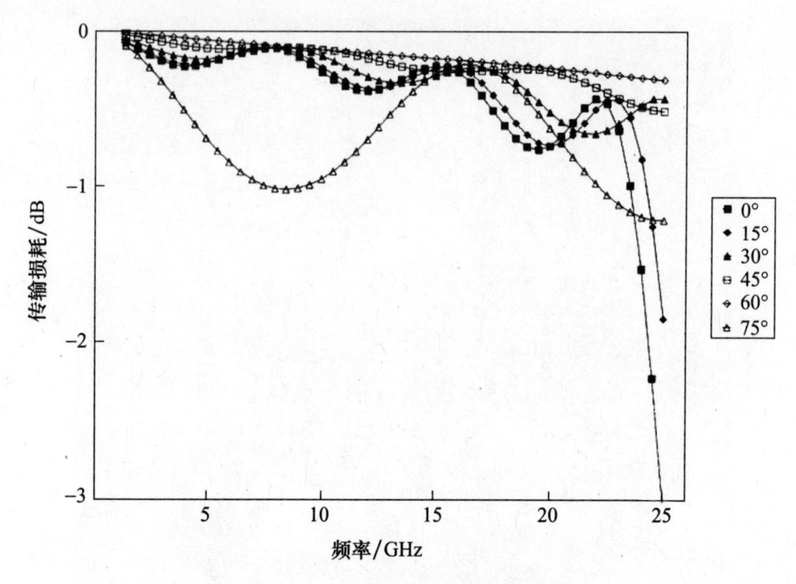

图5.16　7夹层的传输损耗,平行极化

(蒙皮:$t=0.0762\text{cm}$,$\varepsilon_r=3.23$,$\tan\delta=0.016$;芯层:$t=0.3302\text{cm}$,$\varepsilon_r=1.1$,$\tan\delta=0.001$)

5.3.5　B夹层天线罩(e式)

B夹层与A夹层相似,但B夹层为两层较低密度的外层中间夹一层高密度的芯层。与低密度电介质外壳相关,由于B夹层天线罩的结构承载可靠性差,存在雨水侵蚀和结构强度问题,故其主要限于陆地和海事应用而不适用于飞行器。在1999年的一项专利中,MacKenzie[11]提出了一种机载多层天线罩壁设计,其中最外层是低密度的(与这里讨论的B夹层具有许多相同的物理极限),这种结构被发现有优异的宽带性能和毫米波性能。MacKenzie还发明了一种可伸缩的天线罩,它只能用于飞机着陆,有可能应用于B夹层以及低密度作为最外层的多层壁设计[12];在较低的飞机着陆速度时,对天线罩的结构要求是最低的。

参考文献

[1] Bodnar, D. G., and H. L. Bassett, "Analysis of an Isotropic Dielectric Radome," *IEEE Transactions on Antennas and Propagation*, Vol. AP-23, No. 6, November 1975.

[2] Yost, D. J., L. B. Weckesser and R. C. Mallalieu, "Technology Survey of Radomes for Anti-Air Missiles," FS-80-022, John Hopkins Applied Physics Laboratory, Baltimore, MD, 1980.

[3] Collin, R. G., *Field Theory of Guided Waves*, New York: McGraw - Hill, 1960.

[4] Orfanidis, S. J., "Electromagnetic Waves and Antennas," Rutgers University, NJ, 2009.

[5] www.powerbasic.com.

[6] *Military Specification: General Specification for Radomes*, MIL - R - 7705 B, January 12,1975.

[7] Tornani, O., *Radomes, Advanced Design*, North Atlantic Treaty Organization (NATO) Report AGARD - AR - 53, prepared by Advisory Group for Aerospace Research and Development, Neuilly Sur Seine, France, 1973.

[8] Rudge, A. W., G. A. E. Crone, and J. Summers, "Radome Design and Performance," *Conference Proceedings of Military Microwaves*, IEE (UK), TK6867. C65, 1980.

[9] Cary, R. H. J., "Design of Multi - Band Radomes," *Proceedings of the IEE Conference on Aerospace Antennas (UK)*, IEE Publication No. 77, TL694. A6C57, 1971.

[10] Tice, T. E., *Techniques for Airborne Radome Design*, USAF Report AFATL - TR - 66 - 391,1966.

[11] MacKenzie, B., "Radome Wall Design Having Broadband and Millimeter Wave Characteristics," U. S. Patent 5,408,244, April 1995.

[12] MacKenzie, B., "Retractable. Forward Looking Radome for Aircraft," U. S. Patent 5,969, 686, October 1999.

附5A 罩壁程序计算机软件清单

```
COMPILE EXE
FUNCTION PBMAIN
'____________________________________________________________
'GLOBAL VARIABLES NEEDED FOR PROGRAM WALL
GLOBAL wavenumber, ER(), LTAN(), THK(), GAMMA, FREQ, DRAD, Tm(),Tp()
AS DOUBLE
GLOBAL Rtotmag(), Rtotph(), PI AS DOUBLE
GLOBAL N, I, J, K AS INTEGER
DIM ER(1), LTAN(1), THK(1), Tm(2), Tp(2), Rtotmag(2), Rtotph(2)
'____________________________________________________________
' DEFINITION OF INPUT VARIABLES:
' N = Number of Layers
' THK(i) = Thickness of ith layer (inches)
' ER(i) = Relative dielectric constant of ith layer(dimensionless)
' LTAN(i) = Loss tangent of ith layer (dimensionless)
```

```
' FREQ = frequency (GHz)
' GAMMA = angle of incidence (degrees)
' DEFINITION OF OUTPUT VARIABLES:
'Tm(0) = Magnitude of voltage transmission coefficient (perpendicu-
larpolarization)
'Tm(1) = Magnitude of voltage transmission coefficient (parallelpo-
larization)
'Tp (0) = Phase of transmission coefficient for perpendicularpo-
larization (radians)
'Tp(1) = Phase of transmission coefficient for parallel polarization
(radians)
'_______________________________________________
DRAD =3.14159265/180
' SAMPLE DATA RUN:
N=3
THK(1)=0.005: ER(1)=3.4: LTAN(1)=.02
THK(2)=0.15: ER(2)=3.58: LTAN(2)=.0045
THK(3)=0.02: ER(3)=3.65: LTAN(3)=0.017
GAMMA=0
FOR FREQ=1 TO 10
wavenumber=0.532 * FREQ
GAMMA=GAMMA * DRAD
GOSUB WALL
PRINT FREQ, Tm(0), Tm(1)
PRINT FREQ, Tp(0)/DRAD, Tp(1)/DRAD
NEXT FREQ
GOTO 1000
'_______________________________________________
WALL:
' THIS SUBROUTINE COMPUTES THE COMPLEX TRANSMISSION COEFFICIENT-
THROUGH A MULTI LAYER
LOCAL Am(), Bm(), Cm(), Ap(), Bp(), Cp(), ANG, delay AS DOUBLE
LOCAL IW, JW, KW, POL AS INTEGER
LOCAL R1, R2, E1, E2, R3, E3, tranmag, tranph, SUM, PA, corr ASDOUBLE
LOCAL ZM(), zph(), rez(), imz(), emag(), eph() AS DOUBLE
LOCAL phimag(), phiph(), rephi(), imphi(), magterm(), angterm()
```

```
AS DOUBLE
    LOCAL Rmag(), Rph(), reR(), imR(), reT(), imT() AS DOUBLE
    LOCAL xx, yy, MAG, ROOTMAG, ROOTANG, NUMMAG AS DOUBLE
    LOCAL NUMANG, DENMAG, DENANG AS DOUBLE
    DIM Am(10), Bm(10), Cm(10), Ap(10), Bp(10), Cp(10)
    DIM ZM(10), zph(10), rez(10), imz(10), emag(10), eph(10)
    DIM phimag(10), phiph(10), rephi(10), imphi(10), magterm(10),
angterm(10)
    DIM Rmag(10), Rph(10), reR(10), imR(10)
    DIM Tmag(10), Tph(10), reT(10), imT(10)
    FOR POL = 0 TO 1
    ZM(0) = 1: zph(0) = 0: rez(0) = 1: imz(0) = 0
    FOR IW = 1 TO N
    xx = ER(IW): yy = ER(IW) * -LTAN(IW)
    GOSUB RECTPOLAR
    emag(IW) = MAG: eph(IW) = ANG
    NEXT IW
    rephi(N + 1) = 0: imphi(N + 1) = 0
    FOR IW = 1 TO N
    xx = ER(IW) - (SIN(GAMMA))^2: yy = ER(IW) * -LTAN(IW)
    GOSUB RECTPOLAR
    GOSUB COMPLEXSR
    magterm(IW) = ROOTMAG: angterm(IW) = ROOTANG
    phimag(IW) = wavenumber * magterm(IW)
    phiph(IW) = angterm(IW)
    MAG = phimag(IW): ANG = phiph(IW)
    GOSUB POLARRECT
    rephi(IW) = xx: imphi(IW) = yy
    zmag(IW) = COS(GAMMA) /(magterm(IW) + 1E-12)
    zph(IW) = -angterm(IW)
    MAG = zmag(IW): ANG = zph(IW)
    GOSUB POLARRECT
    rez(IW) = xx: imz(IW) = yy
    IF POL = 1 THEN
    zmag(IW) = 1 /((emag(IW) * zmag(IW)) + 1E-12)
    zph(IW) = -(eph(IW) + zph(IW))
```

```
MAG = zmag(IW): ANG = zph(IW)
GOSUB POLARRECT
rez(IW) = xx: imz(IW) = yy
END IF
NEXT IW
zmag(N + 1) = 1: zph(N + 1) = 0
rez(N + 1) = 1: imz(N + 1) = 0
FOR IW = 1 TO (N + 1)
xx = rez(IW) - rez(IW - 1): yy = imz(IW) - imz(IW - 1)
GOSUB RECTPOLAR
NUMMAG = MAG: NUMANG = ANG
xx = rez(IW) + rez(IW - 1): yy = imz(IW) + imz(IW - 1)
GOSUB RECTPOLAR
DENMAG = MAG: DENANG = ANG
Rmag(IW) = NUMMAG /DENMAG
Rph(IW) = NUMANG - DENANG
MAG = Rmag(IW): ANG = Rph(IW)
GOSUB POLARRECT
reR(IW) = xx: imR(IW) = yy
reT(IW) = 1 + reR(IW): imT(IW) = imR(IW)
xx = reT(IW): yy = imT(IW)
GOSUB RECTPOLAR
Tmag(IW) = MAG: Tph(IW) = ANG
NEXT IW
Am(1) = EXP( - imphi(1) * THK(1))
Am(4) = 1 /Am(1)
Am(2) = Rmag(1) * Am(4)
Am(3) = Rmag(1) * Am(1)
Ap(1) = rephi(1) * THK(1)
Ap(2) = Rph(1) - Ap(1)
Ap(3) = Rph(1) + Ap(1)
Ap(4) = - Ap(1)
FOR KW = 2 TO N
Bm(1) = EXP( - imphi(KW) * THK(KW))
Bm(4) = 1 /Bm(1)
Bm(2) = Rmag(KW) * Bm(4)
```

```
Bm(3) = Rmag(KW) * Bm(1)
Bp(1) = rephi(KW) * THK(KW)
Bp(2) = Rph(KW) - Bp(1)
Bp(3) = Rph(KW) + Bp(1)
Bp(4) = -Bp(1)
GOSUB CMULT
NEXT KW
Bm(1) = 1: Bm(4) = 1
Bm(2) = Rmag(N + 1): Bm(3) = Bm(2)
Bp(1) = 0: Bp(2) = Rph(N + 1)
Bp(3) = Bp(2): Bp(4) = 0
GOSUB CMULT
tranmag = 1: tranph = 0
FOR JW = 1 TO N + 1
tranmag = tranmag * Tmag(JW)
tranph = tranph + Tph(JW)
NEXT JW
tranmag = 1 /(tranmag + 1E-12)
120 IF tranph > 2 * PI THEN
tranph = tranph - 2 * PI
GOTO 120
END IF
tranph = -tranph
IF POL = 0 THEN
Tm(0) = 1 /(tranmag * Am(1))
Tp(0) = ABS( -(tranph + Ap(1)))
Rtotmag(0) = Am(3) /Am(1)
Rtotph(0) = ABS(Ap(3) - Ap(1))
END IF
IF POL = 1 THEN
Tm(1) = 1 /(tranmag * Am(1))
Tp(1) = ABS( -(tranph + Ap(1)))
Rtotmag(1) = Am(3) /Am(1)
Rtotph(1) = ABS(Ap(3) - Ap(1))
END IF
NEXT POL
```

```
GOTO 101
```

CMULT:

```
FOR IW = 1 TO 3 STEP 2
FOR JW = 1 TO 2
R1 = Am(IW) * Bm(JW)
R2 = Am(IW + 1) * Bm(JW + 2)
E1 = Ap(IW) + Bp(JW)
E2 = Ap(IW + 1) + Bp(JW + 2)
R3 = R1 * COS(E1) + R2 * COS(E2)
E3 = R1 * SIN(E1) + R2 * SIN(E2)
Cm(JW + IW - 1) = SQR(R3 * R3 + E3 * E3)
IF (R3 > 0) AND (E3 > 0) THEN
PA = 0
END IF
IF (R3 < 0) THEN
PA = PI
END IF
IF (R3 > 0) AND (E3 < 0) THEN
PA = 2 * PI
END IF
Cp(JW + IW - 1) = (ATN(E3 /(R3 + 1E-12))) + PA
NEXT JW
NEXT IW
FOR IW = 1 TO 4
Am(IW) = Cm(IW): Ap(IW) = Cp(IW)
NEXT IW
RETURN
```

RECTPOLAR:

```
MAG = SQR(xx ^2 + yy ^2)
IF (xx > 0) AND (yy > 0) THEN
corr = 0
END IF
IF (xx < 0) AND (yy < 0) THEN
corr = PI
END IF
IF (xx > 0) AND (yy < 0) THEN
```

```
corr = 0
END IF
IF (xx < 0) AND (yy > 0) THEN
corr = PI
END IF
IF (xx > 0) AND (yy = 0) THEN
corr = 0
END IF
IF (xx < 0) AND (yy = 0) THEN
corr = PI
END IF
IF (xx = 0) AND (yy 0) THEN
corr = 0
END IF
IF (xx = 0) AND (yy = 0) THEN
ANG = 0
END IF
ANG = ATN(yy /(xx + 1E-12)) + corr
RETURN
POLARRECT:
xx = MAG * COS(ANG): yy = MAG * SIN(ANG)
RETURN
COMPLEXSR:
ROOTMAG = SQR(MAG): ROOTANG = ANG /2
RETURN
101‘CONTINUE
‘THE FOLLOWING RETURN IS FOR THE ENTIRE WALL SUBROUTINE
RETURN:
1000‘CONTINUE
END FUNCTION
```

第6章　天线罩分析技术

本章将总结选定的天线罩分析技术,用于带天线的天线罩性能的预测。在任何分析技术中,天线罩最重要的电性能参数是:

(1)瞄准误差及配准误差(若适用)。

(2)共极化和交叉极化传输损耗。

(3)天线副瓣电平退化。

对于某些应用,其他的如天线方向图椭圆轴比(axial ratio,AR)和天线电压驻波比(VSWR)也是关心的参数[1]。

射线跟踪技术是广泛用于描述电磁波穿过天线罩壁传播的方法。当在接收模式下,采用射线跟踪时,对入射波波前以均匀间隔采样,一般是取半波长间隔。从每一个采样点,在传播向量方向上跟踪射线进入并穿过天线罩壁,并到天线口径。这些射线在天线口径上的积分生成天线接收端口的电压。每一条射线与天线罩外表面相交的点称为交点。

射线跟踪法采用许多近似,如将每个射线与罩壁相交处的天线罩壁按局域平面处理,并假定在相交处的内外罩壁是相互平行的。一些其他因素,如天线尺寸和天线罩曲率(用波长的倍数表示),可能会影响测试结果与预估结果之间的不相符度。尽管如此,通过比较预估和测试结果,射线跟踪法已经给出了相当精确的结果。测试值与预估值之间的差异大部分与天线罩所用材料的参数值(介电常数和损耗角正切)的精度以及各个罩壁层的厚度允差有关。

6.1　背景

早期的天线罩电气设计方法是复杂并且近似的,主要靠使用列线图解(诺莫图)法,如 Kaplun[2] 和 Zamyatin 等[3]方法。随着微型计算机的出现,天线罩的计算机辅助设计终于被广泛使用[4]。最早将数字计算机用于天线罩分析的记录,据信是 1959 年的 Mahan 等的论文[5],Tricoles 的论文中还描述了其他使用计算机的早期设计方法[6-7]。

尽管许多不同的天线罩电磁特性分析技术都是可行的，但本书主要侧重于容易在个人计算机(personal computer,PC)上实现的几何光学(geometric optics,GO)法和物理光学(physical optics,PO)法。GO法将电磁波的传播行为当成像光一样的直线传播，尽管近似，仅在零波长(频率无穷大)的极限下才是精确的。然而，对直径小到5个波长的带罩天线，几何光学法仍可以得到相当好的结果。在接近物理边界时，GO不能给出好的结果，但是在这种情况下可以提供有用的评估。充分利用GO，我们必须考虑三个方面：①射线反射；②极化；③沿射线路径以及通过反射的振幅变化[8]。

PO法是基于惠更斯原理，该原理对于电磁波理论的发展至关重要。惠更斯原理指出，主波前上的每个点可以视为次级球面波的新波源，并且次级波前可以由这些球面波的包络线构成。因此，来自点源的球面波传播如图6.1(a)所示，而无限大平面波以平面波形式的传播如图6.1(b)所示。PO法生成的表面积分公式，对于直径小于1倍波长的带罩天线的分析都得到了相当好的结果。

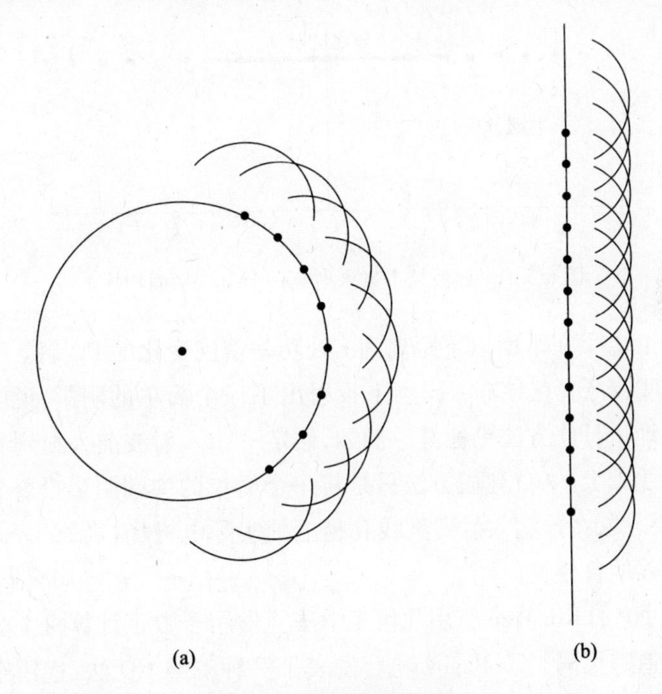

图6.1　惠更斯源示意图

(a)点源；(b)平面波。

通过将均匀平面电磁波入射到图6.2所示的电大且导电良好的目标上来比较PO和GO分析方法的效果。我们希望得到沿x轴各点且在障碍物后距离为r

处电场变化的解。根据 Kraus 的文献[9],可以应用惠更斯原理得

$$E^i = \int dE \tag{6.1}$$

其中,dE 是 P 点处的电场,积分沿着图 6.2 所示的 x 轴方向。用波数 k 表示,则有

$$dE = \frac{E_0}{\gamma} e^{-jk(\gamma+\delta)} dx \tag{6.2}$$

因而

$$E^i = \frac{E_0}{\gamma} e^{-jk\gamma} \int_{-\infty}^{\infty} e^{-jk\delta} dx \tag{6.3}$$

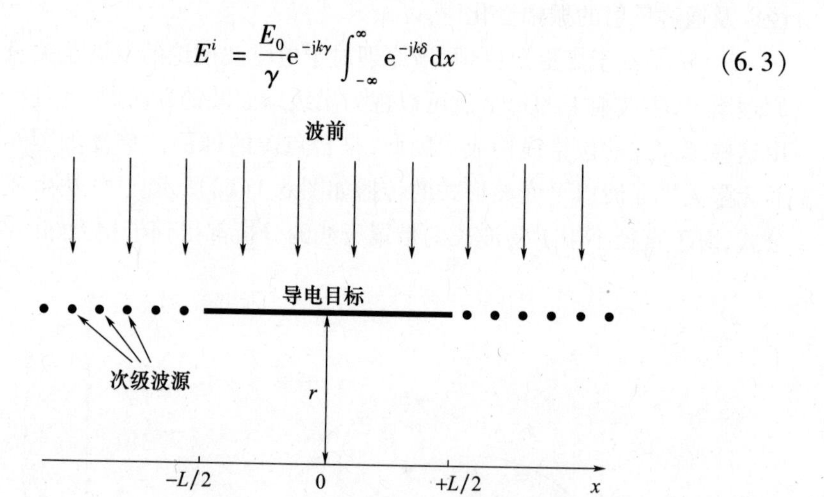

图 6.2　平面波从上方入射到一个电大平面物体上

图 6.3 给出了在平面以下距离为 r 处功率密度变化的 PO 解。图中还给出了 GO 解,可以看到,在导电障碍物下投射出了一个简单的阴影,说明了其似光行为。直观地讲,PO 方法更稳健。例如,假定一个入射波前入射到具有导电雨蚀尖端的天线罩上。GO 建模方法只是将一个简单的尖端阴影投射到天线孔径上。PO 建模方法在预测入射到天线孔径上的实际电磁场(electromagnetic, EM)方面具有更强的鲁棒性。

6.2 节讨论了 Kilcoyne 应用几何光学法开发用于数字计算机上分析天线罩的二维射线追踪代码[10]。Bagby 随后发表了一种三维 GO 法,适用于飞机天线罩的台式计算机辅助设计[11]。

6.3 节描述了后来发展起来的物理光学法,它提供了更可靠的天线罩电磁建模能力。Hayward 等[12-13]将 PO 应用于一种简单的接收模式天线罩表面积分方法。Raz 等[14]和 Israel 等[15]将 PO 用于发射传输公式,从而将天线孔径通过

天线罩投影到外部参考平面上。在此参考平面上的积分得到了带罩天线的远场辐射方向图。

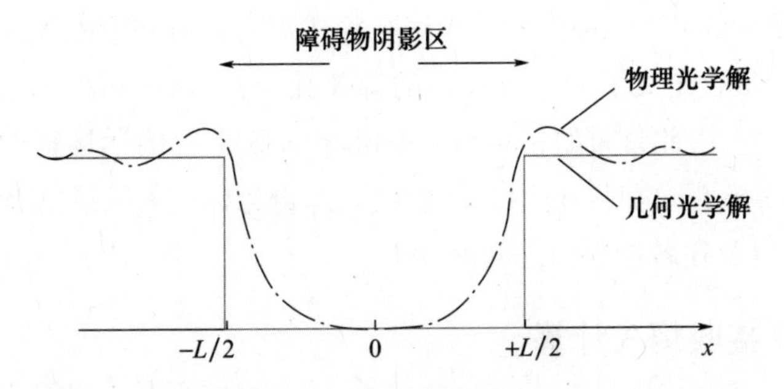

图6.3　平面波从上方入射到电大平面物体的功率密度变化

6.4节介绍了可用于天线罩分析的其他方法，如Tricoles等[16]报道的矩量法(method of moments,MOM)技术以及Wu和Rudduck[17]与Joy和Huddleston[18]所用的平面波谱(plane wave spectra,PWS)方法。

6.5节讨论了建模中的计算误差源，主要包括与GO和PO分析方法相关的误差源。

本章所讨论技术的相对准确性和实现难度的比较参见文献[12-13,19-20]。

6.2　几何光学法

大多数基于GO射线跟踪的天线罩分析方法都有以下特点：①概念简单，精度合理；②适用于发射或接收模式。

对于尺寸大于若干波长的天线罩，GO方法有较好的瞄准误差预测精度。Tavis[21]研究了发射和接收模式的GO公式，并发现对任一建模模式，瞄准误差预测结果都相同。但是，接收模式的方法需要更长的计算机运行时间。

根据GO，我们可将带罩天线的电磁场问题分解为两部分：

(1)确定定义独立于幅度场的相位射线。射线光学场是沿满足几何光学[22]定律的轨迹传播的局域平面波场。

(2)通过遵循沿每条射线的强度变化而不考虑其他射线的场，来确定可以实现的幅度[23]。

已知最早的天线罩分析方法是光学方法，该方法假定孔径比波长大得多。Mahan等[5]给出了二维楔形物的解，而Mahan和Bone[24]则报道了三维锥体的解。两种情况都是针对单层天线罩壁结构，在空气-介质边界的折射效应可以用斯涅耳定律来描述的前提下,对入射波前穿透天线罩壁入射到达内部天线孔径上的过程采用渐近追踪射线处理。

另一个早期的GO传输公式将天线孔径建模为具有任意幅度和相位的波源集合。射线的集合定义了天线罩外部的等效孔径,其幅度和相位分布包含了天线罩的影响[25]。由此分布的傅里叶变换得到天线带罩的远场辐射方向图。在Einziger和Felsen的文献[26]中,GO射线追踪也考虑了天线罩凹面一侧(内侧)的多次反射,以及在各层界面之间的反射。

6.2.1 GO接收模式计算

如图6.4(a)所示,当平面波入射到带罩天线上时,可以由接收模式公式求得天线端口处的电压,有时将其称为反向射线跟踪。天线接收端口电压是由入射场和天线的已知特性得到的。因此,问题实际上是在天线罩和天线都存在的情况下求得天线入射场[27]。对于单脉冲雷达天线,可以根据有罩和无罩情况下计算的天线复数和与差方向图得到天线罩瞄准误差的定量估计。

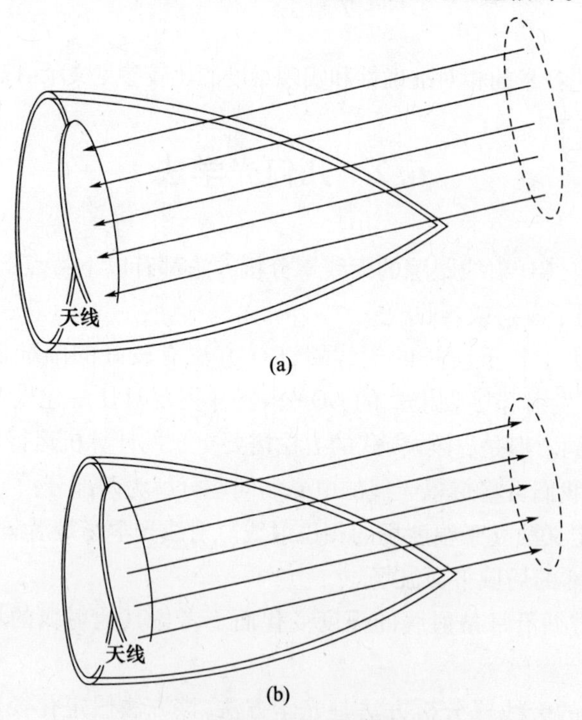

图6.4 几何光学(GO)射线跟踪法

(a)接收模式;(b)传输模式。

假设平面电磁波从任意但固定的方向 θ 和 ϕ 入射。为了得到接收天线电压,根据等效原理[6]对接收天线孔径上的波前数据进行积分。这导致了由电磁场传播到其在天线孔径表面上的值的计算。相应地,在天线终端处接收到的复电压为[13,28]

$$\iint F^{a}(E^{i}T_{w})\,\mathrm{d}a \tag{6.4}$$

这一积分遍及物理天线表面,其中 F^{a} 有重要的作用。另外,E^{i} 是入射平面波函数,F^{a} 是天线表面上某点的复数值接收孔径分布,T_{w} 是射线在与天线罩交点处的天线罩复传输系数。

通常,在每条射线与天线罩交点处将罩曲面视为局域平面[29],这使得 T_{w} 的计算误差较小。对任一给定的频率、材料类型、层数和层厚度,天线罩壁的传输特性还取决于入射角 θ(射线与天线罩交点处的传播向量与天线罩表面法向向量之间的夹角)以及电磁波 E^{i} 相对于入射平面的极化。$T_{w/\!/}$ 是平行于入射平面的场分量的复数传输系数,而 $T_{w\perp}$ 是垂直于入射平面的场分量的复数传输系数。我们将在第7章中看到,在应用相应的传输系数之前,通常将 E^{i} 分解为与入射平面平行和与入射平面垂直的分量。此后,就可以在天线罩的另一侧重建电磁波。对于所有情况,都可以定义一个等效传输系数 T_{w}。T_{w} 的计算中通常会忽略天线罩壁内的多次反射和陷波。Tricoles 等[30]观察到有时这种忽略会带来较大的误差。

天线孔径分布 F^{a},可以由实际天线表面的几个波长的近场探测和反向传播(傅里叶变换)技术[12]中得到,也可以用一个合适的探针在离天线很近的地方测得。

6.2.2　GO 传输模式计算

GO 传输模式如图 6.4(b)所示。天线孔径分布经向天线罩壁投影在天线罩外部形成等效孔径。然而,每根射线都会通过与其相关的天线罩壁传输系数的幅度和相位进行修正,修正后的等效孔径分布包含了天线罩壁的影响。因此,形成修正后的孔径分布的点通过下式与实际孔径分布相关联:

$$F_{mn}^{a'} = T_{w}F_{mn}^{a} \tag{6.5}$$

式中:F_{mn}是实际天线孔径上的一点处复数值的发射孔径分布;T_{w} 是第 mn 条射线与天线罩交点处的复数值天线罩传输系数。在这种情况下,等效孔径的大小与实际天线孔径的大小相同。假设天线在 $x-y$ 平面上,z 坐标对应于天线罩轴线。由参考平面分布可得到天线阵列远场方向图公式为

$$E_t = \sum_{m=1}^{M} \sum_{n=1}^{N} F_{mn}^{a'} e^{-jk(x_m \sin\theta\cos\phi + y_n \sin\theta\sin\phi)} \tag{6.6}$$

其中,$x_m = md_x$,$y_n = nd_y$,d_x 和 d_y 分别是在 x 和 y 坐标方向的采样间隔。

6.3 物理光学法

在分析带罩天线系统性能时,由于几何光学的假设,物理光学技术通常能提供比几何光学法更高的计算精度。例如,GO 假定电磁波以平面波形式传播,该平面波被限定在截面由天线口径确定的圆柱体中。然而,实际上场是发散的。Shifflett[31]对该方法给出了很好的概述。以下各节中,我们尝试解释 PO 天线罩分析中的一些变型。

6.3.1 PO 接收模式计算

对于直径小于 5 个波长的天线罩,GO 方法过于近似,必须采用 PO 技术。如图 6.5(a)所示,用 Kirchoff - Fresnel 积分对整个天线罩表面进行积分,可以得到天线孔径上每个点处场的更好结果。为了完成这一积分,我们使用外部参考平面将入射平面波重建为惠更斯源的网格,然后在该网格与天线孔径上的每个点之间跟踪射线。于是有

$$V_a = \iint F^a \left(\iint E^i T_w \frac{e^{-jkr}}{r} ds \right) da \tag{6.7}$$

外积分扩展到 F^a 有较强贡献的整个天线表面区域,内积分遍及整个外部参考平面。其中:E^i 为入射平面波函数;F^a 为天线表面上某点处接收口径分布的复数值;T_w 是射线与罩曲面交点处天线罩的复传输系数;k 为波数 = $2\pi/\lambda$;r 为从外部参考平面的每个点到天线口径上一点(x_a,y_a,z_a)的距离。

直接射线(GO)法和表面积分(PO)法的主要区别在于总传输系数的计算。在 PO 法中,对通过天线罩壁的一束射线进行积分而不是对单一射线进行积分,对曲率变化进行更密集的采样可以得到一个更稳健的天线罩壁传输模型。两种方法都使用平板近似法来计算射线与罩曲面交点处的罩壁传输系数,并忽略了多次内部反射和陷波。Hayward 等[12]对这两种接收模式的射线跟踪法的预测数据与实测数据进行了比较。总体而言,研究人员发现,特别是对于波长数较小的天线罩,表面积分法更为准确。

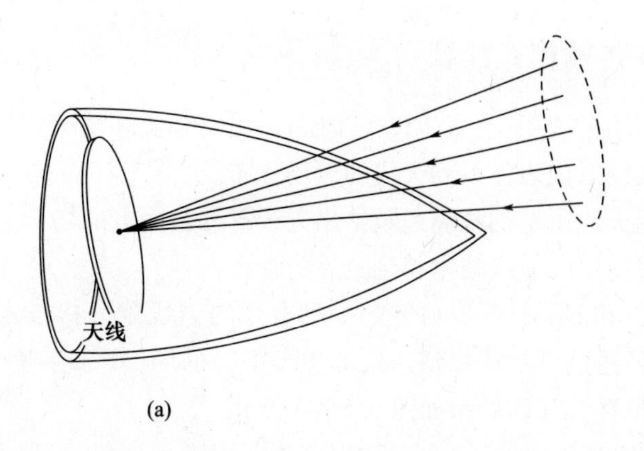

(a)

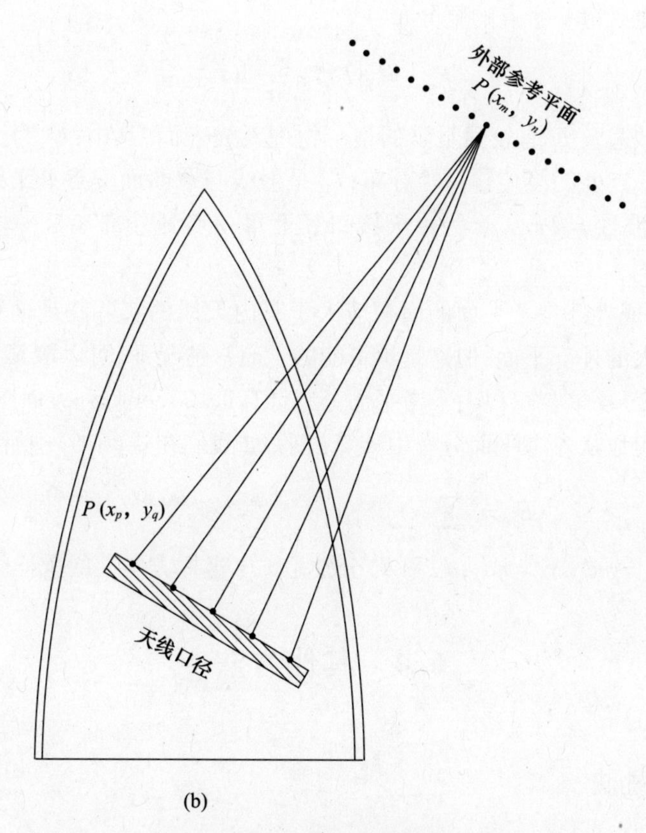

(b)

图6.5　物理光学法

(a)接收模式;(b)传输模式。

6.3.2 PO传输模式计算

在PO传输公式中,会发生以下步骤,这更符合实际情况:

(1)在天线罩内表面得到天线的近场分布。

(2)应用天线罩壁的传输系数给出天线罩外表面上的场。

(3)通过傅里叶变换技术得到最后的远场。

Raz等[14]和Israel等[15]研究的一种有用的天线罩分析技术,使用PO来跟踪由天线孔径通过天线罩壁到达外部参考平面的场,外部参考平面也是收集场分布贡献的位置。几何关系如图6.5(b)所示。

假设天线口径上的每一个点作为惠更斯源进行辐射,可以通过下式推导出外部参考平面上每一个点的复分布:

$$F_{mn}^{a'} = \iint F^a T_w \frac{e^{-jkr}}{r} da \tag{6.8}$$

积分区域遍及F^a有较强贡献的整个物理天线表面,其中:$F^{a'}$为天线罩外部参考平面上一点处的复传输口径分布;T_w是射线与罩曲面交点处天线罩的复传输系数;k为波数$=2\pi/\lambda$;r为由天线口径上每一点到外部参考平面上点(x_m,y_n)的距离。

这里,形成外部参考平面的面积应大于罩内天线的实际物理面积。精确解对应于无限大的外部平面,但这是不可能的。通常情况下,可以取其为实际天线物理面积的2~4倍。可以由参考平面分布计算远场天线阵列方向图,天线阵列远场方向图可以从参考平面分布中计算出来,如我们在式(6.6)中所做的那样。

$$E_t = \sum_{m=1}^{M} \sum_{n=1}^{N} F_{mn}^{a'} e^{-jk(x_m \sin\theta\cos\phi + y_n \sin\theta\sin\phi)} \tag{6.9}$$

其中,$x_m = md_x$,$y_n = nd_y$,d_x和d_y分别是x,y坐标方向上的采样间隔。

6.4 其他方法

6.4.1 矩量法

Joy等[20]基于Richmond开发的方法[28-30],将二维矩量法技术应用于正切尖拱形(tangent ogive)天线罩。通过将电介质分割成足够小的单元,使每个单元内的电场强度近似均匀,来求解电场的积分方程。同样采用MOM方法,Paris[32]使用两种公式分析了空心锥散射的电磁场。一种是基于标量格林函数,另一种是基于张量格林函数。两者是等效的，但是在以下方面步骤不同：

(1)标量格林函数法首先将圆锥体分解为圆柱体，然后将圆柱体分解为角扇区，张量格林函数法将圆锥体分解为球体。

(2)单元的数量因单元大小不同而不同。

(3)极化依赖不同。

Israel 等[15]将 MOM 技术应用到任意形状的介质柱。尽管成熟，但 MOM 比以前讨论的其他方法更难以应用于天线罩建模。在与物理光学法、几何光学法的精度进行比较时，技术文献中出现的验证数据非常有限。然而，MOM 可以给出天线罩雨蚀帽尖端的导波或散射的影响。2001 年，Abdel Moneum 等[33]开发了一种混合技术，用于电大尺寸、轴对称正切尖拱形天线罩的分析。该方法对鼻锥区域的罩壁采用 MOM 分析，对其余罩壁采用 PO 分析。

6.4.2　平面波谱法

Tricoles 等[16]开发了一种三维方法，能够找出天线罩外表面上由于罩内喇叭天线的辐射所产生的切向场。Wu 和 Rudduck[17]开发了一种三维方法，使用平面波谱表示法来表征天线。离散 PWS 是由近场孔径场的傅里叶变换得到的复数向量阵列，代表了辐射天线的特性。若一个天线孔径有 $M \times N$ 个采样点，则 PWS 包含 MN 个平面波。该方法示意图如图 6.6 所示。

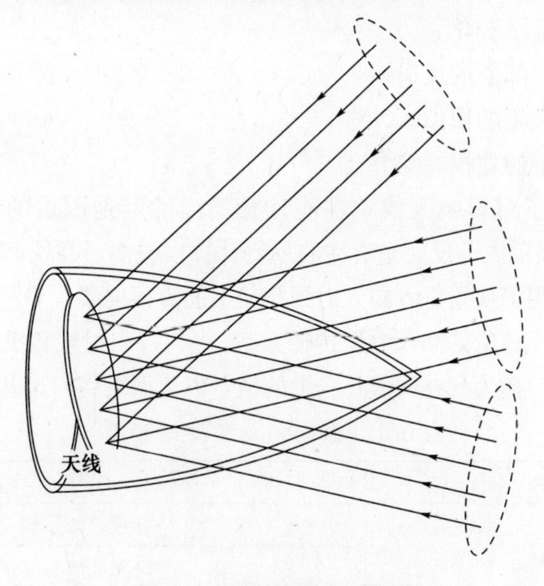

图 6.6　平面波谱法示意图

Joy 和 Huddleston[18]通过使用快速傅里叶变换(fast Fourier transform,FFT)来加快计算机计算速度,并在应用平面波谱法时扩展了这一思想。与之前讨论的 GO 或 PO 方法相比,PWS 可提供更准确的结果。然而,PWS 需要相当大的计算机运行时间,并且不能在计算机上实现。

6.4.3 FDTD 及积分方程法

一种求解微分形式麦克斯韦方程组的方法称为时域有限差分法(finite - difference time - domain,FDTD)。Maloney 和 Smith[34]提出了应用 FDTD 对天线罩建模的方法。该方法要求首先在天线罩和周围空间上定义一个网格,然后应用边界条件。与本章中讨论的射线跟踪方法相比,该技术的计算量很大。对于大于多倍波长尺度的天线罩,由于巨大的计算量需求,积分方程法通常也不切实际。然而,将该技术应用于二维几何形状会大大减少计算机的运行时间。在文献[35]中,Sukharevsky 等报道了该技术在大长细比二维天线罩上的成功应用。

6.5 计算误差源

射线跟踪法的计算误差有以下几个原因:

(1)天线建模。

(2)统计的壁厚变化。

(3)天线罩内部波的反射。

(4)尖端雨蚀帽的模拟。

(5)天线罩壁的建模。

表6.1给出了对影响天线罩性能计算精度的其他因素的评估。图6.7和图6.8所示的天线罩内部反射是潜在的重要计算误差源。在这两个图中,GO 接收模式射线跟踪使用了从指定方向入射到孔径上的直接射线。对平行极化和垂直极化均采用基于平板理论的插入电压传输系数,将与每个射线相关的平面波场由其在天线罩外的值转换为其在天线孔径上的值。以下两节将讨论几种重要的误差。

表6.1 影响预测精度的参数

类别	不确定因素
天线建模	天线口径分布
	极化细节
	物理细节

续表

类别	不确定因素
统计的壁厚变化	厚度变化
	介电常数的不确定性和不均匀性损耗角正切的不确定性
天线罩内部波的反射	侧壁反射
	内舱壁反射
	多次反射
	闪烁波瓣
尖端雨蚀帽的模拟	绕射

6.5.1　罩内反射

当入射到天线罩上的部分能量从罩壁的部分位置反射到天线上时,就会出现图 6.7(b)所示的侧壁反射。对于大多数天线罩来说,在射线入射到天线罩之前,忽略从天线罩壁反射超过一次的射线是安全的,因为这些多次反射射线的能量已微不足道。Ersoy 和 Ford 的研究[36]给出了描述这个误差源的数学模型。

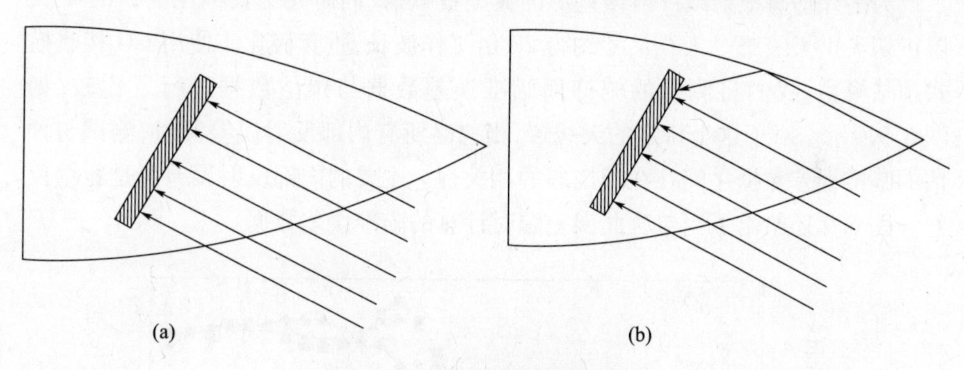

图 6.7　天线罩内部射线反射
(a)无反射;(b)侧壁反射。

天线经天线罩散射的能量如图 6.8(a)所示。请注意,并非所有打到天线上的散射能量都会被天线吸收,而是取决于天线的孔径分布。通常,天线辐照函数的逆常常提供近似的天线孔径反射能量。天线散射的能量可能会在打到天线之前在天线罩壁上反射一次或多次。同样,在入射到天线上之前从天线罩壁反射超过一次的射线相对能量较小,可以忽略不计。

如图 6.8(b)所示,许多飞机或导弹在天线罩和机/弹体之间都有一个舱壁隔板。若未对舱壁隔板进行微波吸收材料处理,则入射的射线可能会从该隔板表面反射回来,打到天线的背面。天线方向图的后瓣接收到舱壁隔板的反射能量,从而引起瞄准误差。通常,除非入射线的入射角(相对于天线罩轴)变得很大,否则舱壁隔板的反射不会有很大的影响。在实际应用中,天线定位器和其他电子硬件可能会阻止一些反射信号到达天线。

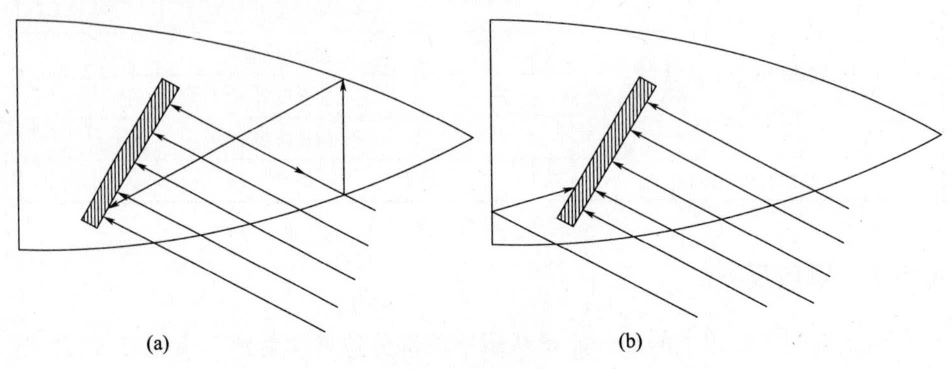

图6.8 罩内射线反射

(a)天线散射的能量;(b)舱壁隔板的反射。

为了评估每根射线反射误差源的典型贡献,我们研究了长细比为3的A夹层正切尖拱天线罩。天线尺寸约为20倍工作波长,垂直极化。使用GO接收模式预估模型,我们将测得的俯仰面瞄准误差数据与预估数据进行了比较,如图6.9所示。对于这个特定的天线罩,当忽略所有内部反射误差源时,测试与预估的瞄准误差数据之间存在相当好的相关性。主要的内部反射误差源是舱壁反射。图6.9还给出了当包含此误差源时计算的瞄准误差数据。

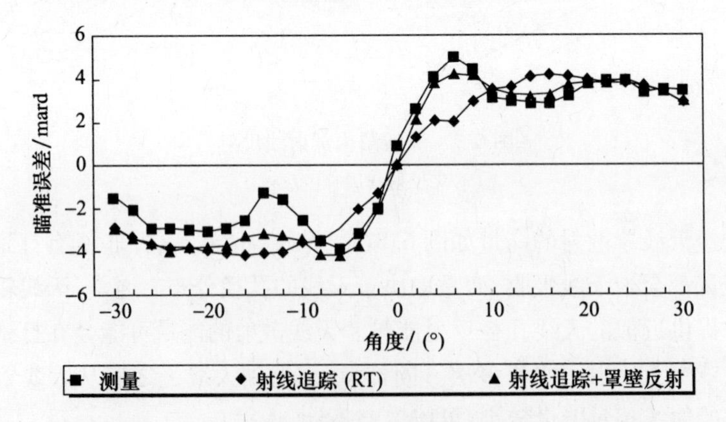

图6.9 计算和测量的正切尖拱形A夹层天线罩的瞄准误差以及舱壁隔板反射的影响

6.5.2　罩壁模型和统计变量

计算误差的另一个来源是罩壁传输模型。在所有当前的射线跟踪求解中,天线罩壁在射线交点处近似为一个局部平面,由于大多数天线罩的形状是不可分离坐标的曲面,不能使用微分方程。平板近似不适用于高度弯曲的、厚的罩壁。对于球形天线罩,Burks 等[37]试图通过使用散度因子(divergence factor,DF)来补偿传输系数以考虑罩壁面的曲率问题。Bloom[38]推导出了适用于尖拱形状天线罩的解。采用几何光学来跟踪从参考平面经天线罩壁到接收单脉冲天线的场,在天线口面处收集每条射线的罩壁传输系数。然而,由斯涅耳定律推导出的球壳 DF 计及了每根射线在交点处的局域罩壁面的曲率。

大多数天线罩壁模型都假设介电和磁性是均匀的,各向同性的。这并不总是正确的,这是建模中计算误差和复杂性的另一个潜在来源。例如,Kozakoff 的研究[39]表明,增强材料天线罩中结构纤维的取向会导致电磁介质的各向异性,从而会影响建模仿真。为了解决这类问题,Kozakoff 和 Hensel[40]将波方程派生为三个分量,以处理各向异性材料对平面波的传输和反射问题。Vorobyev[41]观察到在天线罩壁中的导波传播情况,并且是计算误差的一个潜在来源。

根据 White 和 Banks[42]的说法,天线罩表面的不规则也会导致天线罩性能与理论预估相比的下降。Tricoles 和 Rope[43]将统计方法应用于制造公差(介电常数和壁厚)分析,并将制造公差与天线罩的电性能关联起来。

参考文献

[1] Torani, O. , *Radomes, Advanced Design*, AGARD Advisory Report No. 53, Advisory Group for Aerospace Research and Development, North Atlantic Treaty Organization (NATO), Neuilly Sur Seine, France, 1953, pp. 111 - 112.

[2] Kaplun, V. A. , "Nomographs for Determining the Parameters of Plane Dielectric Layers of Various Structure with Optimum Radio Characteristics," *Radiotechnika i Electronika* (USSR), Part 2, Vol. 20, No. 9, 1975, pp. 81 - 88.

[3] Zamyatin, V. I. , A. S. Klyuchnikov, and V. I. Shvets, *Antenna Fairings*, Minsk, USSR: V. I. Lenin Belorussian Publishing House, 1980.

[4] Kaplun, V. A. , and V. M. Zelenkevich, "Introduction to Computer - Aided Design of Microwave Antenna Radomes," *Radiotechnika i Electronika* (USSR), Vol. 42, No. 2, 1987, pp. 89 - 93.

[5] Mahan, A. I. , C. V. Bitterli, and C. G. Wein, "Far Field Diffraction and Boresight Error Properties of a Two Dimensional Wedge," *Journal of the Optical Society of America*, Vol. 49, No. 6, June 1959, pp. 535 - 566.

[6] Tricoles, G. , "Radiation Patterns and Boresight Error of a Microwave Antenna Enclosed in an Axially Symmetric Dielectric Shell," *Journal of the Optical Society of America*, Vol. 54, No. 9, September 1964, pp. 1094 - 1101.

[7] Tricoles, G. , "Radiation Patterns of a Microwave Antenna Enclosed in a Hollow Dielectric Wedge," *Journal of the Optical Society of America*, Vol. 53, No. 5, May 1963, pp. 545 - 557.

[8] Milligan, T. A. , *Modern Antenna Design*, New York: McGraw - Hill, 1985, pp. 215 - 216.

[9] Kraus, J. D. , *Antennas*, 2nd ed. , New York: McGraw - Hill, 1988, pp. 174 - 189.

[10] Kilcoyne, N. R. , "An Approximate Calculation of Radome Boresight Error," *Proceedings of the USAF/Georgia Institute of Technology Symposium on Electromagnetic Windows*, Georgia Institute of Technology, Atlanta, GA, June 1968, pp. 91 - 111.

[11] Bagby, J. , "Desktop Computer Aided Design of Aircraft Radomes," *IEEE MIDCON 88 Conference Record*, Western Periodicals Company, North Hollywood, CA, 1988, pp. 258 - 261.

[12] Hayward, R. A. , E. L. Rope, and G. Tricoles, "Accuracy of Two Methods for Numerical Analysis of Radome Electromagnetic Effects," *Proceedings of the 14th Symposium on Electromagnetic Windows*, Georgia Institute of Technology, Atlanta, GA, 1978, pp. 53 - 57.

[13] Hayward, R. A. , E. L. Rope, and G. Tricoles, "Accuracy of Two Methods for Numerical Analysis of Radome Electromagnetic Effects," *IEEE International Symposium Digest on Antennas and Propagation*, Seattle, WA, June 1979, pp. 598 - 601.

[14] Raz, S. , et al. , "Numerical Analysis of Antenna Radome Systems," *Proceedings of the 10th IEEE Convention*, Tel Aviv, Israel, October 1977.

[15] Israel, M. , et al. , "A Reference Plane Method for Antenna Radome Analysis," *Proceedings of the 15th Symposium on Electromagnetic Windows*, Georgia Institute of Technology, Atlanta, GA, 1980, pp. 34 - 39.

[16] Tricoles, G. , E. L. Rope, and R. A. Hayward, "Analysis of Radomes by the Method of Moments Method," *Proceedings of the 17th Symposium on Electromagnetic Windows*, Georgia Institute of Technology, Atlanta, GA, 1984, pp. 1 - 8.

[17] Wu, D. C. F. , and R. C. Rudduck, "Plane Wave Spectrum Surface Integration Technique for Radome Analysis," *IEEE Transactions on Antennas and Propagation*, AP - 22, No. 3, May 1974, pp. 497 - 500.

[18] Joy, E. B. , and G. K. Huddleston, *Radome Effects on Ground Mapping Radar*, Final Report on Contract DAAH01 - 72 - C - 0598, SF - 778 203/0, U. S. Army Missile Command, Huntsville, AL, May 1973.

[19] Huddleston, G. K. , H. L. Bassett, and J. M. Newton, *Parametric Investigation of Radome A-*

nalysis Methods; Computer Aided Radome Analysis Using Geometric Optics and Lorentz Reciprocity, Final Report on Contract AFOSR - 77 - 3469, Volumes 1 - 3, Georgia Institute of Technology, Atlanta, GA, 1981.

[20] Joy, E. B., et al., "Comparison of Radome Electrical Analysis Techniques," *Proceedings of the 15th Symposium on Electromagnetic Windows*, Georgia Institute of Technology, Atlanta, GA, 1980, pp. 29 - 33.

[21] Tavis, M., A *Three - Dimensional Ray Tracing Method for Calculation of Radome Boresight Error and Antenna Pattern Distortion*, Aerospace Corporation Report, TOR - 0059(56860), AD 729811, 1971.

[22] Einziger, P. D., and L. B. Felson, "Ray Analysis of Two - Dimensional Radomes," *IEEE Transactions on Antennas and Propagation*, Vol. AP - 31, No. 6, 1983, pp. 870 - 884.

[23] Deschamps, G. A., "Ray Techniques in Electromagnetics," *Proceedings of the IEEE*, Vol. 60, No. 9, September 1972, pp. 1021 - 1035.

[24] Mahan, A. I., and L. P. Bone, "Far Field Diffraction and Polarization Properties of a Three Dimensional Hollow, Homogeneous, Isotropic Cone," *Journal of the Optical Societyof America*, Vol. 53, No. 5, May 1963, pp. 533 - 544.

[25] Hayward, R. A., and G. P. Tricoles, "Radome Boresight Error: Numerical Prediction and Physical Interpretation," *IEEE Antennas and Propagation Society (AP - S) Digest*, IEEE Catalog No. 75CH0963 - 9AP, June 1975, pp. 61 - 63.

[26] Einziger, P. D., and L. B. Felsen, "Rigorous Asymptotic Analysis of Transmission Through a Curved Dielectric Slab," *IEEE Transactions on Antennas and Propagation*, Vol. AP - 31, No. 6, November 1983, pp. 863 - 869.

[27] Richmond, J. H., "Scattering by Dielectric Cylinders of Arbitrary Cross Sectional Shapes," *IEEE Transactions on Antennas and Propagation*, Vol. AP - 13, 1965, pp. 334 - 341.

[28] Richmond, J. H., *The Calculation of Radome Diffraction Patterns*, Ohio State University, Department of Electrical Engineering Report 1180 - 13, AD - 423660 September 1966.

[29] Richmond, J. H., "TE Wave Scattering by a Dielectric Cylinder of Arbitrary Cross Sectional Shape," *IEEE Transactions on Antennas andPropagation*, Vol. AP - 14, 1966, pp. 460 - 464.

[30] Tricoles, G., E. L. Rope, and R. A. Hayward, *Wave Propagation Through Axially Symmetric Missile Radomes*, Final Report No. R - 81 - 125 on Contract N00019 - 79 - C - 0638, AD - A106762/8, 1981.

[31] Shifflett, J. A., CADDRA: A Physical Optics Radar Radome Analysis Code for Arbitrary 3D Geometries," *IEEE Antennas and Propagation Magazine*, Vol. 39, No. 6, 1977, pp. 73 - 79.

[32] Paris, D. T., "Computer Aided Radome Analysis," *IEEE Transactions on Antennas and Propagation*, Vol. AP - 18, No. 1, January 1970, pp. 7 - 15.

[33] Abdel Moneum, M. A., et al., "Hybrid PO - MOM Analysis of Large Axi - Symmetric Ra-

domes," *IEEE Transactions on Antennas and Propagation*, Vol. 49, No. 12, 2001, pp. 1657 - 1660.

[34] Maloney, J. G., and G. S. Smith, "Modeling of Antennas," in *Advances in Computational Electrodynamics*, A. Taflove, (ed.), Norwood, MA: Artech House, 1998, pp. 453 - 456.

[35] Sukharevsky, O. I., S. V. Kukobko, and A. Z. Sazonov, "Volume Integral Equation Analysis of a Two Dimensional Radome with a Sharp Nose," *IEEE Transactions and Propagation*, Vol. 53, No. 4, 2005, pp. 1500 - 1506.

[36] Ersoy, L., and D. Ford, "RF Performance Degradation Due to Random Radome Surface Irregularities," *AP - S International Symposium Digest, IEEE Antennas and Propagation Society*, 1986, pp. 875 - 878.

[37] Burks, D. G., J. Brand, and E. R. Graf, "The Equivalent Source Concept Applied to the Analysis of Radome Performance," *Proceedings of Southeastcon*' 78, Region 3 Conference, Auburn University, Auburn, AL, April 1978.

[38] Bloom, D. A., P. L. Overfelt, and D. J. White, "Comparison of Spherical Wave Ray Tracing and Exact Boundary Value Solutions for Spherical Radomes," *Proceedings of the* 17th *Symposium of Electromagnetic Windows*, Georgia Institute of Technology, Atlanta, GA, July 1984.

[39] Kozakoff, D. J., "Geometric Optics Radome Analysis Wall Solution Incorporating the Effects of Wall Curvature," *Proceedings of OE LASE*' 94 International Symposium, SPIE, Los Angeles, CA, January 1994.

[40] Kozakoff, D. J., and J. Hensel, "Materials Implications of Millimeter Wave Radome Performance," *Proceedings of the IEEE International Conference on Infrared (IR) and Millimeter Waves*, Miami, FL, December 1981.

[41] Vorobyev, E. A., "Certain Production Criteria for Large Scale Monolithic Antenna Radomes," *Izvestiya vuz Radioteknika* (USSR), Vol. 9, No. 3, 1966, pp. 359 - 362.

[42] White, D. J., and D. J. Banks, "Plane Wave Transmission and Reflection Coefficients for Anisotropic Sheets of Radome Materials," *Proceedings of the 16th Symposium on Electromagnetic Windows*, Georgia Institute of Technology, Atlanta, GA, June 1982.

[43] Tricoles, G., and E. L. Rope, "Scattering of Microwaves by Dielectric Slabs and Hollow Dielectric Wedges," *Journal of the Optical Society of America*, Vol. 55, No. 11, November 1965, pp. 1479 - 1498.

第三部分

天线罩分析的计算机实现

第7章　射线追踪法

本书第三部分涉及如何在计算机上应用射线追踪概念求解真实带罩天线的实践问题。

本章将为所有计算机射线追踪建模问题打下基础。具体来说,您将学习如何应用射线追踪建模来完成以下工作:

(1)正切尖拱形及其他轴对称外形天线罩的数学模型。

(2)理解用于追踪来自天线孔径上任意点的射线,以找到其与天线罩壁交点的向量概念。

(3)找到在天线罩曲面上射线交点处的曲面单位曲面法向向量。

(4)确定射线在交点处相对于曲面法向量的入射角曲面向量。

(5)学习如何在射线交点处将电磁波分解为平行极化分量和垂直极化分量,以便正确地应用天线罩壁的平行极化或垂直极化传输系数。

(6)了解如何重组电磁波传播通过天线罩壁后的平行极化分量和垂直极化分量。

本章的内容组织在于系统地引导您通过以下议题:7.1 节讨论天线罩的外形和长细比对天线罩性能的重要性,并特别强调正切尖拱外形。讨论了任意射线与天线罩壁交点、交点处的表面法线向量以及入射角的计算方法,其中入射角定义为传播向量与天线罩表面法线向量在交点处的夹角。7.2 节讨论半球形天线罩形状,作为一般正切尖拱形天线罩形状的一个子集。7.3 节考虑沿机身(弹身)飞行轴线旋转对称的任意飞行器天线罩形状。推导了任意射线与天线罩壁交点、交点处表面法线向量和入射角的计算公式。7.4 节讲解了交点处波的分解。最后,在本章附录中给出了计算机子程序清单,说明了这些技术,包括:

(1)程序 OGIVE(附录 7A),演示了正切尖拱形天线罩中任意向量的射线追踪,以计算交点、曲面法向以及传播向量相对于曲面法向向量的入射角。

(2)程序 POLY(附录 7B),是一个多项式回归程序,用于对具有轴对称任意形状天线罩的建模。

(3)子程序 ARBITRARY(附录 7C),演示了任意形状(轴对称)天线罩中任意向量的射线追踪,以计算交点、曲面法线和入射的传播向量相对于曲面法向向量的入射角。

(4)子程序 COMPOSE(附录 7D),演示了将任意极化的电磁射线分解为相对于入射平面的平行极化和垂直极化分量,并在电磁波通过天线罩壁传播时应用平行极化和垂直极化传输系数,然后在天线罩壁射线出射一侧将这些分量重新组合为出射波。

7.1 外形的考虑

7.1.1 选择特定外形的基本原理

常见的天线罩外形包括但不限于以下类型:①半球形;②正割尖拱形;③正切尖拱形;④冯·卡门形;⑤幂级数形。

对于本节讨论的所有天线罩外形,根据公式,以根部外廓直径 D_0 和长度 L_0 定义"长细比",即

$$F = \frac{L_0}{D_0} \tag{7.1}$$

根据 Groutage 的研究[1],空气动力学因素在天线罩设计中起着重要作用,尤其是在外形和材料的选择上。外形决定了气动阻力,而材料的选择决定了结构对气动加热、动压及雨蚀的响应。通常减少阻力的决策决定了天线罩的确切外形。不幸的是,从电性能的观点来看,最理想的减小阻力的外形并不是电性能最好的外形。Chin[2] 对天线罩外形做了很好的概述,并对每种外形给出了完整的数学描述。

Weckesser[3] 发表了各种天线罩外形的比较,如图 7.1 所示,其中假定天线罩的长细比为 2.5。锥形和正切尖拱形分别具有最小体积和最大体积。图 7.2 示意了气动阻力,表明这 4 种外形具有相近的阻力系数。正切尖拱形的阻力系数最大(最差),而正割尖拱形的阻力系数最小(最好)。

Yost 等[4] 指出,长细比要比外形对阻力系数的影响更大、更显著。例如,几位作者引用了一种特定的导弹,在马赫数为 3 时,其长细比提高 28%,阻力系数降低 35%。保持相同长细比时,由于外形的潜在变化而引起的阻力系数降低很小。

Crowe[5] 的一项分析研究表明,对于长细比小于 2.25 的情况,正割尖拱形比

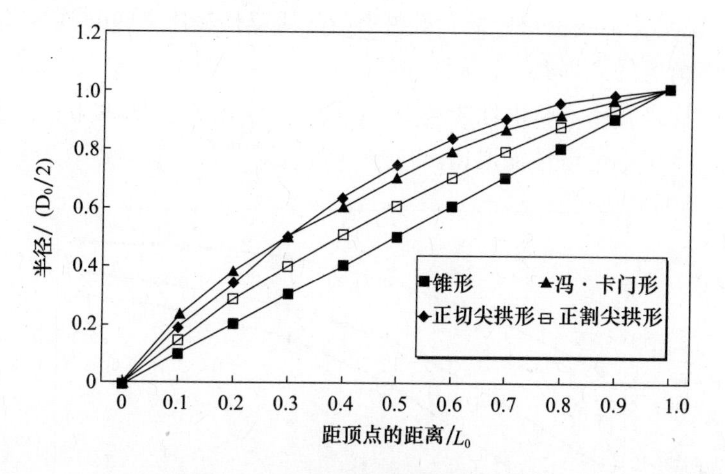

图 7.1　几种常见天线罩外形的比较[3]

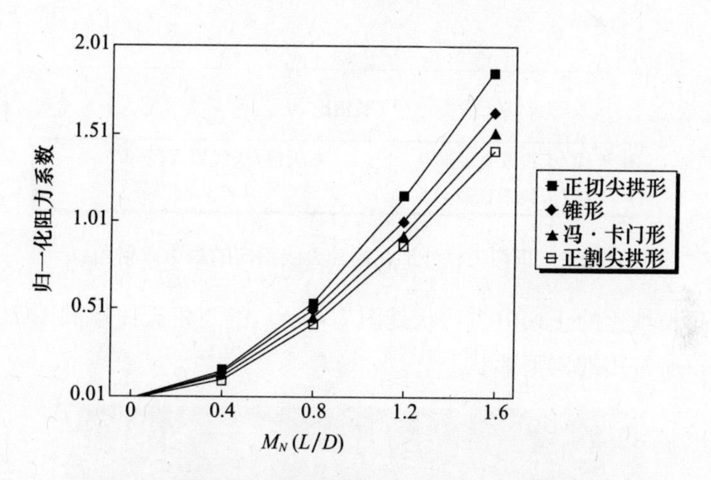

图 7.2　常见天线罩外形的阻力系数(M_N 是马赫数)

相同长细度比的冯 · 卡门形、正切尖拱形或幂级数形引起的天线罩瞄准误差要小。然而,对于较大的长细比,正切尖拱形外形是最好的。

对于天线罩建模仿真,在本书中,我们选择正切尖拱形作为最通用的天线罩外形,以与使用中的大多数天线罩的几何外形相近,原因如下:

(1)能够代表许多常见的天线罩,范围从半球形(长细比为 0.5)到非常流线型的天线罩(长细比大于 3)。

(2)相对容易的数学建模。

(3)理论数学模型可以转移到其他天线罩外形。

通常,当入射角超过 75°时,天线罩的电性能会迅速下降。对于正切尖拱外形,图7.3说明了轴线上目标最大入射角与天线罩长细比之间的关系(轴线上目标产生最坏情况的入射角)。从该曲线图中可以明显看出,最大入射角只能通过降低长细比来减小。从电性能观点看,半球形是最理想的,因为它非常小的入射角只会产生很小的电性能退化。

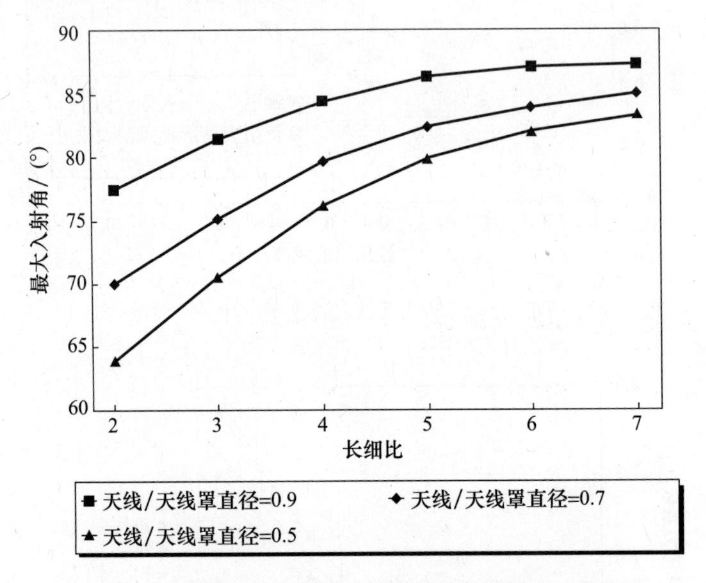

图7.3　正切尖拱外形在同轴天线指向的最大入射角

具有高长细比的正切尖拱形状是图7.4所示的飞机天线罩和图7.5所示的导弹天线罩所常用的典型形状。

图7.4　现代高速飞机使用的高长细比正切尖拱形天线罩

(照片由美国数字通信(USDigiComm)公司提供)

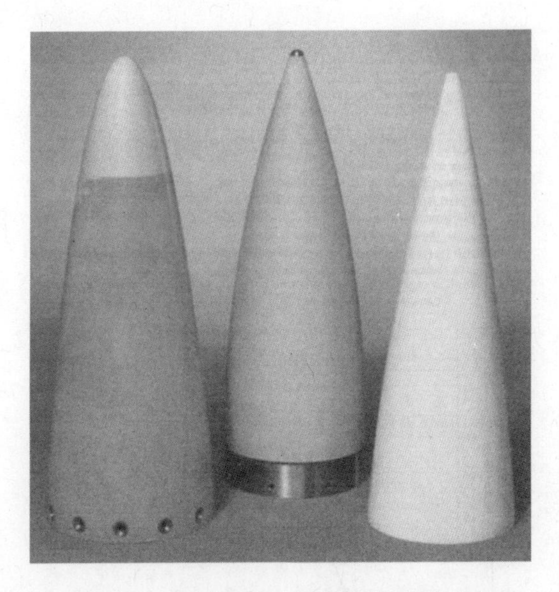

图7.5　试验中的正切尖拱形导弹天线罩
（照片由美国空军赖特实验室 Armorment 分部提供）

7.1.2　正切尖拱形的数学建模

图7.6定义了在数学上描述正切尖拱形天线罩外形所需的关键参数，外曲面上的任意一点都要满足下列方程：

$$(r_p + B)^2 + x^2 = R^2 \tag{7.2}$$

其中，该方程适用于长细比等于或大于0.5的情况，并有

$$R^2 = L_0^2 + B^2 \tag{7.3}$$

$$\frac{D_0}{2} = R - B \tag{7.4}$$

通过对这两个方程的联立求解，分别得到用天线罩长度和直径来表示的两个未知量的表达式：

$$B = \frac{4L_0^2 - D_0^2}{4D_0} \tag{7.5}$$

$$R = \frac{4L_0^2 + D_0^2}{4D_0} \tag{7.6}$$

因为在这个建模中，x 轴对应于天线罩轴，天线罩外形是一个由绕 x 轴旋转

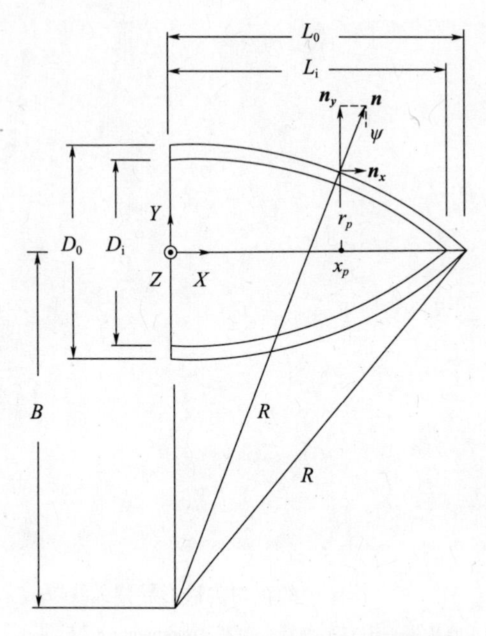

图7.6 正切尖拱形天线罩几何外形的数学描述

正切尖拱形旋转所形成的曲面。通过此三维外形的横截面在 $y-z$ 平面上是圆形的,故天线罩半径为

$$r_p = \sqrt{z_p^2 + y_p^2} \tag{7.7}$$

7.1.3 确定射线与正切尖拱形天线罩壁的交点

所有射线跟踪分析方法都需要确定射线与天线罩曲面的交点[6]。某些天线罩外形如圆锥形,对射线的交点有精确解。其他外形,如冯·卡门(Von Karman)外形则没有[7]。本节讨论确定交点的三种方法。

7.1.3.1 方法1

Huddleston 和 Baluis[8]介绍了一种寻找交点的方法,该方法可以应用于正切尖拱形天线罩外形。使用这一方法,天线罩外部形状可以由沿天线罩轴线等距分布的采样点表示。任何两个采样点都足以定义一个顶点超出天线罩尖端并朝着天线罩底部开口的圆锥。在采样点之间,入射射线和圆锥的交点近似为与实际天线罩曲面的交点。然后使用额外的采样点和微扰技术对交点进行细化。

7.1.3.2 方法2

Joy 和 Ball[9]也报道了求射线交点技术的发展。他们将天线罩曲面指定为一系列固定站位(z位置)的圆柱形半径值。这种确定天线罩外形的方法是天线罩分析人员能够得到典型天线罩外形数据的方法。

该技术是一种交互式算法,将天线罩曲面局部近似为圆锥,该圆锥在射线交点处与天线罩曲面相切。使用交互式算法,分析人员可以迭代地改变长细比和圆锥轴的位置,以使射线与圆锥的交点等于射线与天线罩曲面的交点。对于单调凹面天线罩外形,收敛总是可能的。

7.1.3.3　方法3

与方法2类似,这种确定交点的方法是一种迭代方法。然而,它比前面讨论的两种方法更通用,特别适合于计算机使用。尤其是自本书第1版出版以来,计算机的速度大大提高,因此这种方法非常实用。这项技术使用广义的射线跟踪方法,通过将单值平面曲线绕天线罩轴旋转而形成的曲面来处理正切尖拱形。

参考图7.7,问题始于定义一个向量,该向量起源于天线罩内的一点$P(x_0, y_0, z_0)$处并具有传播方向$\boldsymbol{k}$向量。由原点在方位角(AZ)和俯仰角(EL)方向上发出的单位传播向量为

$$\boldsymbol{k} = (\cos\mathrm{EL}\cos\mathrm{AZ})\boldsymbol{x} - (\sin\mathrm{AZ})\boldsymbol{y} - (\sin\mathrm{EL}\cos\mathrm{AZ})\boldsymbol{z} \tag{7.8}$$

$$\boldsymbol{k} = k_x\boldsymbol{x} + k_y\boldsymbol{y} + k_z\boldsymbol{z} \tag{7.9}$$

其中,AZ为方位角,与标准球坐标系中使用的角度ϕ相同,并在用于标准球坐标系时与角相同;EL为俯仰角,$\mathrm{EL} = 90 - \theta$,其中$\theta$用于标准球坐标系;

注意,AZ=0,EL=0对应于$+x$方向的传播。

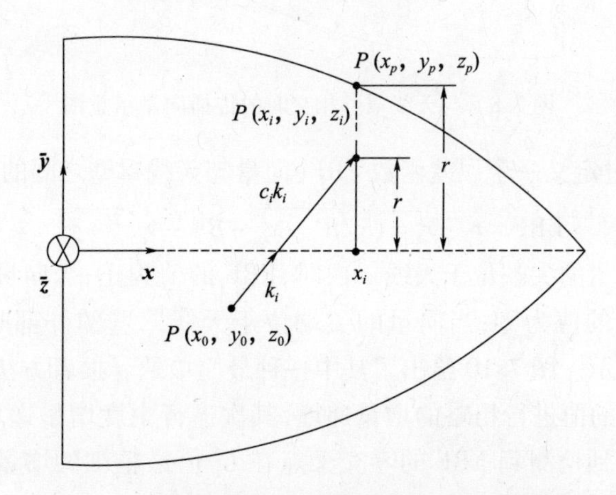

图7.7　传播向量在天线罩内部时向量的示意图

使用传播向量各分量的这一定义,对应于向量尖端的坐标可以通过下式表

示为参数方程[10]：

$$x_i = x_0 + C_i k_x \tag{7.10}$$

$$y_i = y_0 + C_i k_y \tag{7.11}$$

$$z_i = zx_0 + C_i k_z \tag{7.12}$$

其中,k_x,k_y,k_z 为射线的方向余弦;C_i 为常数。特别地,C_i 在感兴趣的交点处有一个唯一的值。在该例子中,点 $P(x_0, y_0, z_0)$ 是任意的,但在真实天线罩分析中,它对应于天线孔径曲面上的一点。

当我们迭代改变 C_i 时,迭代改变向量长度;应将这个向量视为一条射线。求此射线与天线罩曲面交点的过程包括不断改变参数 C_i,直到向量与天线罩壁相交为止。在图7.8所示的交点处,向量尖端的坐标将对应于天线罩曲面上的一个点。请注意,该参数将落在 $0 < C_i < L_0$ 的区间内,其中 L_0 是天线罩的长度。

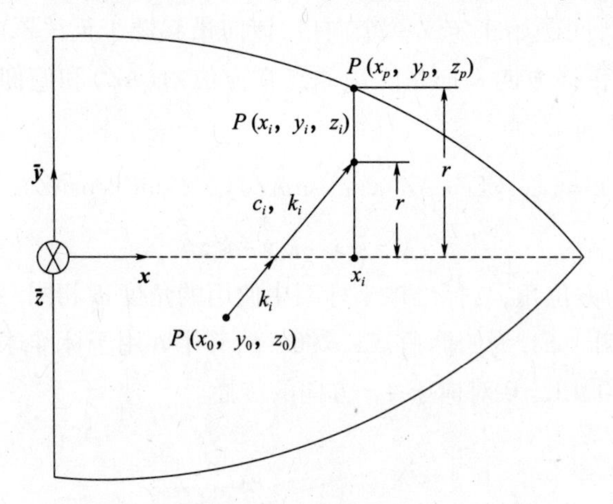

图7.8　与天线罩壁相交时的传播向量示意图

该过程通过定义一个误差函数ERF(向量与天线罩壁之间的距离)来辅助:

$$\mathrm{ERF} = r_p - r_i = \left(\sqrt{R^2 - x_i^2} - B\right) - \sqrt{z_i^2 + y_i^2} \tag{7.13}$$

显然,当向量的尖端位于天线罩内时,ERF的值为正;当向量的尖端碰到天线罩壁时,ERF的值为零;当向量的尖端位于天线罩壁的外部时,ERF的值为负,如图7.9所示。图7.10给出了其中一种最简单的寻根者方法的流程图。该方法首先对 C_i 的值进行粗略的增量递增,其次进行中度增量递增,最后进行精细增量递增,直到检测到ERF的零交叉点在 C_i 值最精细的增量内。在所示的流程图中,这些增量分别对应于1.0英寸、0.1英寸和0.01英寸。请注意,第一个迭代周期($i = 1 \sim 100$)中,假定天线罩最大尺寸为100英寸。如果天线罩较大,应相应地调整此参数。

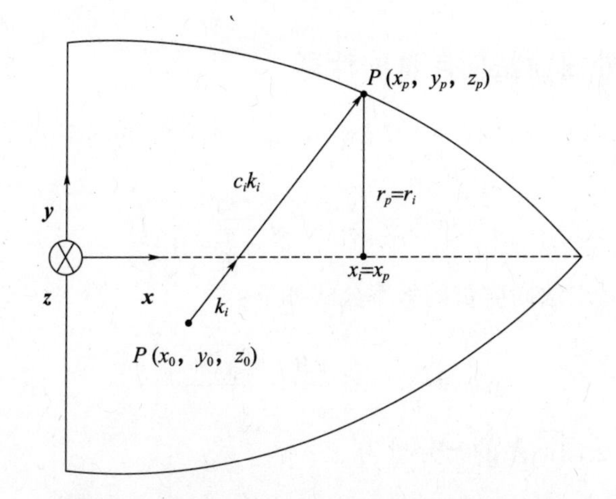

图 7.9　传播向量在天线罩外部时的向量示意图

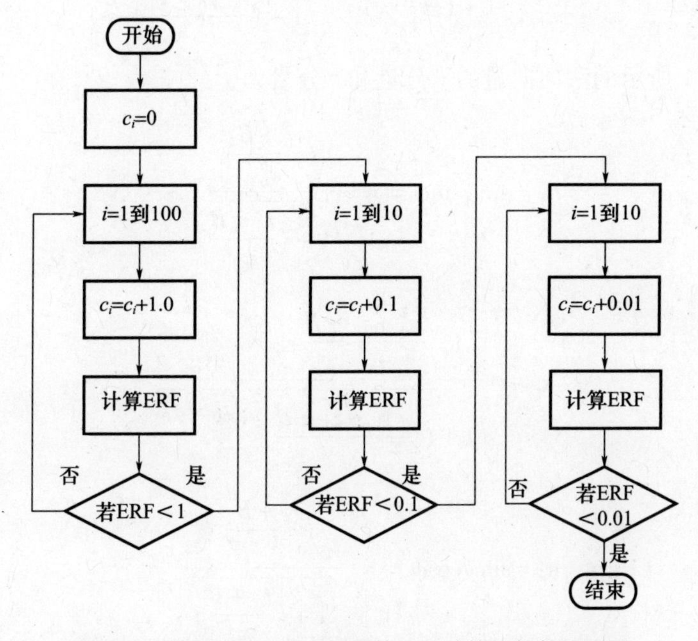

图 7.10　程序 OGIVE 求解器算法的计算机软件流程图

附录 7A 是给出此特定求解器的计算机程序示例清单。该程序包含了一个对本章前面讨论的正切尖拱形天线罩进行建模的子程序。该程序适用于具有半球形，$L_0/D_0=0.5$ 或更高长细比的正切尖拱形天线罩。通常，该程序需要 10～25 个循环才能以 0.01 英寸的精度找到交点。

7.1.4 交点处曲面法向向量的计算

对于正切尖拱形上的任一点 $P(x_0,y_0,z_0)$,求曲线的斜率公式如下:

$$m=\frac{-x_0}{r_p+B}=\frac{-x_0}{\sqrt{y_0^2+z_0^2}+B} \tag{7.14}$$

回到图7.6,求法向向量的斜率公式如下:

$$\tan\psi=\frac{-1}{m}=\frac{r_0+B}{x_0}=\frac{\sqrt{y_0^2+z_0^2}+B}{x_0} \tag{7.15}$$

由此,曲面法向向量的 $\boldsymbol{x}$ 分量为

$$n_x=\cos\psi=\frac{1}{\sqrt{1+(\frac{r_0+B}{x_0})^2}}=\frac{1}{\sqrt{1+(\frac{\sqrt{y_0^2+z_0^2}+B}{x_0})^2}} \tag{7.16}$$

图7.11所示的法向向量的 $\boldsymbol{y}$ 分量和 $\boldsymbol{z}$ 分量为

$$n_y=\sin\psi\sin\phi==\frac{(\frac{r_0+B}{x_0})}{\sqrt{1+(\frac{r_0+B}{x_0})^2}}\frac{y_0}{r_0} \tag{7.17}$$

$$n_y=\frac{(\frac{\sqrt{y_0^2+z_0^2}+B}{x_0})}{\sqrt{1+(\frac{\sqrt{y_0^2+z_0^2}+B}{x_0})^2}}\frac{y_0}{\sqrt{z_0^2+y_0^2}} \tag{7.18}$$

$$n_z=\sin\psi\cos\phi==\frac{(\frac{r_0+B}{x_0})}{\sqrt{1+(\frac{r_0+B}{x_0})^2}}\frac{z_0}{r_0} \tag{7.19}$$

$$n_z=\frac{(\frac{\sqrt{y_0^2+z_0^2}+B}{x_0})}{\sqrt{1+(\frac{\sqrt{y_0^2+z_0^2}+B}{x_0})^2}}\frac{z_0}{\sqrt{z_0^2+y_0^2}} \tag{7.20}$$

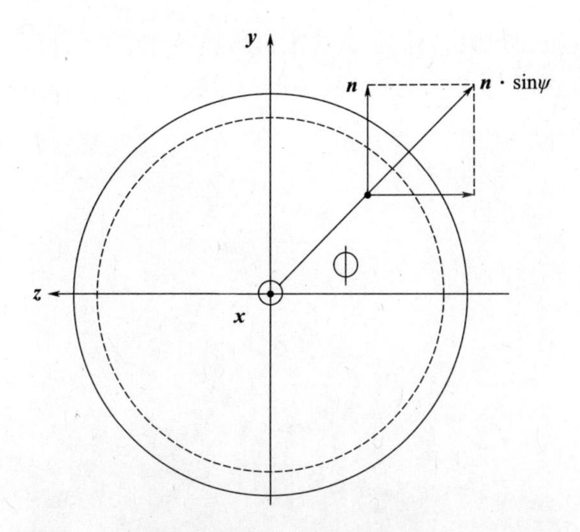

图 7.11　曲面向量曲面法向向量在平面 $y-z$ 上的分量

7.1.5　确定射线入射角

之前给出的射线通过天线罩壁的传输效率,已被证明是交点处传播向量相对于曲面法线的入射角 θ 的函数。这可以从简单的向量关系来计算:

$$\cos\theta = \boldsymbol{k} \cdot \boldsymbol{n} = k_x n_x + k_y n_y + k_z n_z \tag{7.21}$$

$$\theta = \arccos(k_x n_x + k_y n_y + k_z n_z) \tag{7.22}$$

由于大多数数学计算机软件没有反余弦函数,这里给出一个替代形式:

$$\theta = \arcsin\sqrt{1-(k_x n_x + k_y n_y + k_z n_z)^2} \tag{7.23}$$

7.2　半球形天线罩外形

理想的天线罩是球形的,里面有一个装在万向节上的天线。它之所以理想有三个原因:

(1)从罩内天线发出并通过天线罩壁向外传播的任何射线的入射角都相对较小,通常小于 40°,从而可以进行低损耗罩壁设计。

(2)由于对称性,入射角不会随天线指向角的变化而变化,并且随着天线指向角变化,天线罩的传输损耗变化很小。

(3)电磁波以任意天线指向角通过罩壁,都不会出现瞄准误差。球形或半球形的天线罩特别适合图 7.12 所示的地面雷达应用或图 7.13 所示的其他微波应用。由于空气阻力很大,它们不适合于机载或导弹应用。可以看出,半球形是正切尖拱形的特殊情况,但其细度比(长度与根部直径的之比)为0.5。

图7.12　大型地面雷达天线上的半球形天线罩(照片由MFG Galileo提供)

图7.13　小型微波天线的半球形天线罩(照片由MFG Galileo提供)

7.3　轴对称的其他天线罩外形

7.3.1　天线罩外形的数学建模

本节讨论形状为旋转对称但数学上难以用封闭形式来描述的天线罩外形,如正切尖拱形外形。若半径(r_p)被认为是距天线罩根部距离(x_p)的函数,则可

以用最小二乘法将数据拟合成一个多项式方程。例如,考虑用五阶多项式对天线罩外形进行建模:

$$r_p = A_0 + A_1 x_p + A_2 x_p^2 + A_3 x_p^3 + A_4 x_p^4 + A_5 x_p^5 \tag{7.24}$$

可以通过手动输入尽可能多的 r_p 和 x_p 数据集,用如附录 7B 中所示的多项式回归程序来计算该外形表达式每个系数的值。该软件代码求解该方程组并计算未知系数。下一节将介绍使用该程序的过程。

7.3.2 POLY 多项式回归子程序

附录 7B 中的软件清单是 POWERBASIC 程序[11]。在运行该程序之前,先建立一张以$\{z_p, r_p\}$数据集描述天线罩的表。该程序将进行最小二乘拟合回归分析,以确保近似值尽可能接近地覆盖整个数据范围。为了获得一个好的近似值,应输入的数据点数量某种程度上是一个反复试错的过程。太少的点可能不足以得到精确的近似,而太多的点则输入冗长且不会显著改善数据。

请按以下步骤执行该程序:

(1)输入 z_p,根据提示输入第一个数据对的 r_p。输入时,可以在按[返回](Return)之前用退格键对其进行编辑。您可以随时按[Ctrl + Break]中止执行。

(2)按照程序提示,输入其余的数据对。

(3)输完最后一对数据后,按“E”退出数据输入界面。

(4)等待程序运行回归分析,执行完后显示系数 $A_0 \sim A_5$,这些系数给出了数据最佳的最小二乘近似。

(5)按照提示,输入一个 z_p 值,通过观察 r_p 的输出结果,来验证近似值。

(6)输入 Q(表示退出)。程序会询问您是否想用不同的输入数据再次进行回归分析。根据要求,按 Y(是)或 N(否)。

7.3.3 确定交点和曲面法向向量

一旦评估了系数,我们就可以通过先前开发的 7.2 节的方法 3 找到正切尖拱形天线罩上的射线交点和曲面法向向量。具体来说,必须用这些多项式系数表示的形式来查找交点所需的误差函数 ERF,并由以下公式给出:

$$\mathrm{ERF} = r_p - r_i = (A_0 + A_1 x_i + A_2 x_i^2 + A_3 x_i^3 + A_4 x_i^4 + A_5 x_i^5) - \sqrt{y_i^2 + z_i^2} \tag{7.25}$$

为了求出从点 $P(x_0, y_0, z_0)$ 发出的传播向量与天线罩壁曲面的交点,我们需要自适应地改变式(7.10)、式(7.11)和式(7.12)中的参数 C_i,直到误差函数 ERF 为零。一旦确定了交点,就可以求得交点处天线罩外形的斜率为

$$m = A_1 + 2A_2x_i + 3A_3x_i^2 + 4A_4x_i^3 + 5A_5x_i^4 \tag{7.26}$$

曲面单位法向向量的斜率为

$$\tan\psi = \frac{-1}{m} = \frac{-1}{A_1 + 2A_2x_i + 3A_3x_i^2 + 4A_4x_i^3 + 5A_5x_i^4} \tag{7.27}$$

我们可以由式(7.16) ~ 式(7.19)求解法向向量的三个分量,并可以通过式(7.21)计算任意射线的入射角及其在天线罩壁上的截距。

附录 7C 是一个计算机程序清单示例,该程序将简单的求解器应用于本节中所讨论的任意外形。通常,该程序需要 10 ~ 25 个循环才能以 0.01 英寸的精度找到交点。

7.4 交点处波的分解

天线罩壁的平板电压传输系数必须与每条射线相关的入射电场相加权。该几何问题如图 7.14 所示,它显示了任意极化的波 $\boldsymbol{E}^i$ 以相对于交点处单位曲面法线为 θ 的角度入射到介质罩壁上。假设:①该波是与射线跟踪一致的平面波;②在射线交点处将罩壁面视为局部平面。

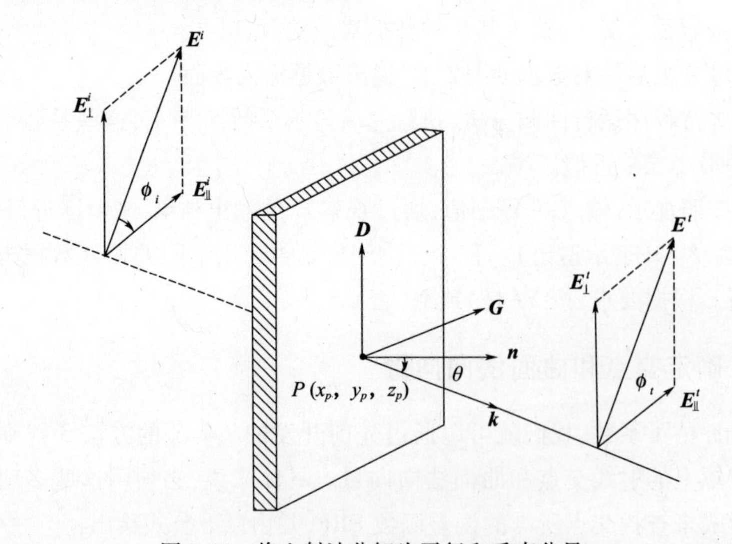

图 7.14 将入射波分解为平行和垂直分量

当波通过天线罩壁传播时,要对它应用传输系数,必须首先将任意极化的入射波分解为与入射平面平行和垂直的两个分量。

利用向量数学将入射电场分解为两个正交的向量分量。首先,有必要确定分别平行和垂直于由曲面法线向量 $\boldsymbol{n}$ 和波传播向量方向 $\boldsymbol{k}$ 所形成的平面的单位向量。垂直向量由文献[12-13]给出:

$$\boldsymbol{D}=\boldsymbol{n}\times\boldsymbol{k}=\frac{(n_yk_z-n_zk_y)\boldsymbol{x}+(n_zk_x-n_xk_z)\boldsymbol{y}+(n_xk_y-n_yk_x)\boldsymbol{z}}{\sqrt{(n_yk_z-n_zk_y)^2+(n_zk_x-n_xk_z)^2+(n_xk_y-n_yk_x)^2}} \tag{7.28}$$

或

$$\boldsymbol{D}=d_x\boldsymbol{x}+d_y\boldsymbol{y}+d_z\boldsymbol{z} \tag{7.29}$$

平行向量由下式给出:

$$\boldsymbol{G}=\boldsymbol{D}\times\boldsymbol{k}=\frac{(d_yk_z-d_zk_y)\boldsymbol{x}+(d_zk_x-d_xk_z)\boldsymbol{y}+(d_xk_y-d_yk_x)\boldsymbol{z}}{\sqrt{(d_yk_z-d_zk_y)^2+(d_zk_x-d_xk_z)^2+(d_xk_y-d_yk_x)^2}} \tag{7.30}$$

或

$$\boldsymbol{G}=g_x\boldsymbol{x}+g_y\boldsymbol{y}+g_z\boldsymbol{z} \tag{7.31}$$

我们还可以将任意横电磁波表示为两个正交极化波。令$\boldsymbol{E}^i$ 表示入射到罩壁上的波的电场,见图7.14。此向量场是一个复函数,因此我们将采用类似于许多作者所使用的相量表示法来表示入射场[14-16]。

$$\boldsymbol{E}^i\angle\gamma_i=E_x^i\angle\gamma_x\boldsymbol{x}+E_y^i\angle\gamma_y\boldsymbol{y}+E_z^i\angle\gamma_z\boldsymbol{z} \tag{7.32}$$

其中,$\gamma_x,\gamma_y,\gamma_z$ 分别表示$\boldsymbol{E}^i$ 三个分量的相对相位角。

例如,假设我们充分进入了相位相对均匀的源天线的远场。还要注意,若电场 y 分量相对于水平分量有90°的净相移,则会出现右旋圆极化。与水平分量相比,左旋圆极化波的 y 分量有-90°的净相移。电气和电子工程师协会(Institute of Electrical and Electronic Engineers,IEEE)标准的定义为:对于沿传播方向看的观察者来说,若电向量朝顺时针方向旋转,则理解为右旋圆极化。若电向量沿逆时针方向旋转,则理解为左旋圆极化①。

同样见图7.14,通过对$\boldsymbol{E}^i$ 的向量点积,可将入射向量场分别分解为垂直于和平行于入射面的标量分量。得到的结果为

$$E_\perp^i\angle\gamma_\perp^i=E_x^id_x\angle\gamma_x+E_y^id_y\angle\gamma_y+E_z^id_z\angle\gamma_z \tag{7.33}$$

$$E_\parallel^i\angle\gamma_\parallel^i=E_x^ig_x\angle\gamma_x+E_y^ig_y\angle\gamma_y+E_z^ig_z\angle\gamma_z \tag{7.34}$$

传输电场表示为入射场与两个正交线性极化的复电压传输系数的乘积。因此,传输电场的两个分量的幅度和相位分别为

$$E_\perp^i\angle\gamma_\perp^i=E_\perp^iT_{w\perp}\angle(\gamma_\perp^i+\mathrm{IPD}_\perp) \tag{7.35}$$

$$E_\parallel^i\angle\gamma_\parallel^i=E_\parallel^iT_{w\parallel}\angle(\gamma_\parallel^i+\mathrm{IPD}_\parallel) \tag{7.36}$$

---

① 此处原文有误,已改正。电向量沿逆时针旋转应为左旋圆极化。

式中:$T_{w\perp}$,$T_{w\parallel}$分别为波的垂直极化和平行极化分量的电压传输系数(无量纲);$IPD_{\perp}$和$IPD_{\parallel}$分别为波的垂直极化和平行极化分量的插入相位延迟(弧度)。

我们现在可以重组向量分量以得到传输的向量场。

$$\boldsymbol{E}_t\angle\gamma_t=(E^t_{\perp}d_x\angle\gamma^t_{\perp}+E^t_{\parallel}g_x\angle\gamma^t_{\parallel})\boldsymbol{x}+(E^t_{\perp}d_y\angle\gamma^t_{\perp}+E^t_{\parallel}g_y\angle\gamma^t_{\parallel})\boldsymbol{y}+(E^t_{\perp}d_z\angle\gamma^t_{\perp}+E^t_{\parallel}g_z\angle\gamma^t_{\parallel})\boldsymbol{z} \tag{7.37}$$

子例程COMPOSE(附录7D)给出了使用此方法的电磁波分解和重组示例计算机程序。该程序将波分解为平行和垂直极化分量,应用复数、平面波、罩壁传输系数,并回归传输电场的复值结果。

参考文献

[1] Groutage, F. D., *Radome Development for a Broadband RF Missile Sensor*, Research Report NELC – TR – 2023, San Diego, CA, Naval Electronics Laboratory Center, January 1977.

[2] Chin, S. S., *Missile Configuration Design*, New York: McGraw – Hill, 1981.

[3] Weckesser, L. B., "Thermal – Mechanical Design Principles," Ch. 3 in *Radome Engineering Handbook*, J. D. Walton, Jr., (ed.), New York: Marcel Dekker, 1970.

[4] Yost, D. J., L. B. Weckesser, and R. C. Mallalieu, *Technology Survey of Radomes for Anti – Air Homing Missiles*, Applied Physics Laboratory Report FS 80 – 022, Laurel, MD, John Hopkins University, March 1980.

[5] Crowe, B., *Air Launched Tactical Missile Radome Study*, Newport Beach, CA, Flight Systems, Inc., January 1977.

[6] Joy, E. B., and G. K. Huddleston, *Radome Effects on the Performance of Ground Mapping Radar*, Final Technical Report on Research Contract DAAH01 – 72 – C – 0598, Atlanta, GA, Georgia Institute of Technology, March 1973.

[7] Walton, J. D., (ed.), *Radome Engineering Handbook*, New York: Marcel Decker, 1970.

[8] Huddleston, G. K., and A. R. Balius, "A Generalized Ray Tracing Method for Single Valued Radome Surfaces of Revolution," *Proceedings of the 15th International Symposium on Electromagnetic Windows*, Georgia Institute of Technology, Atlanta, GA, June 1980.

[9] Joy, E. B., and D. E. Ball, "Fast Ray Tracing Algorithm for Arbitrary Monotonically Concave Three – Dimensional Radome Shapes," *Proceedings of the 17th International Symposium on Electromagnetic Windows*, Georgia Institute of Technology, Atlanta, GA, July 1984.

[10] Adams, L. J., and P. A. White, *Analytic Geometry and Calculus*, London, England: Oxford University Press, 1968, p. 542.

[11] www.powerbasic.com.

[12] Seber, G. A. F., *Linear Regression Analysis*, New York: John Wiley & Sons, 1977.

[13] Johnson, L. W., and R. D. Riess, *Introduction to Linear Algebra*, Reading, MA: Addison-Wesley Publishing Company, 1981.

[14] Kreyszig, E., *Advanced Engineering Mathematics*, New York: John Wiley & Sons, 1962.

[15] Pipes, L. A., and L. R. Harvell, *Applied Mathematics for Engineers and Physicists*, 3rd ed., New York: McGraw-Hill, 1970.

[16] Hollis, J. S., T. J. Lyon, and L. Clayton, Jr., *Microwave Antenna Measurements*, 2nd ed., Atlanta, GA: Scientific Atlanta, Inc., 1970.

附录7A　OGIVE 软件程序清单

```
#COMPILE EXE
FUNCTION PBMAIN
' PROGRAM OGIVE TO COMPUTE INTERCEPT POINT ON TANGENT OGIVE RADOME
GLOBAL L0, D0, R, B, X0, Y0, Z0, AZ, EL, DRAD, PI, AZD, ELD, Ci ASSINGLE
GLOBAL Kx, Ky, Kz, ERF, rp, ri, Xi, Yi, Zi, Xp, Yp, Zp, ACCUM AS SINGLE
GLOBAL Nx, Ny, Nz, THETA AS SINGLE
GLOBAL COUNT AS INTEGER
PI =3.14159265
DRAD = PI/180
' L0 = length of radome (cm)
' D0 = base diameter of radome (cm)
' X0, Y0, Z0 = coordinates of initial point on antenna aperture
' Kx, Ky, Kz = propagation vector
' Xi, Yi, Zi = coordinates of tip of ray (cm)
'Xp, Yp, Zp = intercept point on radome when rp = ri
'ri = radius at tip of ray for value Xi (cm)
'rp = radius at actual radome surface for value Xi (cm)
' ERF = error function - rp - ri = distance from tip of ray to radome
' AZD, ELD = angular directions of propagation vector (degrees)
' AZ, EL = angular directions of propagation vector (radians)
' Note: AZ =0 EL =0 corresponds to Kx =1, Ky =0, Kz =0
'Nx, Ny, Nz are the components of the surface normal vector at the in-
tercept point (cm)
' THETA is the angle of incidence between the propagation vector and
```

```
the normal vector at the incidence point (radians)
    ' To demonstrate program assume:
    X0 = 0: Y0 = 0: Z0 = 0
    L0  = 100
    D0  = 50
    R = (4 * L0^2 + D0^2) /(4 * D0)
    B = (4 * L0^2 - D0^2) /(4 * D0)
    ELD = 0
    FOR AZD = 0 TO 90 STEP 30
    AZ = AZD * DRAD
    EL = ELD * DRAD
    Kx = COS(AZ) * COS(EL)
    KY = SIN(AZ)
    KZ = COS(AZ) * SIN(EL)
    FOR COUNT = 0 TO 100.5
    Ci = COUNT * 1.0
    Xi = X0 + Ci * Kx
    Yi = Y0 + Ci * Ky
    Zi = Z0 + Ci * Kz
    ri = SQR(Yi^2 + Zi^2)
    rp = SQR(R^2 - Xi^2)  - B
    ERF = rp - ri
    IF ERF < 0 THEN
    Ci = Ci - 1
    GOTO 100
    END IF
    IF ERF < 1 THEN
    GOTO 100
    END IF
    NEXT COUNT
    100'
CONTINUE
    ACCUM  = Ci
    FOR COUNT = 0 TO 10
    Ci  = ACCUM + COUNT * 0.1
    Xi = X0 + Ci * Kx
```

```
Yi = Y0 + Ci * Ky
Zi = Z0 + Ci * Kz
ri = SQR(Yi^2 + Zi^2)
rp = SQR(R^2 - Xi^2) - B
ERF = rp - ri
IF ERF < 0 THEN
Ci = Ci - 0.1
GOTO 200
END IF
IF ERF < 0.1 THEN
GOTO 200
END IF
NEXT COUNT
200'CONTINUE
ACCUM = Ci
FOR COUNT = 0 TO 10
Ci = ACCUM + COUNT * 0.01
Xi = X0 + Ci * Kx
Yi = Y0 + Ci * Ky
Zi = Z0 + Ci * Kz
ri = SQR(Yi^2 + Zi^2)
rp = SQR(R^2 - Xi^2) - B
ERF = rp - ri
IF ERF < 0 THEN
Ci = Ci - 0.01
Xi = X0 * Ci * Kx
Yi = Y0 + Ci * Ky
Zi = Z0 + Ci * Kz
GOTO 300
END IF
IF ERF < 0.01 THEN
GOTO 300
END IF
NEXT COUNT
300'CONTINUE
'INTERCEPT POINT ON THE RADOME SURFACE IS
```

```
Xp = Xi: Yp = Yi: Zp = Zi
Xp = ABS(Xp)
'NOW TO COMPUTE NORMAL VECTOR AT THE INTERCEPT POINT:
Nx = 1/SQR(1 + (rp + B/Xp)^2)
Ny = ((Yp/rp) * ((rp + B)/Xp))/SQR(1 + ((rp + B)/Xp)^2)
Nz = ((Zp/rp) * ((rp + B)/Xp))/SQR(1 + ((rp + B)/Xp)^2)
THETA = ATN((SQR(1 - (Nx * Kx + Ny * Ky + Nz * Kz)^2)/(Nx * Kx + Ny * Ky + Nz
* Kz)))
PRINT "AZ(deg) = ";AZD;" EL(deg) = ";ELD;" Xp = ";Xp;" Yp = "; Yp;" Zp
= "; Zp;
" THETA(deg) = "; THETA/DRAD
NEXT AZD
PRINT "PUSH THE ENTER KEY TO END PROGRAM"
INPUT hash$
END FUNCTION
```

附录7B　POLY软件程序清单

```
#COMPILE EXE
FUNCTION PBMAIN ()
'______________________________________________________________
' Program POLY is a fifth order polynomial regression code
CLS
GLOBAL RP(), XP(), X, Y, A(), MATR(), SM(), RT() AS SINGLE
GLOBAL SM(), RT(), TMP , FTR, TOT AS SINGLE
GLOBAL I, J, K, L, N, KMP, ORDER, ITMP, CNT, PNT, COUNT AS INTEGER
DIM RP(50), XP(50), A(10), MATR(10,10), SM(10), RT(10)
' ORDER = ORDER OF REGRESSION
ORDER = 5
' N = NUMBER OF DATA POINT PAIRS TO BE ENTERED
'—————————— USER INPUT DATA ——————————
' XP = Distance from the radome base (inches)
' RP = Radome radius (inches)
PRINT
PRINT "MIN OF THREE DATA SETS REQUIRED"
```

```
PRINT
INPUT "INPUT NUMBER OF DATA SETS TO BE ENTERED = "; N
PRINT
FOR COUNT = 1 TO N
INPUT "XP = "; XP(COUNT)
INPUT "RP = "; RP(COUNT)
PRINT
NEXT COUNT
PRINT
PRINT "WHEN READY TO BEGIN REGRESSION ANALYSIS INPUT ANY KEY"
INPUT HASH$
'BEGIN POLYNOMIAL REGRESSION ALGORITHM:
FOR I = 1 TO 2 * ORDER
SM(I) = 0
NEXT I
FOR I = 1 TO ORDER + 1
RT(I) = 0
NEXT I
FOR PNT = 1 TO N
FOR I = 1 TO ORDER * 2
SM(I) = SM(I) + XP(PNT) ^I
NEXT I
FOR I = 1 TO ORDER + 1
IF I = 1 THEN RT(I) = RT(I) + RP(PNT)
IF I 1 THEN RT(I) = RT(I) + RP(PNT) * (XP(PNT) ^(I - 1))
NEXT I
NEXT PNT
MATR(1, 1) = N
FOR I = 1 TO ORDER + 1
MATR(I, ORDER + 2) = RT(I)
FOR J = 1 TO ORDER + 1
IF I + J 2 THEN MATR(I, J) = SM(I + J - 2)
NEXT J
NEXT I
FOR K = 1 TO ORDER
KMP = K + 1
```

```
L = K
FOR I = KMP TO ORDER + 1
IF ABS(MATR(I, K)) > ABS(MATR(L, K)) THEN L = I
NEXT I
IF L K THEN
FOR J = K TO ORDER + 2
TMP = MATR(K, J)
MATR(K, J) = MATR(L, J)
MATR(L, J) = TMP
NEXT J
END IF
FOR I = KMP TO ORDER + 1
FTR = MATR(I, K) /MATR(K, K)
FOR J = KMP TO ORDER + 2
MATR(I, J) = MATR(I, J) - FTR * MATR(K, J)
NEXT J
NEXT I
NEXT K
A(ORDER + 1) = MATR(ORDER + 1, ORDER + 2) /MATR(ORDER + 1, ORDER + 1)
I = ORDER
DO
ITMP = I + 1
TOT = 0
FOR J = ITMP TO ORDER + 1
TOT = TOT + MATR(I, J) * A(J)
NEXT J
A(I) = (MATR(I, ORDER + 2) - TOT) /MATR(I, I)
I = I - 1
IF I < 1 THEN EXIT DO
LOOP
'——— DISPLAY COEFFICIENTS ————————————————
CLS : LOCATE 1, 1
PRINT
PRINT "COMPUTED COEFFICIENTS"
PRINT
PRINT "A0 ="; A(1)
```

```
PRINT "A1 ="; A(2)
PRINT "A2 ="; A(3)
PRINT "A3 ="; A(4)
PRINT "A4 ="; A(5)
PRINT "A5 ="; A(6)
PRINT
PRINT "READY TO TEST CONFORMANCE"
PRINT
PRINT "PUSH ANY KEY TO BEGIN"
INPUT HASH$
'———— TEST POLYNOMIAL CONFORMANCE ————————————
100'CONTINUE
PRINT
INPUT "INPUT XP ="; X
Y = A(1) + A(2)*X + A(3)*X^2 +A(4)*X^3 +A(5)*X^4 +A(6)*X^5
PRINT "COMPUTED RP ="; Y
PRINT
PRINT
GOTO 100
200'END OF PROGRAM
'————————————————————————————————
END FUNCTION
```

附录7C　ARBITRARY 软件程序清单

```
#COMPILE EXE
FUNCTION PBMAIN
' PROGRAM ARBITRARY TO COMPUTE INTERCEPT POINT ON AN ARBITRARY SHAPED
RADOME
' HAVING AXIAL SYMMETRY
GLOBAL X0, Y0, Z0, AZ, EL, DRAD, PI, AZD, ELD, Ci AS SINGLE
GLOBAL Kx, Ky, Kz, ERF, rp, ri, Xi, Yi, Zi, Xp, Yp, Zp, ACCUM AS SINGLE
GLOBAL Nx, Ny, Nz, Nt, THETA, PSI, ALPHA AS SINGLE
'POLYNOMIAL REGRESSION COEFFICIENTS:
GLOBAL A0, A1, A2, A3, A4, A5 AS SINGLE
```

```
GLOBAL COUNT AS INTEGER
PI =3.14159265
DRAD = PI/180
' A0 through A5 are polynomial regression coefficients for radome
shape
' obtained by use of program POLY
' X0, Y0, Z0 = coordinates of initial point on antenna aperture
' Kx, Ky, Kz = propagation vector
' Xi, Yi, Zi = coordinates of tip of ray (cm)
'Xp, Yp, Zp = intercept point on radome when rp = ri
'ri = radius at tip of ray for value Xi (cm)
'rp = radius at actual radome surface for value Xi (cm)
' ERF = error function - rp - ri = distance from tip of ray to radome
' AZD, ELD = angular directions of propagation vector (degrees)
' AZ, EL = angular directions of propagation {AU: EDIT OK?} vector
(radians)
' Note: AZ =0 EL =0 corresponds to Kx =1, Ky =0, Kz =0
'Nx, Ny, Nz are the components of the surface normal vector at the in-
tercept point (cm)
' THETA is the angle of incidence between the propagation vector
andthe normal vector at the incidence point (radians)
' PSI is the slope of the normal vector
' To demonstrate program assume:
X0 =0: Y0 =0: Z0 =0
A0 =25.00086
A1 = -7.41124 *10^-4
A2 = -2.29406 *10^-3
A3 = -1.72184 *10^-6
A4 = +9.11312 *10^-9
A5 = -1.17584 *10^-10
ELD =0
FOR AZD =0 TO 90 STEP 30
AZ = AZD * DRAD
EL = ELD * DRAD
Kx = COS(AZ) * COS(EL)
KY = SIN(AZ)
```

```
KZ = COS(AZ) * SIN(EL)
FOR COUNT = 0 TO 100
Ci = COUNT * 1.0
Xi = X0 + Ci * Kx
Yi = Y0 + Ci * Ky
Zi = Z0 + Ci * Kz
ri = SQR(Yi^2 + Zi^2)
rp = A0 + A1 * Xi + A2 * Xi^2 + A3 * Xi^3 + A4 * Xi^4 + A5 * Xi^5
ERF = rp - ri
IF ERF < 0 THEN
Ci = Ci - 1
GOTO 100
END IF
IF ERF < 1 THEN
GOTO 100
END IF
NEXT COUNT
100' CONTINUE
ACCUM = Ci
FOR COUNT = 0 TO 10
Ci = ACCUM + COUNT * 0.1
Xi = X0 + Ci * Kx
Yi = Y0 + Ci * Ky
Zi = Z0 + Ci * Kz
ri = SQR(Yi^2 + Zi^2)
rp = A0 + A1 * Xi + A2 * Xi^2 + A3 * Xi^3 + A4 * Xi^4 + A5 * Xi^5
ERF = rp - ri
IF ERF < 0 THEN
Ci = Ci - 0.1
GOTO 200
END IF
IF ERF < 0.1 THEN
GOTO 200
END IF
NEXT COUNT
200' CONTINUE
```

```
ACCUM = Ci
FOR COUNT = 0 TO 10
Ci = ACCUM + COUNT * 0.01
Xi = X0 + Ci * Kx
Yi = Y0 + Ci * Ky
Zi = Z0 + Ci * Kz
ri = SQR(Yi^2 + Zi^2)
rp = A0 + A1 * Xi + A2 * Xi^2 + A3 * Xi^3 + A4 * Xi^4 + A5 * Xi^5
ERF = rp - ri
IF ERF < 0 THEN
Ci = Ci - 0.01
Xi = X0 * Ci * Kx
Yi = Y0 + Ci * Ky
Zi = Z0 + Ci * Kz
GOTO 300
END IF
IF ERF < 0.01 THEN
GOTO 300
END IF
NEXT COUNT
300'CONTINUE
'INTERCEPT POINT ON THE RADOME SURFACE IS
Xp = Xi: Yp = Yi: Zp = Zi
Xp = ABS(Xp)
'NOW TO COMPUTE NORMAL VECTOR AT THE INTERCEPT POINT:
PSI = ATN( -1 /(A1 +2 * A2 * Xi +3 * A3 * Xi^2 +4 * A4 * Xi^3 +5 * A5 * Xi^4))
Nx = COS(PSI)
Nt = SQR(1 - Nx^2)
IF Yp = 0 THEN
Yp = 10^-6
END IF
ALPHA = ATN(Zp /Yp)
Ny = Nt * COS(ALPHA)
NZ = Nt * SIN(ALPHA)
THETA = ATN((SQR(1 - (Nx * Kx + Ny * Ky + Nz * Kz)^2) /(Nx * Kx + Ny * Ky + Nz
* Kz)))
```

```
PRINT "AZ(deg) = ";AZD; " EL(deg) = ";ELD; " Xp = ";Xp; " Yp = "; Yp; " Zp
= "; Zp;
" THETA(deg) = "; THETA/DRAD
NEXT AZD
PRINT "PUSH THE ENTER KEY TO END PROGRAM"
INPUT hash$
END FUNCTION
```

附录 7D　DECOMPOSE 计算机程序清单

```
#COMPILE EXE
FUNCTION PBMAIN
' Program DECOMPOSE to compute parallel and perpendicular wave to
components at the intercept point to apply parallel and perpendicular-
transmission coefficients
GLOBAL Xp, Yp, Zp, AZ, EL, AZD, ELD, DRAD, PI, Kx, Ky, Kz AS SINGLE
GLOBAL Nx, Ny, Nz, Dt, Gt, Dy, Dz, Gx, Gy, Gz, Tpara, Tperp, Dx AS SINGLE
GLOBAL Eix, Eiy, Eiz, Etx, Ety, Etz, THETA, Ei, Et, Eipara, Eiperp
AS SINGLE
GLOBAL Etpara, Etperp, T, TdB, Nt, Kt, Eit, Ett AS SINGLE
PI = 3.14159265
DRAD = PI/180
'Xp, Yp, Zp = coordinate of intercept point on radome surface
'AZD, ELD = angular directions of propagation vector (degrees)
'AZ, EL = angular directions of propagation {AU: EDIT OK?} vector(ra-
dians)
'Note: AZ = 0, EL = 0 corresponds to Lx = 1, Ky = 0, Kz = 0①
'Nx, Ny, Nz = the components of the surface normal vector at the in-
terceptpoint (cm)
'THETA is the angle of incidence between the propagation vector and
the normal
vector at the incidence point (radians)
'________________________________________________
```

① 此处原文电子版有误,已修改。

```
'To illustrate the procedure, assume that:
AZD = 30: ELD = 30
AZ  = AZD * DRAD
EL  = ELD * DRAD
'Rotate aperture E vector through AZ and EL angles:
'(Assume vertical polarization for this sample problem)
Eix =  - SIN(EL) * COS(AZ)
Eiy =  - SIN(EL) * SIN(AZ)
Eiz =  + COS(EL)
Eit = SQR(Eix^2 + Eiy^2 + Eiz^2)
PRINT
PRINT "PRINT Eit TO CONFIRM THAT Eit IS A UNIT VECTOR:"
PRINT Eit
'If horizontal polarization these expressions would be:
'Eix =  - SIN(AZ)
'Eiy =  + COS(AZ)
'Eiz = 0
Xp = 26.325: Yp = 17.55: Zp = 15.1974
Nx = 0.05573592: Ny = 0.9592745: Nz = 0.2769187
Kx = 0.75: Ky = 0.5: Kz = 0.4330127
'Parallel and perpendicular polarization wall voltage transmission
coefficients:
Tpara = 0.8
Tperp = 0.9
'Note: for this sample problem we will assume Tpara and Tperp totally-
real
'______________________________________________________________
'Starting with these values {AU: EDIT OK?}, compute the components
ofvector D
'Note: D is perpendicular to the plane formed by the vectors K and N
Dx = (Ny * Kz - Nz * Ky) /SQR((Ny * Kz - Nz * Ky)^2 + (Nz * Kx - Nx * Kz)^2 +
(Nx * Ky - Ny * Kx)^2)
Dy = (Nx * Kz - Nz * Kx) /SQR((Ny * Kz - Nz * Ky)^2 + (Nz * Kx - Nx * Kz)^2 +
(Nx * Ky - Ny * Kx)^2)
Dz = (Nx * Ky - Ny * Kx) /SQR((Ny * Kz - Nz * Ky)^2 + (Nz * Kx - Nx * Kz)^2 +
(Nx * Ky - Ny * Kx)^2)
```

```
PRINT
PRINT "PRINT D TO CONFIRM THAT D IS A UNIT VECTOR:"
Dt = SQR(Dx^2 + Dy^2 + Dz^2)
PRINT Dt
'Note: G is in the plane formed by the vectors K and N
Gx = (Dy * Kz - Dz * Ky) /SQR((Dy * Kz - Dz * Ky)^2 + (Dz * Kx - Dx * Kz)^2 +
(Dx * Ky - Dy * Kx)^2)
Gy = (Dx * Kz - Dz * Kx) /SQR((Dy * Kz - Dz * Ky)^2 + (Dz * Kx - Dx * Kz)^2 +
(Dx * Ky - Dy * Kx)^2)
Gz = (Dx * Ky - Dy * Kx) /SQR((Dy * Kz - Dz * Ky)^2 + (Dz * Kx - Dx * Kz)^2 +
(Dx * Ky - Dy * Kx)^2)
PRINT
PRINT "PRINT G TO CONFIRM THAT G IS A UNIT VECTOR:"
Gt = SQR(Gx^2 + Gy^2 + Gz^2)
PRINT Gt
PRINT
'The perpendicular component of Ei is
Eiperp = Eix * Dx + Eiy * Dy + Eiz * Dz
'From which
Etperp = Eiperp * Tperp
'The parallel component of Ei is
Eipara = Eix * Gx + Eiy * Gy + Eiz * Gz
'From which
Etpara = Eipara * Tpara
Ei = SQR(Eipara^2 + Eiperp^2)
Et = SQR(Etpara^2 + Etperp^2)
T = Et /Ei
TdB = 20 * LOG10(T)
PRINT "TRANSMISSION LOSS FACTOR = "; T; " TRANSMISSION LOSS (dB) =
";TdB
INPUT hash$
END FUNCTION
```

第8章　带罩制导天线

本章将介绍带罩制导天线系统的计算分析技术。制导天线的作用是探测目标位置,目前最常用的是单脉冲天线。通常,与这些天线相关的天线罩采用气动流线外形,并具有很高的长细比(最高为3或更高)。对于特定应用,必须选择同时满足结构、环境和电气要求的天线罩材料。本章中的计算机分析技术可以确定天线罩对带罩天线性能及其电子处理功能的影响。

单脉冲天线通常都安装在飞机或导弹头部位置上,如图8.1所示。单脉冲是指一种信号处理技术,这种技术只需一个雷达返回脉冲就能够在天线的方位面和俯仰面上都解析出目标的位置。单脉冲系统通常是有源雷达,但在某些应用中,可能是与半主动制导系统一起作为无源接收器。在本书中,"寻的器"一词与单脉冲电子系统同义。

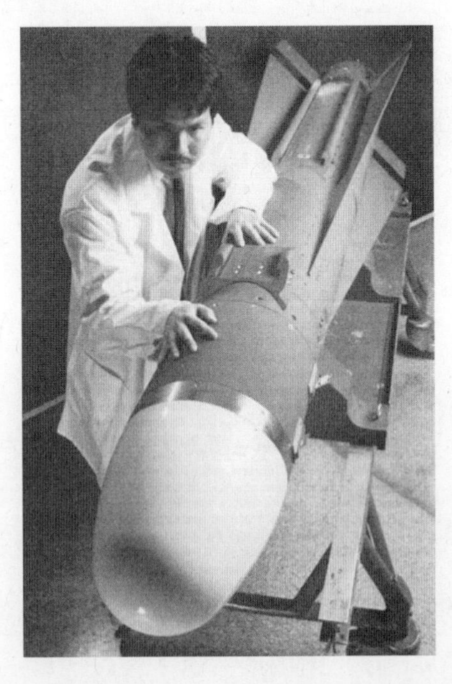

图8.1　导弹制导用带罩单脉冲天线(感谢休斯飞机导弹系统分部提供照片)

理想情况下,天线罩可保护单脉冲天线免受不利的飞行环境影响,而同时对所封闭天线的电性能影响不大。但实际上,由于以下因素,天线罩始终会改变单脉冲天线的电性能:①介电材料的耗散损耗;②由于天线罩的存在而引起的电相移;③内部反射。

天线罩产生的变化表现如下:

(1)降低了天线增益。

(2)增加了天线波束宽度和副瓣电平。

(3)零深电平抬高。

(4)引入瞄准线误差和瞄准线误差斜率,它们随天线扫描角而变化[1-2]。

本章中,分多步计算天线方向图,应按如下顺序进行:

(1)将孔径上所有点移至天线罩坐标。

(2)在方向图视在方向(look direction)由孔径采样点变换所有射线向量。

(3)计算天线方向图空间相位项。

(4)确定天线罩曲面上的所有射线交点。

(5)在每个交点确定这些射线相对于天线罩曲面法线的入射角。

(6)计算每条射线的复电压传输系数。

(7)进行天线孔径积分。

8.1 节给出了瞄准误差和瞄准误差斜率的定义;8.2 节讨论了没有天线罩情况下单脉冲天线的天线方向图和单脉冲误差电压;第 8.3 节讨论了同一天线加上一个介质天线罩后的性能;8.4 节讨论了天线罩建模的考虑因素,包括雨蚀、气动加热和天线罩对共扫(conscan)天线的影响。

8.1　瞄准线误差和瞄准误差斜率的定义

用于导弹时,寻的器天线是制导系统的关键部分,该系统还包括天线罩、接收机、自动驾驶仪和导弹弹体,具有以下几个功能:

(1)测量视线(或视线角速率)。

(2)测量到目标的距离和接近速率。

(3)给导弹自动驾驶仪和控制面板提供操纵指令[3-7]。

图 8.2 给出了一个有代表性的闭环伺服控制系统,其中安装在导弹上的寻的器天线接收到的信号用于将导弹导引到目标。该引导在跟踪环中完成,该跟踪环由单脉冲俯仰面和方位面引导误差电压所驱动。

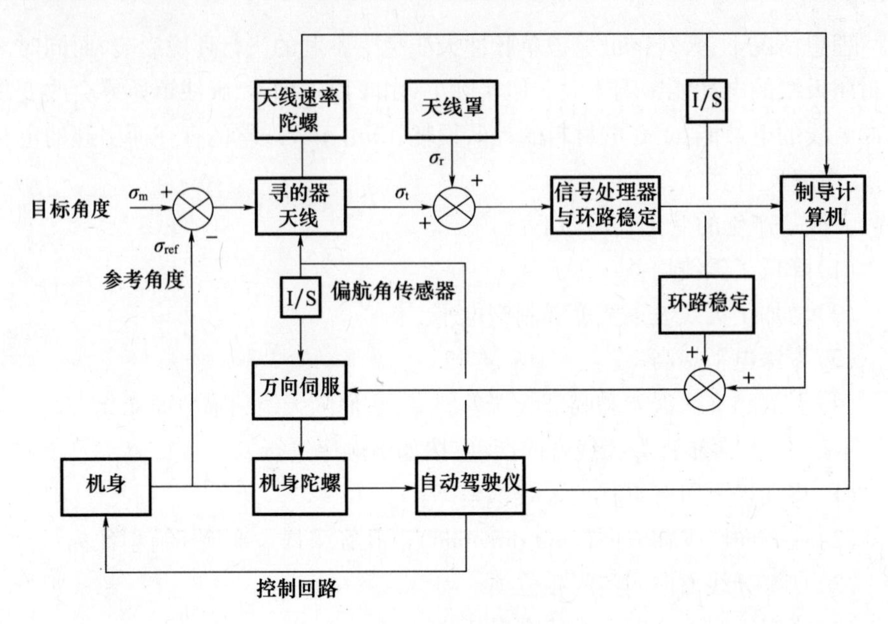

图8.2　制导系统框图

寻的器最初通过天线波束宽度在角空间中找到目标。通过以下方法之一来控制天线波束:

(1)机械地移动整个天线的万向节。

(2)只移动天线某一部分(如副反射面)的电—机机制。

(3)电扫描机制,如相控阵天线。

(4)在静止并且前视天线情况下,整个机身的运动。仅当使用跟踪导航制导算法时,才使用固定的寻的器天线波束。可移动的寻的器天线波束与比例导航(或现代制导律)制导算法一起使用[8]。

图8.3给出了与寻的器天线罩以及弹目几何关系有关的角度定义。在该图中,寻的器天线安装在机械万向节上,万向节的指向功能由伺服环控制。天线罩的存在会引起衍射误差,因此伺服系统将尝试使天线指向与实际目标方向相反的视在目标方向。

实际弹目方向与视在弹目方向之间的差异称为天线罩的瞄准线误差。从概念上讲,瞄准线误差是在视在目标与实际目标位置上的角度偏差,一般对应于带罩制导天线远场辐射方向图中方向图差异的最小值。瞄准线误差斜率是瞄准线误差相对于天线扫描角的变化率。

图8.3所示的参考角是从机身陀螺仪得到的。天线指向角通常由安装在天线万向节上的速度陀螺仪确定。单脉冲误差电压反馈到自动驾驶仪,自动驾驶

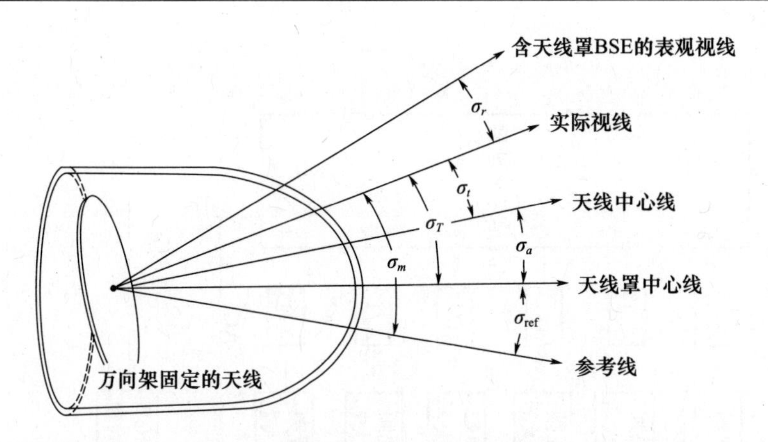

图 8.3　单脉冲天线—目标的角度关系

指令进行响应，从而改变姿态，由此导致天线在经过天线罩外形变化的位置时会不断地发生变化。这些由天线罩引起的误差，会导致机身和自动驾驶的响应特性产生伪噪声影响[9]。

8.2　计算无罩天线的天线方向图和单脉冲误差电压

单脉冲天线的物理孔径通常分为 4 个象限。它们中的每一个都由一个微波网络馈电，该微波网络将 4 个象限中的每个象限接收的信号解析为一个和通道和俯仰与方位面的差通道，如图 8.4 所示。单脉冲雷达接收机将这些和通道信号和差通道信号处理为复电压，在由信号处理器进行处理之前，将其分解为同相(I)和异相或正交相(Q)电压。

和通道天线方向图对应于某一个瞄准线方向的天线波束，其半功率波束宽度是由采用波长表示的天线孔径大小和孔径照射函数来表述的。俯仰通道天线方向图仅在俯仰面上具有视线零点，方位通道天线方向图仅在方位面上具有视线零点。用单脉冲天线得到的有效和通道波束宽度是孔径的波束宽度，实现了孔径的最大增益。

早期的单脉冲系统使用反射器天线或透镜天线，并具有用大型、复波导单脉冲网络实现的单脉冲波束形成网络。如今，实现和通道与差通道波束的方法具有非常小的波束形成网络，孔径阻塞很小或者干脆没有[10]。这些方法包括波导平板阵列配置和微带阵列配置。图 8.5 显示了一个微带单脉冲阵列天线，该天线使用方形贴片辐射器，并且馈电网络与贴片辐射器在同一基板上，而图 8.6 显示了使用圆形微带贴片单元的类似电路拓扑。

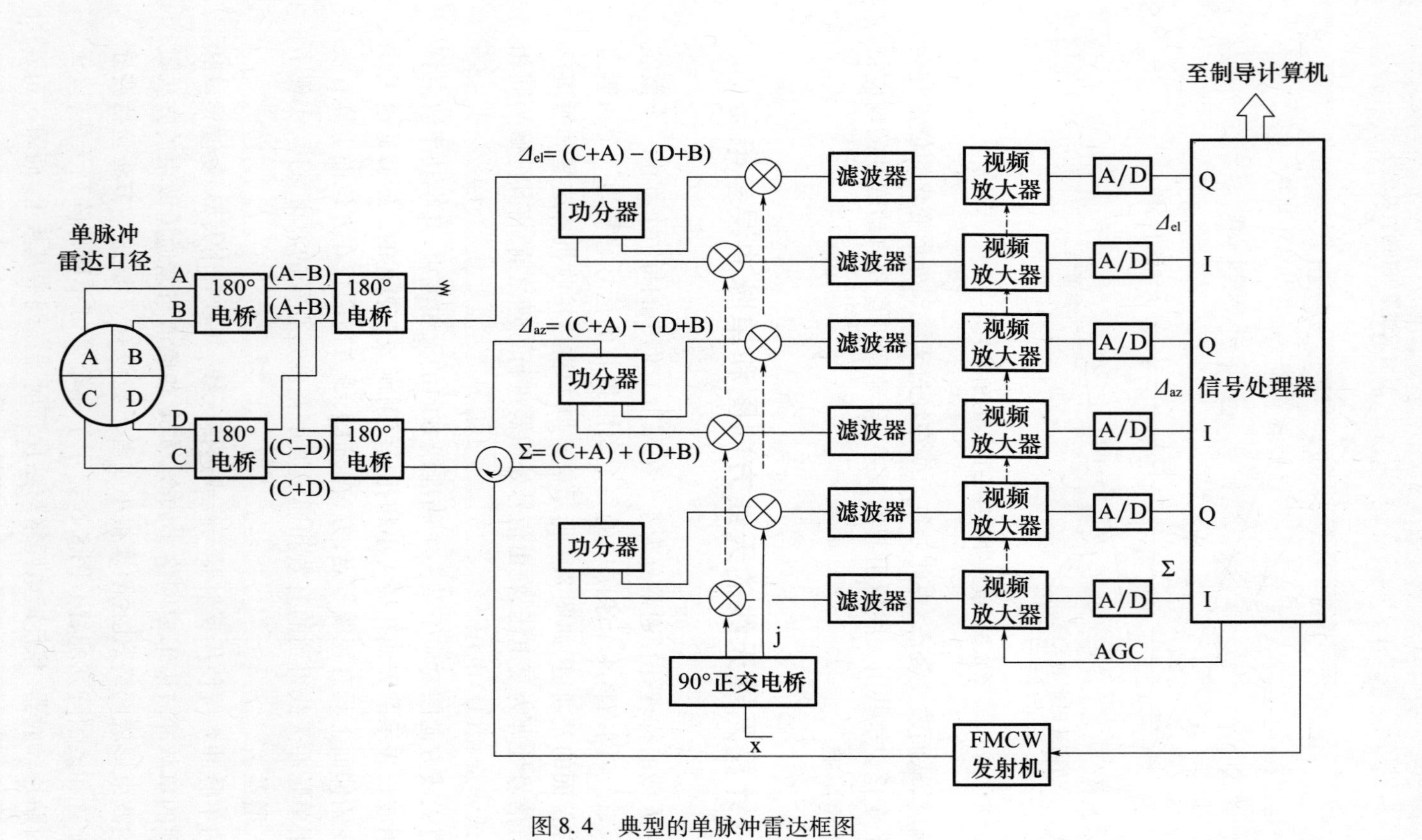

图 8.4 典型的单脉冲雷达框图

根据单脉冲和通道与差通道电压,可以通过下列方式得出单脉冲方位面和俯仰面误差电压[11]:

$$V_{az}=\frac{\Delta_{az}}{\Sigma} \tag{8.1}$$

$$V_{el}=\frac{\Delta_{el}}{\Sigma} \tag{8.2}$$

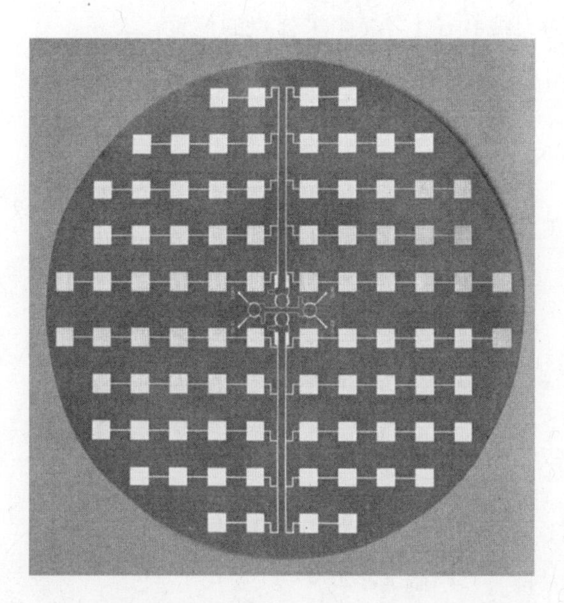

图 8.5　衬底上有单脉冲比较电路的方形微带贴片阵列(照片由 Ball 公司提供)

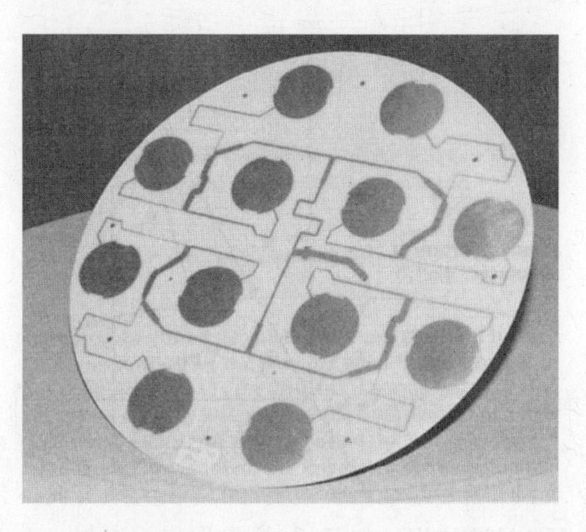

图 8.6　圆形微带贴片阵列(照片由 Seavey 工程公司提供)

在制导系统中,正是通过这些误差电压来引导导弹追踪目标的。

阵列理论提供了无须应用精确电磁建模即可计算单脉冲天线方向图的工具。以下分析中引入了建模方法,使用图8.7所示的球坐标系来计算天线辐射方向图。在该坐标系中:

$P(x_0,y_0,z_0)$为天线孔径中心的参考点;

$P(x,y,z)$为距天线距离R处的观察点;

$P(x_i,y_i,z_i)$为天线孔径上第i个采样点的位置;

$\boldsymbol{r}_0$为由$P(x_0,y_0,z_0)$到$P(x,y,z)$方向上的单位向量;

$\boldsymbol{r}_i$为由$P(x_0,y_0,z_0)$到$P(x_i,y_i,z_i)$方向上的向量。

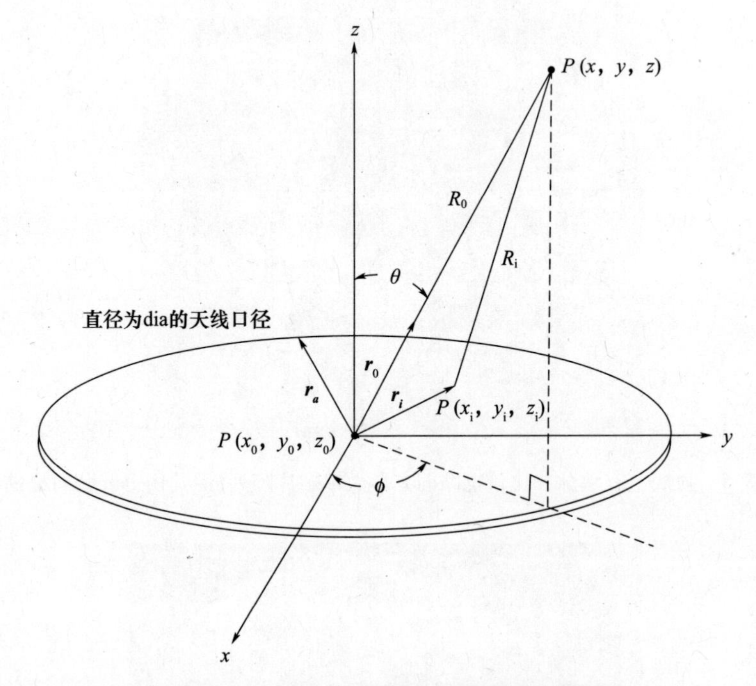

图8.7 用于计算天线方向图的坐标系

圆形天线孔径整个位于$x-y$面内,其半径可以表示为

$$r_a = \sqrt{(x_i - x_0)^2 + (y_i - y_0)^2 + (z_i - z_0)^2} = \frac{D_a}{2} \tag{8.3}$$

其中,D_a为天线直径。

通常在x和y平面上分别以d_x和d_y的间隔获得当前采样点。若这些间隔大小的取值为最高工作频率的半波长或更小,则在天线方向图预估时不会出现因混叠现象而产生的计算错误。但是,如果我们仅对辐射方向图的主瓣和第一

个副瓣感兴趣,测试表明,间隔取值为一个波长甚至更大的计算结果都是可以接受的,计算误差极小。

根据附录 A,我们现在将假设采样点电流是无穷小偶极子的集合,其中每个偶极子在振幅和相位上都进行加权。天线孔径曲面上的点通过整数 m,n 可以定义为

$$\boldsymbol{r}_i = md_y\boldsymbol{y} + nd_z\boldsymbol{z} \tag{8.4}$$

对于距离第 i 个无穷小偶极子相对较远的位置,其辐射方向图随着球面波的扩展而具有指数相位相关性,并且还具有正弦加权的幅度相关性,且辐射最大值垂直于偶极子。根据所选择的坐标系,若偶极子在 y 方向,则适当的坐标变换将得出第 i 个无穷小偶极子的辐射单元方向图,即

$$E_i = \cos[\arctan(\tan\theta\sin\phi)]\frac{\mathrm{e}^{-\mathrm{j}kR_i}}{R_i} \tag{8.5}$$

式中:k 为感兴趣频率下的自由空间波数。若偶极子在 x 方向,则辐射单元方向图变为

$$E_i = \cos[\arctan(\tan\theta\cos\phi)]\frac{\mathrm{e}^{-\mathrm{j}kR_i}}{R_i} \tag{8.6}$$

在两个条件下,式(8.5)和式(8.6)中的余弦因子将在整个对应于天线主波束直到第一副瓣的角度空间内接近单位 1。这两个条件是:

(1)天线直径大于 5 倍波长。

(2)我们只关心天线方向图有限部分的计算,如主瓣和第一副瓣。

若忽略余弦因子,则在计算天线罩传输损耗和第一副瓣退化时,对计算精度的影响将很小。但是,在估计较远的副瓣时,余弦因子很重要。

因此,基于 MN 个总电流采样点,可以根据整个孔径上的全部无穷小偶极子的叠加来确定天线阵列方向图。

$$E_T = \sum_{m=1}^{M}\sum_{n=1}^{N} F_{mn}^{a}\frac{\mathrm{e}^{-\mathrm{j}kR_{mn}}}{R_{mn}} \tag{8.7}$$

其中,系数 F_{mn}^{a} 是采样点处由接收信号感应而施加的电流单元权重。总体而言,加权系数是复数值。

在式(8.7)中,距离 R_{mn} 应满足天线的远场区的条件。R_{mn} 的实际值取决于天线方向图计算中所要求的精细结构的程度。天线远场应满足

$$R_{mn} \geqslant \frac{2D_a^2}{\lambda} \tag{8.8}$$

1倍远场距离对于主瓣和第一副瓣天线方向图计算就足够了。但是,对于给出极低副瓣天线方向图的天线孔径分布,可能需要使用至少比式(8.8)大5倍的距离[12-13]。若我们使计算距离逼近无穷大,则可以近似为

$$\frac{\mathrm{e}^{-\mathrm{j}kR_{mn}}}{R_{mn}} = \left[\frac{\mathrm{e}^{-\mathrm{j}kR_0}}{R_0}\right]\mathrm{e}^{-\mathrm{j}k\boldsymbol{r}_{mn}\cdot\boldsymbol{r}_0} \tag{8.9}$$

在此条件下:

$$E_T = \left[\frac{\mathrm{e}^{-\mathrm{j}kR_0}}{R_0}\right]\sum_{m=1}^{M}\sum_{n=1}^{N}F_{mn}^{a}\mathrm{e}^{\mathrm{j}k\boldsymbol{r}_{mn}\cdot\boldsymbol{r}_0} \tag{8.10}$$

一般略去在括号[ ]中的因子,因为天线方向图通常是在恒定半径的球上描述的,并且这一项变成一个归一化常数[14]。该因子不会影响目标天线罩参数的计算。于是,天线方向图的形式为

$$E_T = \sum_{m=1}^{M}\sum_{n=1}^{N}F_{mn}^{a}\mathrm{e}^{\mathrm{j}k\boldsymbol{r}_{mn}\cdot\boldsymbol{r}_0} \tag{8.11}$$

使用向量数学,我们注意到

$$\boldsymbol{r}_{mn} = (x_{mn}-x_0)\hat{\boldsymbol{x}} + (y_{mn}-y_0)\hat{\boldsymbol{y}} + (z_{mn}-z_0)\hat{\boldsymbol{z}} \tag{8.12}$$

同样,观察点方向上的单位向量由方向余弦给出[15]。

从最后两个公式,我们可以简化式(8.10)中的点积:

$$\boldsymbol{r}_0 = \sin\theta\cos\phi\hat{\boldsymbol{x}} + \sin\theta\sin\phi\hat{\boldsymbol{y}} + \cos\theta\hat{\boldsymbol{z}} \tag{8.13}$$

$$\boldsymbol{r}_{mn}\cdot\boldsymbol{r}_0 = (x_{mn}-x_0)\sin\theta\cos\phi + (y_{mn}-y_0)\sin\theta\sin\phi + (z_{mn}-z_0)\cos\theta \tag{8.14}$$

若天线的中心在 $x_0 = y_0 = z_0 = 0$,并且我们选择所有的 $z_{mn} = 0$,则

$$E_T = \sum_{m=1}^{M}\sum_{n=1}^{N}F_{mn}^{a}\mathrm{e}^{-\mathrm{j}k(x_{mn}\sin\theta\cos\phi + y_{mn}\sin\theta\sin\phi)} \tag{8.15}$$

于是,天线阵列方向图的简化形式为

$$E_T = \sum_{m=1}^{M}\sum_{n=1}^{N}F_{mn}^{a}\mathrm{e}^{-\mathrm{j}(k_x x_{mn} + k_y y_{mn})} \tag{8.16}$$

其中,k_x 和 k_y 分别是 x 和 y 方向的传播常数。

单脉冲和与差方向图应通过用适当的孔径分布函数依次加载该方程来计算。例如,对于单脉冲天线,这些加权因子可以对应于以下理论分布。

$$F_{mn}^{a}=F_{\Sigma}^{a}=\cos\left(\frac{\pi}{2}\frac{r_{mn}}{r_{a}}\right) \tag{8.17}$$

或

$$F_{mn}^{a}=F_{\Delta_{el}}^{a}=\sin\left(\pi\frac{y_{mn}}{r_{a}}\right) \tag{8.18}$$

或

$$F_{mn}^{a}=F_{\Delta_{az}}^{a}=\sin\left(\pi\frac{r_{mn}}{r_{a}}\right) \tag{8.19}$$

若我们的计算只关心相对于和方向图峰值归一化的相对方向性，则天线阵列方向图为

$$E_{T}=\frac{\sum_{m=1}^{M}\sum_{n=1}^{N}F_{mn}^{a}\mathrm{e}^{-\mathrm{j}k(x_{mn}\sin\theta\cos\phi+y_{mn}\sin\theta\sin\phi)}}{\sum_{m=1}^{M}\sum_{n=1}^{N}\cos\left(\frac{\pi}{2}\frac{r_{mn}}{r_{a}}\right)} \tag{8.20}$$

其中，分子中的 F_{mn}^{a} 是从式(8.17)到式(8.19)适当的加权因子之一。相对方向性和方向图的峰值将对应于0dB。

图8.8显示了用于计算单脉冲天线方向图的计算程序流程。对于天线角空间感兴趣的角度 θ 和 ϕ，必须在整个天线孔径上对这三个孔径加权分布的每一个都进行曲面积分。由此可以计算天线和通道电压与两个差通道电压。

基于此流程，开发了计算机程序，并将其放在本书中。附录E给出的操作手册清楚地定义了所有输入和输出变量，这使它易于使用。通过计算主平面和天线方向图电压与差天线方向图电压，以及单脉冲误差通道电压，就可以确定天线罩瞄准误差。

为了演示该程序的使用，我们假设工作在10GHz的15英寸圆形天线孔径，具有式(8.17)~式(8.19)的孔径分布。图8.9给出了计算的 E 平面和 H 平面的方向图。

图8.10描绘了相应的方位面和俯仰面单脉冲误差通道电压。由于不存在天线罩引起的误差，在天线孔径上这两个函数均为零。在进行此建模过程中，对第一副瓣与天线和通道半功率波束宽度预估中的计算误差与每个波长的孔径采样点数量的关系进行研究，数据结果绘制了副瓣精度和天线波束计算精度图，分别如图8.11和图8.12所示。

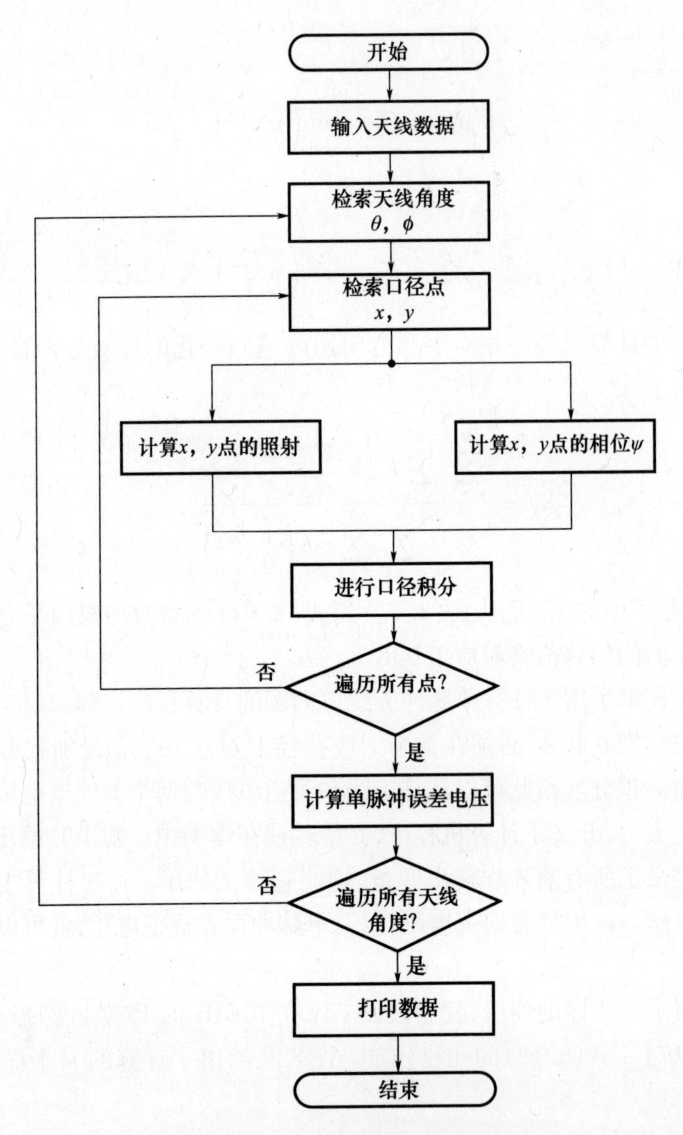

图8.8　TO天线罩程序的计算机流程

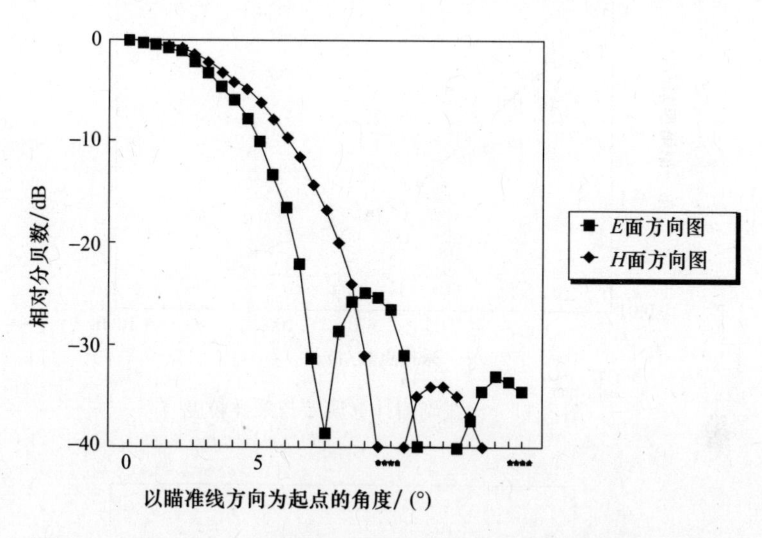

图 8.9　10GHz 下 15 英寸孔径单脉冲天线的方位面及俯仰面的方向图

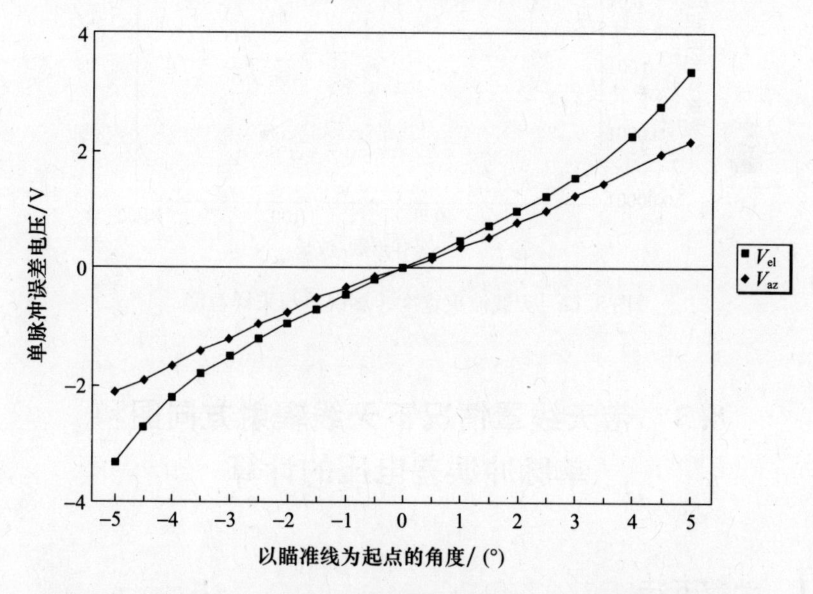

图 8.10　10GHz 下 15 英寸孔径的单脉冲天线方位面及俯仰面误差电压

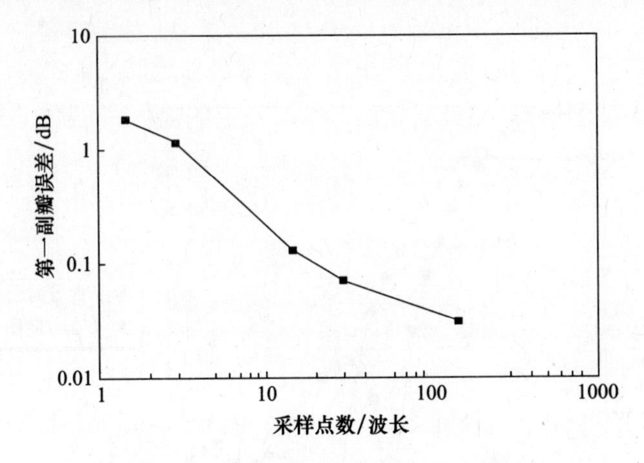

图 8.11 天线副瓣计算误差与采样粒度

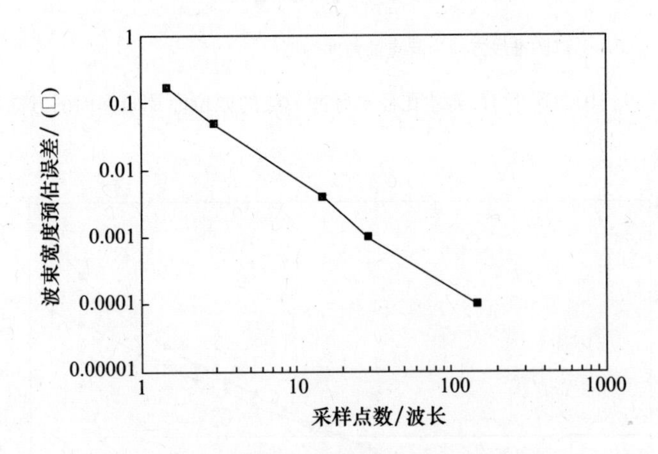

图 8.12 天线波束宽度计算误差与采样粒度

8.3 带天线罩情况下天线辐射方向图和单脉冲误差电压的计算

8.3.1 一般方法

计算瞄准线误差的方法有以下两种:

(1)确定差方向图零深位置的偏移,这是由信号在通过天线罩时产生的波前相位畸变引起的[16]。

(2)确定远场和方向图峰值位置[17]。

本章使用第一种方法,该方法以与单脉冲寻的器相同的方式得出瞄准误差。该方法基于通道电压中单脉冲误差的零深交叉点的偏移,因为由此产生的带有天线罩的波衍射会引起目标视在方向的偏移。

在式(8.1)和式(8.2)中展示了如何从单脉冲天线的和电压与差电压推导出单脉冲方位面误差电压和俯仰面误差电压。当不存在天线罩时,这些单脉冲误差电压通道的零深交叉对应于天线轴向上(即垂直于天线曲面)目标的情况。当天线上罩有天线罩,电磁信号通过介质天线罩壁传播时,所产生的波衍射会引起目标视在方向上的偏移。

将天线瞄准目标时,计算方位面和俯仰面的瞄准误差公式为[18]

$$\mathrm{BSE}_{\mathrm{AZ}}=\frac{V_{\mathrm{AZ}}}{K_{\mathrm{AZ}}} \tag{8.21}$$

$$\mathrm{BSE}_{\mathrm{EL}}=\frac{V_{\mathrm{EL}}}{K_{\mathrm{EL}}} \tag{8.22}$$

式中:常数 K_{AZ} 和 K_{EL} 为方位面和俯仰面差通道单脉冲天线灵敏度常数,用于无罩条件下的计算(或测量)。通常,这些常数的单位是伏每毫弧度(V/mrad),瞄准线误差的单位是毫弧度(mrad),瞄准误差在很大程度上受天线极化及其与俯仰面、方位面误差电压的关系等因素的影响。

以下步骤将总结获得带罩单脉冲天线计算机化求解的建模过程。这些步骤中,假定天线采用的均为接收模式。

8.3.2　天线方向图空间相位项的计算

基于图 8.13 所示的天线中心坐标系,可以计算天线方向图的空间相位情况。通常,在实际的飞机或导弹应用中,目标位置是根据飞行器的滚转、俯仰和偏航坐标进行描述的。为简化分析,选择一个万向节系统进行建模。它以俯仰角(EL)和方位角(AZ)角描述目标的位置。如第 2 章所述,EL/AZ 和 AZ/EL 两种万向节类型都是可能的。以下是从选定的球坐标到 EL 和 AZ 角度的转换。

$$\mathrm{EL}=\arctan(\tan\theta\sin\phi) \tag{8.23}$$

$$\mathrm{AZ}=\arctan(\tan\theta\cos\phi) \tag{8.24}$$

8.3.3　将所有孔径点变换到天线罩坐标

对于 AZ/EL 万向系,孔径点变换到天线罩坐标系可以采用以下公式(源自宾州兰兹代尔(Landsdale)美国电子实验室 R. Matysikiela 在 1994 年的私人通信):

$$\begin{bmatrix} x_i \\ y_i \\ z_i \end{bmatrix} = \begin{bmatrix} \cos AZ\cos EL & -\cos AZ\sin EL & -\sin AZ \\ \sin EL & \cos EL & 0 \\ \sin AZ\cos EL & -\sin AZ\sin EL & \cos AZ \end{bmatrix} \begin{bmatrix} \Delta_b \\ y'_i \\ z'_i \end{bmatrix} + \begin{bmatrix} \Delta_a \cos AZ \\ 0 \\ \Delta_a \sin AZ \end{bmatrix} + \begin{bmatrix} x_g \\ y_g \\ z_g \end{bmatrix} \tag{8.25}$$

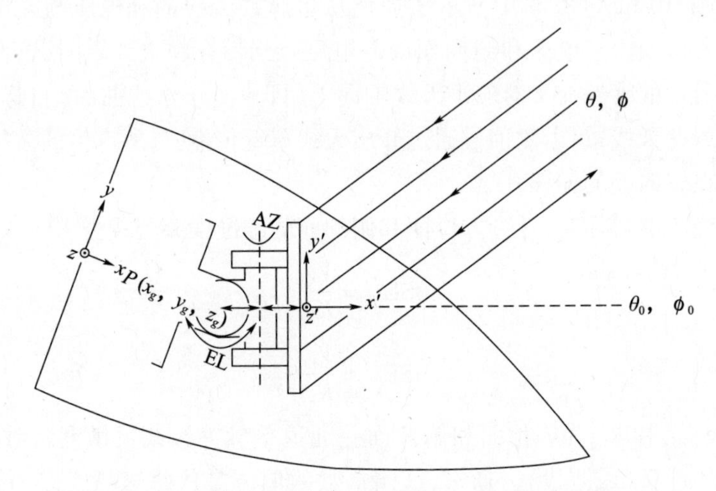

图8.13 程序TO RADOME中使用的天线罩和天线坐标

类似地,对于AZ/EL万向系,包括初始万向节位置$P(x_g, y_g, z_g)$的转换结果为

$$\begin{bmatrix} x_i \\ y_i \\ z_i \end{bmatrix} = \begin{bmatrix} \cos EL\cos AZ & -\sin EL & -\cos EL\sin AZ \\ \sin EL\cos AZ & \cos EL & \sin EL\sin AZ \\ \sin AZ & 0 & \cos AZ \end{bmatrix} \begin{bmatrix} \Delta_b \\ y_i' \\ z_i' \end{bmatrix} + \begin{bmatrix} \Delta_a \cos AZ \\ \Delta_a \sin EL \\ 0 \end{bmatrix} + \begin{bmatrix} x_g \\ y_g \\ z_g \end{bmatrix} \tag{8.26}$$

8.3.4 方向图观察方向上所有射线向量由孔径采样点的转换

本节中描述的射线向量是从方向图观察方向上的孔径采样点推算出的射线向量。通过天线万向节角度将所有射线向量转换为天线罩坐标。

8.3.5 将射线投影到天线罩曲面

确定所有射线在天线罩曲面上的交点。

8.3.6 计算入射角

确定每一个交点上的射线相对于天线罩曲面法线的入射角。

8.3.7 计算每个射线的电压传输系数

依据以下条件计算每一个电压传输系数:

(1)每个射线与罩壁相交点入射射线相对于天线罩曲面法向的入射角。

(2)每个射线的罩壁参数,如厚度、介电常数及损耗角正切。

(3)工作波长。

(4)入射波的极化方式。

第 5 章中开发的 WALL 程序用作 TO RADOME 程序的子例程。对子例程 WALL 作以下假设:①天线罩壁在射线交点附近是平面的;②天线罩内壁和外壁是相互平行的。根据笔者的经验,在上述近似下得到的关于天线罩电性能预测结果是合理的。

8.3.8 进行天线孔径积分

通过对天线孔径进行积分,可以确定其在所视方向上和孔径与差孔径的分布情况及其接收端口的电压值大小。由此可以计算远场方向图,并得到天线罩传输损耗、瞄准误差和瞄准误差斜率。不带天线罩情况下归一化阵列方向图可以表示为

$$E_T = \frac{\sum_{m=1}^{M}\sum_{n=1}^{N} F_{mn}^{a} T_{mn} \mathrm{e}^{-\mathrm{j}k(x_{mn}k_x + y_{mn}k_y + z_{mn}k_z)}}{\sum_{m=1}^{M}\sum_{n=1}^{N} F_{mn}^{a}} \tag{8.27}$$

其中,T_{mn} 是与第 mn 个孔径点相关的射线天线罩壁的复传输系数;k_x,k_y 和 k_z 分别为 x,y 和 z 面上的传播常数。

图 8.14 给出程序 TO RADOME 的计算机软件流程,用于计算天线罩对单脉冲天线产生的影响。附录 E 中显示了基于此流程的 Power BASIC 程序的完整列表。

TO RADOME 程序可以用于处理正切尖拱形天线罩外形。您可以通过采用以下选择使该程序适合你的特定情况:

(1)选择 AZ/EL 或 EL/AZ 天线万向节配置。

(2)建立最多 10 层的天线罩壁几何模型。

(3)指定每层的厚度、介电常数及损耗角正切。

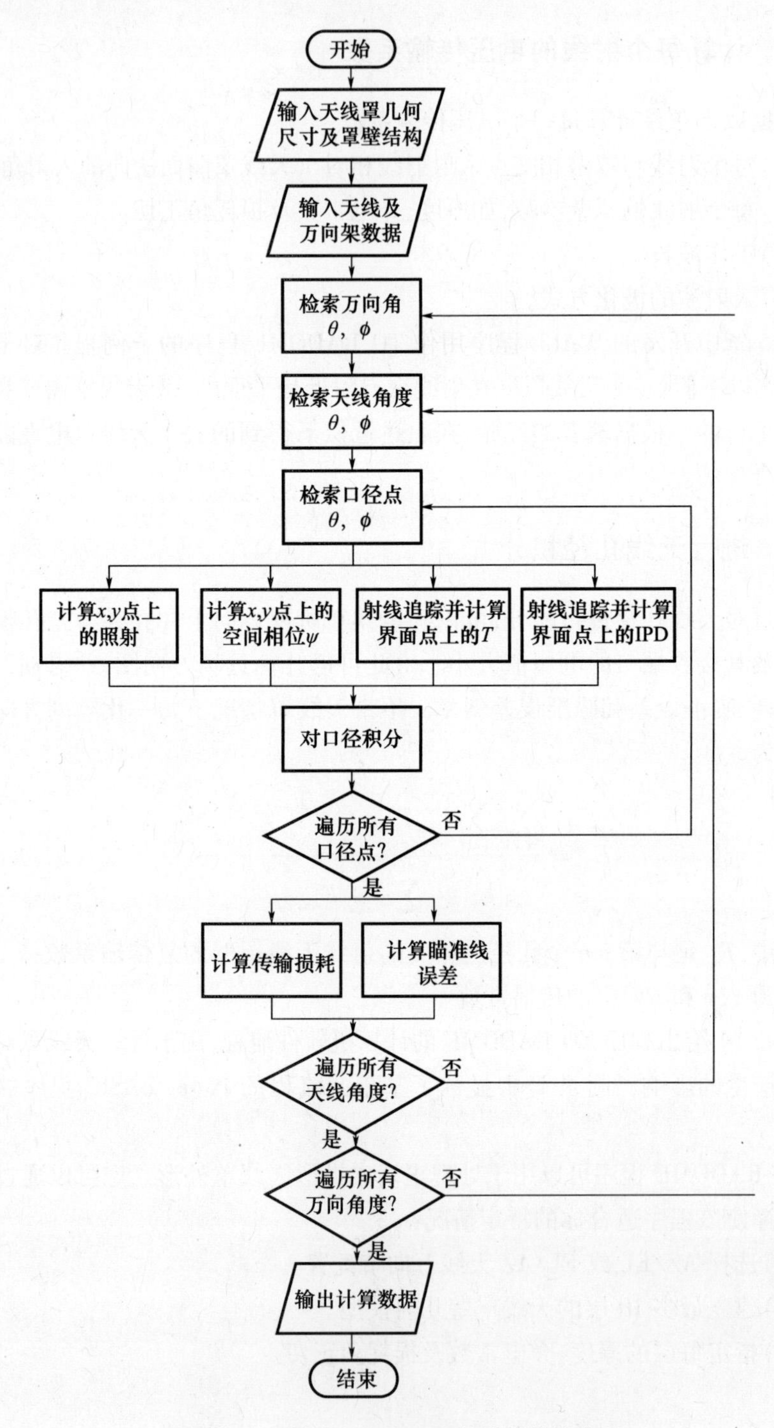

图8.14　程序TO RADOME的计算软件流程

8.4　其他的建模考虑

本节讨论在给定条件下进行建模可能必需的其他因素。以下讨论主要适用于飞机或导弹等的天线罩结构。

8.4.1　导弹天线罩的雨蚀问题

当飞行器高速飞行通过雨区时,其雷达罩表面受雨滴的撞击与侵蚀会产生损坏,对于陶瓷天线罩材料更是如此。为防止罩壁厚度变薄的情况,需要在建模过程中对天线罩壁厚进行修改。对于许多材料而言,可以定义在固定的暴露时间下,单位面积材料侵蚀速度(T_k)与雨水侵蚀冲击角 γ_r(相对于天线罩曲面法线)的关系。

$$T_k = K_m\ (V\sin\gamma_r)^{\alpha_m - 1} \tag{8.28}$$

式中:V 为速度(m/s);K_m 和 α_m 对特定材料是常数。

例如,注浆成型熔石英陶瓷(SCFS)是一种常用的单层天线罩材料,具有出色的抗热震性能和电性能。但是,在马赫数2以上时,其抗雨蚀性很差[19]。Balageas[20]已发布了基于模拟测试结果来计算SCFS材料侵蚀率的经验公式。

$$\frac{dT_k}{dt} = 10^{-9} \times (3.67 - 6.78D_r + 3.94D_r^2)\,C_r V^{6.3}(\sin\gamma_r)^{5.3} \tag{8.29}$$

式中:dT_k/dt 为材料雨蚀速率(μm/s);D_r 为雨滴的直径(mm);C_r 为雨水密度(g/cm^3)。

由式(8.29)可知,总雨蚀量是飞行时间的函数,通过积分可以计算总雨蚀量。

与上述模型相似的公式要求对降雨数据的了解。已经开发出计算机化的环境分析技术,可以对路径累计降雨统计数据进行快速评估。该分析假设具有圆形截面且垂直强度变化的一般雷暴。在选定的海拔高度下,沿任意起点和方向的路径评估路径累计降雨量。这种方法可以为导弹雷达罩在雨水环境下的定量评估提供应急方法[21]。

对于候选的天线罩材料,可以通过将小样品放在高速雪橇上,穿过人造雪(模拟)雨场来获得侵蚀数据。在测试速度约为马赫数5时(超过每秒1英里,1英里=1609.344m)[22],在模拟雨中进行了氮化硅材料的雪橇测试,以确定孔隙度和密度对这种材料对雨滴冲击响应的影响[23]。已在雪橇测试中进行了多种 Duroid(一种玻璃微纤加载的特氟龙材料)[24],来确定最大限度地减少气动热烧蚀和雨蚀的最佳纤维类型、含量和方向。

文献中的研究数据表明,在垂直(或接近垂直)冲击的特殊情况下,即使在亚声速下,也必须在天线罩的顶端盖上雨蚀帽,该帽通常是金属的。为了将极高的耐雨水侵蚀性与良好的电性能相结合,已采用通过热压烧结致密氮化硅雨蚀盖的方法,如文献[25]所述。在天线罩分析建模中,可以通过使所有与鼻锥雨蚀帽相交的射线无效(几何光学方法)来获得金属鼻锥雨蚀帽效果的近似值。

8.4.2 气动加热

对于任务包括在高空攻击超声速机动目标在内的超声速寻的导弹而言,制导系统需要较高的精度。在此情况下对由天线罩所引起的瞄准误差提出了严格要求。由于这个原因,许多天线罩在安装到导弹上之前,在地面上就规定了瞄准误差和瞄准误差斜率的要求[26]。

气动加热效应为:①介电常数降低;②损耗角正切增加。

结果,天线罩瞄准误差、瞄准误差斜率和损耗随天线罩壁温度的升高而增加。

为了模拟天线罩壁的气动加热,通常将整个天线罩曲面的温度表示为纵向位置和圆周向位置的函数。

现在已有计算机程序来计算由气动加热引起的飞机或导弹天线罩上的温度。该加热是弹道、高度剖面、速度和机动的函数。这种程序可以计算沿着弹道的各个点的温度,还可以计算由于气动压力和机动过载引起的天线罩底部的弯曲应力。

佐治亚理工学院编写的一份报告中讨论了热分析理论[27]。该方法生成穿过天线罩材料的温度剖面与弹道时间的关系曲线。该模型预估了温度变化对单层窗口和多层窗口电磁窗温度的影响。该模型中包括温度对膨胀、复介电常数和复磁导率的影响效应。对于单层或多层平板,性能因素包括作为入射角、极化和温度的函数的透射率、反射率、插入相位延迟和吸收率。

电磁(eleetro magnetic,EM)天线罩设计者遵循的原则是:提供一种在环境温度下而不是高温下具有小瞄准误差的天线罩设计方案[28]。由于天线罩引起的误差随温度而增加,若瞄准误差的幅度足够大,则会导致制导系统的不稳定[29],可以在导向回路内进行补偿(滤波),以最大限度地减小瞄准误差的影响。但是,补偿会降低导弹的响应能力和导弹的效能。若误差仅限于天线罩的一个较小区域,则导弹的不稳定不一定会导致性能的显著下降[30]。

8.4.3 圆锥扫描天线的天线罩效应

圆锥扫描(conical scan,CONSCAN)跟踪系统通常比单脉冲系统更简单,更便宜。使用圆锥扫描方式,单个天线波束会偏离天线轴并围绕天线旋转。例如,考虑物理上旋转一个偏置天线反射器或天线馈源。将天线波束宽度内接收信号的调制与扫描机构上的解析器相关联,来确定目标相对于天线轴的位置。圆锥扫描跟踪系统在小型导弹中很受欢迎。

尽管圆锥扫描系统相对于单脉冲系统具有简单性和成本优势,但它们也有性能缺陷。例如,由于偏置和波束抖动,天线的实际波束宽度比可能的最小波束宽度最多会大 40%。在某些情况下,波束的交叉点位于双向天线方向图的半功率点。在天线瞄准线上,接收信号增益净损耗大约为 3dB[10]。

在比较具有相同直径和相同天线罩内万向架位置的单脉冲天线和圆锥扫描天线的数据时,计算的瞄准误差和天线罩传输损耗的差异非常小。因此,使用本章的技术,可以用相同直径的单脉冲天线对圆锥扫描天线进行近似建模。

参 考 文 献

[1] Dowsett, P. H., "Cross Polarization in Radomes: A Program for Its Computation," *IEEE Transactions on Aerospace Electronics Systems*, Vol. AES-9, No. 3, May 1973, pp. 421-433.

[2] Huddleston, G. K., "Radomes," Ch. 42 in *Antenna Engineering Handbook*, 3rd ed., R. C. Johnson, (ed.), New York: McGraw-Hill, 1992.

[3] Gulick, J. F., "Overview of Missile Guidance," *IEEE Eastcon Record*, September 1978, pp. 194-198.

[4] Sparks, R. A., "Systems Applications of Mechanically Scanned Slotted Array Antennas," *Microwave Journal*, Vol. 31, No. 6, June 1988, pp. 26-48.

[5] Lalezari, F., T. C. Boone, and J. M. Rogers, "Planar Millimeter Wave Arrays," *Microwave Journal*, Vol. 34, No. 4, April 1991, pp. 85-92.

[6] Kelly, W., "Homing Missile Guidance—A Survey of Classical and Modern Techniques," *IEEE Southcon Technical Proceedings*, January 1981.

[7] Savage, P. G., "A Strapdown Phased Array Radar Tracker Loop Concept for a Radar Homing Missile," *AIAA Guidance Control Flight Conference*, August 1969, pp. 1-8.

[8] Schuchardt, M. J., and D. J. Kozakoff, "Seeker Antennas," Ch. 38 in *Antenna Engineering*

Handbook, 3rd ed. , R. C. Johnson, (ed.), New York: McGraw - Hill, 1992.

[9] Hirsch, H. L. , and D. C. Grove, *Practical Simulation of Radar Antennas and Radomes*, Norwood, MA: Artech House, 1987.

[10] Skolnik, M. I. , *Introduction to Radar Systems*, 2nd ed. , New York: McGraw - Hill, 1970.

[11] Huddleston, G. K. , "Near Field Effects on Radome Boresight Errors," *Proceedings of the 17th Symposium on Electromagnetic Windows*, Georgia Institute of Technology, Atlanta, GA, July 1984, pp. 41 - 55.

[12] Hacker, P. S. , and H. E. Schrank, "Range Distance Requirements for Measuring Low and Ultra Low Sidelobe Antenna Patterns," *IEEE Transactions on Antennas and Propagation*, Vol. AP - 30, No. 5, September 1982, pp. 956 - 965.

[13] Hansen, R. C. , "Measurement Distance Effects on Low Sidelobe Patterns," *IEEE Transactions on Antennas and Propagation*, Vol. AP - 32, No. 6, June 1984, pp. 591 - 594.

[14] Mailloux, R. J. , *Phased Array Antenna Handbook*, Norwood, MA: Artech House, 1994.

[15] Sokolnikoff, I. S. , and R. M. Redheffer, *Mathematics of Physics and Modern Engineering*, New York: McGraw - Hill, 1958.

[16] Hayward, R. A. , E. L. Rope, and G. Tricoles, "Radome Boresight Error and Its Relation to Wavefront Distortion," *Proceedings of the 13th Symposium on Electromagnetic Windows*, Georgia Institute of Technology, Atlanta, GA, September 1976, pp. 87 - 92.

[17] Siwiak, K. , T. Dowling, and L. R. Lewis, "Numerical Aspects of Radome Boresight Error Analysis," *Proceedings of the 14th Symposium on Electromagnetic Windows*, Georgia Institute of Technology, Atlanta, GA, 1978.

[18] Schuchardt, J. M. , et al. , "Automated Radome Performance Evaluation in the Radio Frequency Simulation System (RFSS) Facility at MICOM," *Proceedings of the 15th Symposium on Electromagnetic Windows*, Georgia Institute of Technology, Atlanta, GA, June 1980.

[19] Barta, J. , "Rain and Sand Resistance of SCFS Radomes," *Proceedings of the 18th Symposium on Electromagnetic Windows*, Georgia Institute of Technology, Atlanta, GA, September 1986, pp. 131 - 138.

[20] Balageas, D. , and A. Hivert, "Rain Erosion, a Serious Problem for Slip Cast Fused Silica," *Proceedings of the 13th Symposium on Electromagnetic Windows*, Georgia Institute of Technology, Atlanta, GA, September 1976, pp. 45 - 49.

[21] Crowe, B. J. , "Radome Rain Damage—An Environmental Analysis Technique," *Proceedings of the 15th Symposium on Electromagnetic Windows*, Georgia Institute of Technology, Atlanta, GA, June 1980.

[22] Frazer, R. K. , "Rain Erosion Tests of Full Size Slip Cast Fused Silica Radomes at M3. 5 and M4. 8," *Proceedings of the 17th Symposium on Electromagnetic Windows*, Georgia Institute of Technology, Atlanta, GA, July 1984.

[23] Schmitt, G. F., "Influence of Porosity and Density on the Supersonic Rain Erosion Behavior of Silicon Nitride Radome Materials," *Proceedings of the 13th Symposium on Electromagnetic Windows*, Georgia Institute of Technology, Atlanta, GA, September 1976, pp. 37 – 44.

[24] Bomar, S. H., et al., *Materials Evaluation*, Technical Report AFAL – TR – 73 – 222, Wright Patterson Air Force Base, Dayton, OH; prepared by Georgia Institute of Technology, Atlanta, GA, 1973.

[25] Letson, K. N., W. G. Burleson, and R. A. Reynolds, "Influence of Angle of Incidence on the Rain Erosion Behavior of Duroid Radome Materials," *Proceedings of the 16th Symposium on Electromagnetic Windows*, Georgia Institute of Technology, Atlanta, GA, June 1982, pp. 181 – 186.

[26] Weckesser, L. B., et al., "Aerodynamic Heating Effects on Radome Boresight Errors," *Proceedings of the 14th Symposium on Electromagnetic Windows*, Georgia Institute of Technology, Atlanta, GA, June 1978.

[27] Frazer, R. K., "Use of the URLIM Computer Program for Radome Analysis," *Proceedings of the 14th Symposium on Electromagnetic Windows*, Georgia Institute of Technology, Atlanta, GA, June 1978, pp. 65 – 70.

[28] Kuehne, B. E., and D. J. Yost, "When Are Boresight Error Slopes Excessive?" *Proceedings of the 14th Symposium on Electromagnetic Windows*, Georgia Institute of Technology, Atlanta, GA, June 1978.

[29] Jefferson, F. L., "Minimizing Effects of Temperature Changes on Electromagnetic Windows," *Proceedings of the 20th Symposium on Electromagnetic Windows*, Georgia Institute of Technology, Atlanta, GA, September 1992, pp. 50 – 55.

[30] Weckesser, L. B., "Radome Aerodynamic Heating Effects on Boresight Error," *Proceedings of the 15th Symposium on Electromagnetic Windows*, Georgia Institute of Technology, Atlanta, GA, June 1980, pp. 97 – 101.

精选书目

Garnell, P., and D. J. East, *Guided Weapons Control Systems*, London, England: Pergamon Press, 1977.

Hayward, R. A., E. L. Rope, and G. Tricoles, "Accuracy of Two Methods for Numerical Analysis of Radome Electromagnetic Effects," *Proceedings of the 14th Symposium on Electromagnetic Windows*, Georgia Institute of Technology, Atlanta, GA, June 1978, pp. 53 – 57.

Huddleston, G. K., "Near – Field Effects on Radome Boresight Errors," *Proceedings of the 17th Symposium on Electromagnetic Windows*, Georgia Institute of Technology, Atlanta, GA, July 1984, pp. 41 – 55.

Letson, K. N., et al., "Rain Erosion and Aerothermal Sled Test Results on RadomeMaterials," *Proceedings of the 14th Symposium on Electromagnetics Windows*, Georgia Institute of Technology, Atlanta, GA, June 1978, pp. 109 - 116.

Pendergrass, T. S., *Radome Analysis*, Technical Report AD - A136805, Huntsville, AL, Teledyne Brown Engineering, 1983.

附录8A PATTERN 程序清单

```
单脉冲天线计算机辐射方向图
CLS
PI =3.14159265 #

Input Variables:
F = Frequency (GHz)
WAVE = Wavelength (inches)
diameter = antenna diameter (inches)
radius = antenna radius (inches)
PHI, THETA = spherical coordinate angles (radians)
Output Variables:
RESUM, IMSUM = Real and Imaginary parts of monopulse sum pattern
(volts)
REDELEL, IMDEL = Real and imaginary parts of monopulse elevation
difference pattern (volts)
REDELA2, IMDELEZ = Real and imaginary parts of monopulse azimuth
difference pattern (volts)
VEL,VA2 = Monopulse elevation and azimuth error voltages,respective-
ly (volts)

Input data for calculations:
F = 10
diameter = 15
WAVE =11.81 /F
radius = diameter/2
Compute normalization constant:
FIRST = 0: NORM = 0
```

```
GOSUB 300
FIRST = 1
INDEX ANTENNA ANGLES:
Compute principal plane antenna radiation patterns
Azimuth plane cut:
DPHI = 0
LPRINT "Azimuth Principal Plane Pattern"
LPRINT "  "
LPRINT "THETA PHI SUM VAZ VEL"
LPRINT "  " : LPRINT "  "

FOR DTHETA = 0 TO 150 STEP 5
PHI = DPHI * PI /180
THETA = (DTHETA /10) * PI /180
GOSUB 300
SUM = SQR(RESUM ^2 + IMSUM ^2) /NORM
SUM = 20 * LOG(SUM) /LOG(10)
Compute Monopulse Error Voltages
VAZ = IMDELAZ /RESUM
VEL = IMDELEL /RESUM
LPRINT USING " +###.#+###.#+###. #+### .#+###.#";
DTHETA;DPHI; SUM; VAZ; VEL NEXT DTHETA
LPRINT "  " : LPRINT "  "
Elevation plane cut
DPHI =90
LPRINT"Elevation Principal Plsme Pattern"
LPRINT "  "
LPRINT "THETA PHI SUM VAZ VEL"
LPRINT "  "
FOR DTHETA = 0 TO 150 STEP 5
PHI = DPKI * PI /180
THETA = (DTHETA /10) * PI /180

GOSUB 300
SUM = SQR(RESUM ^2 + IMSUM ^2) /NORM
SUM = 20 * LOG(SUH) /LOG(10)
```

```
Compute Monopulse Error Voltages
VAZ = IMDELAZ /RESUM
VEL = IMDELEL/RESUM
LPRINT USING " +###.#+###.#+###. #+### .#+###.#";
DTHETA;DPHI; SUM; VAZ; VEL NEXT DTHETA

LPRINT CHR$ (12)
END

Aperture Integration Subroutine
RESUM = 0: IMSUM = 0:REDELAZ = 0:IMDELAZ = 0:REDELEL = 0:IMDELEL = 0
FOR I = 0 TO 20
x = ((I - 10) /10) * radius
FOR J = 0 TO 20
y = ((j - 10) /10) * radius

IF x = 0 AND y = 0 THEN
FSUM = 0:FDELAZ = 0:FDELEL = 0
GOTO 100
END IF
r = SQR(x ^2 + y ^2)
IF r > radius THEN GOTO 200
Compute Illumination at x, y points:
FSUM = COS(.5 * Pi * r /radius)
FDELAZ = SIN(PI * x /radius)
FDELEL = SIN(PI * y /radius)
Element Airay Factor:
FEL = COS (.5 * PI * x /radius)

100  CONTINUE

IF FIRST = 0 THEN
NORM = NORM + FSUM + FEL
GOTO 200
END IF
```

Compute Space Phase at x, y points:

```
PSI = (x * SIN (THETA) * COS (PHI) + y * SIN(THETA) * SIN (PHI)) *
2 * PI /WAVE
```

Perform Aperture Integration:

```
RESUM = FSUM * FEL * COS (PSI) + RESUM
IMSUM = FSUM * FEL * SIN (PSI) + IMSUM

REDELAZ = FDELAZ * FEL * COS (PSI) * REDELAZ
IMDELAZ = FDELAZ * FEL * SIN (PSI) * IMDELAZ

REDELEL = FDELEL * FEL * COS (PSI) * REDELEL
IMDELEL = FDELEL * FEL * SIN (PSI) * IMDELEL

200  CONTINUE

NEXT J
NEXT I

RETURN
```

第9章　其他类型的带罩天线

越来越多的卫星导航、通信和航空电子领域的天线都采用了天线、天线罩一体化等技术,本章将讨论几种一体化天线罩的分析方法:带螺旋天线的天线罩、抛物面天线罩、充气天线罩,金属空间桁架式天线罩、介质空间桁架天线罩以及带相控阵天线的天线罩。

9.1　螺旋天线

9.1.1　单模螺旋天线

图9.1和图9.2所示的平面螺旋天线,是一种带宽很宽的圆极化天线。平面螺旋天线广泛地用于反辐射寻的(ARH)的导弹制导系统[1]或者在飞行器上的电子对抗(electronics counterme asures,ECM)定向系统。这类天线的详细讨论见第3章。

图9.1　宽带、腔式、平面阿基米德螺旋天线(照片由Tracor航天电子系统部提供)

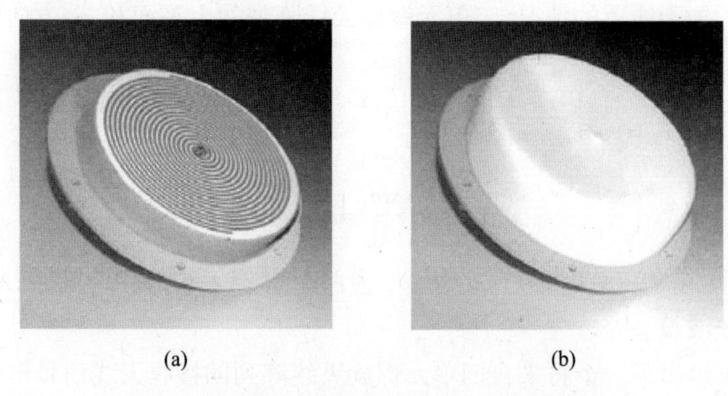

图9.2　较低微波频率螺旋天线及塑料天线罩
(照片由美国数字通信(USDigiComm)公司提供)

螺旋天线通常采用印刷电路技术进行加工,这使其应用范围局限于低功率的收/发天线中。因此,螺旋天线往往应用于无源系统。目前,这种天线的制造容差可使其工作范围覆盖L波段至Ka波段。通过一些加载技术的小型化设计还可以使其工作频段往更低的频率移动[2]。

典型天线的半功率宽度(half - power beamwidth, HPBW)高达90°,如此宽的瞬时视场对于多体固定导弹制导应用具有很强的吸引力[3]。螺旋天线可用于小型干涉仪中两个或多个元件的阵列[4];使用这些系统的导弹制导系统通常是固定安装(非嵌入式)的,带有追踪导航算法,以获得目标的视线数据[5],图9.3给出了几种阵列几何结构作为参考。

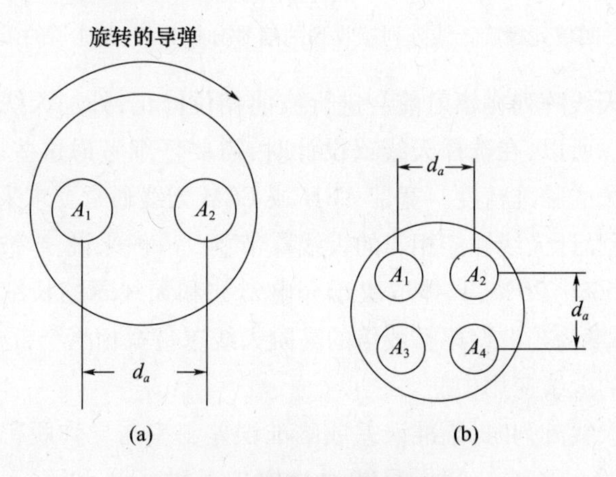

图9.3　螺旋天线阵列外形
(a)两单元(旋转导弹);(b)四单元正方形阵列。

对于不加天线罩的情况,二单元螺旋天线阵列的主平面和、差方向图计算公式为

$$\Sigma = \cos\left(\frac{\pi d_a}{\lambda_0}\sin\theta\right)\cos\theta \tag{9.1}$$

$$\Delta = \sin\left(\frac{\pi d_a}{\lambda_0}\sin\theta\right)\cos\theta \tag{9.2}$$

式中:θ 为所测的偏离天线视轴的角;d_a 为两个螺旋天线的中心间距;λ_0 为自由空间的工作波长。

图9.4给出了一个将来自四单元螺旋天线阵列的接收天线信号解析为单脉冲和、差方向图的微波电路。

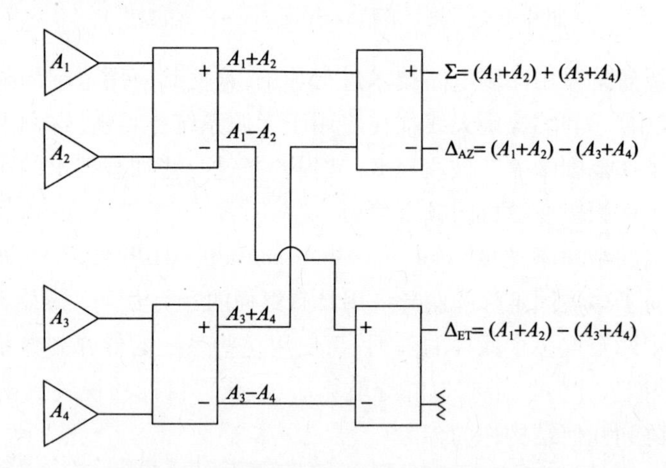

图9.4　四单元螺旋天线阵列接收到的信号分解为和、差通道的微波电路

由于螺旋天线阵列在辐射前会进行波前相位修正,外加天线罩时会引起明显的瞄准误差。所以,在选择天线罩设计时,需要仔细考虑这些影响[6-8],以免影响导引头系统的瞄准精度。宽带ARH或ECM天线通常要求采用多层天线罩壁,以得到与所设计天线性能相当的天线罩带宽。一般来说,半波壁天线罩结构的工作带宽为5%~20%,具体取决于介电常数和天线罩的长细比。与半波壁天线罩相比,厚度为半波壁厚整数倍的高阶天线罩带宽相当窄,这种天线罩仅限于带宽非常窄的天线应用中。

使用螺旋天线阵列时,瞄准误差或瞄准误差斜率与导弹脱靶距离之间有时并不能建立直接的关系。我们只能通过模拟各种场景和飞行条件的半实物(hardware - in - the - loop, HWIL)仿真试验进行量化[9-10]。另一种方法是基于在合适的暗室中的开环试验。这一方法要求对不带罩时的单脉冲差通道灵敏度

(单位:伏特/度)进行预校准。随后,测试带天线罩的天线阵列的差通道电压。以下数据适用于大部分典型天线罩类型[3]:

(1)瞄准误差要求等于或小于10mrad。

(2)瞄准误差斜率要求等于或小于0.05%。

(3)最大传输损耗为 -1dB。

下列方法可用于估算螺旋天线阵列的瞄准误差。根据图9.4,基于图9.5给出的简单射线追踪轨迹,重新写出单脉冲的和、差公式,合成的每个天线相关的天线罩传输系数可表示为

$$\Sigma = (T_{w1}A_1 + T_{w2}A_2) + (T_{w3}A_3 + T_{w4}A_4) \tag{9.3}$$

$$\Delta_{AZ} = (T_{w1}A_1 + T_{w2}A_2) - (T_{w3}A_3 + T_{w4}A_4) \tag{9.4}$$

$$\Delta_{EL} = (T_{w1}A_1 + T_{w3}A_3) - (T_{w2}A_2 + T_{w4}A_4) \tag{9.5}$$ ①

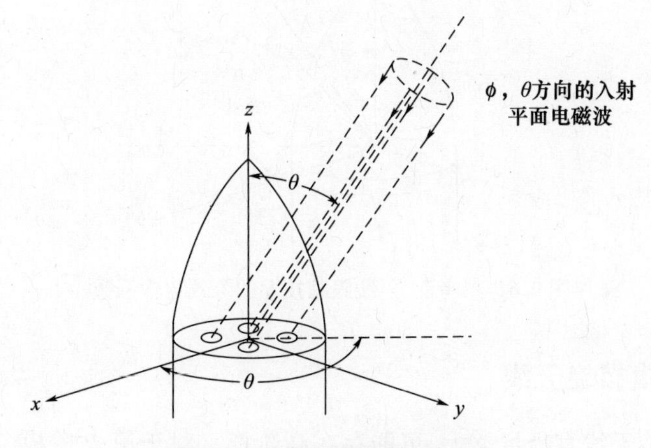

图9.5　简单阵列射线追踪技术

在上述公式中,每一个螺旋天线的信号幅度 A_i 几乎都相等。但是,位于阵列中的每一个单元关联相位是不同的。传输系数 T_{wi} 可通过罩壁结构、材料特性、极化、波长以及入射点处入射线相对于曲面法向的入射角进行预估。

预估天线罩对螺旋阵列性能影响得更为精确的方法是采用等效传输系数。图9.6中给出了在假定的接收模式下的曲面积分的方法。该过程包括6.3节中讨论的物理光学法,其模拟入射平面波前作为惠更斯源(Huygens' sources)的集合。外部参考平面用于将惠更斯源集合的点转换到每一个以每个螺旋天线孔径为中心的点[11]。换句话说,我们跟踪来自外参考平面上的点的射线,结合天线

① 译者注:此处原文有误,已修正。

罩的传输系数来修正每一根射线。从这一过程中,我们推导出在给定观察方向 θ,ϕ 上的等效传输系数:

$$T=\frac{1}{MN}\sum_{m-1}^{M}\sum_{n=1}^{N}\frac{T_{mn}}{(r_{mn}/r_0)}\mathrm{e}^{-\mathrm{j}k_0(r_{mn}-r_0)} \tag{9.6}$$

其中,m 和 n 指数与外参考面上的点相对应。

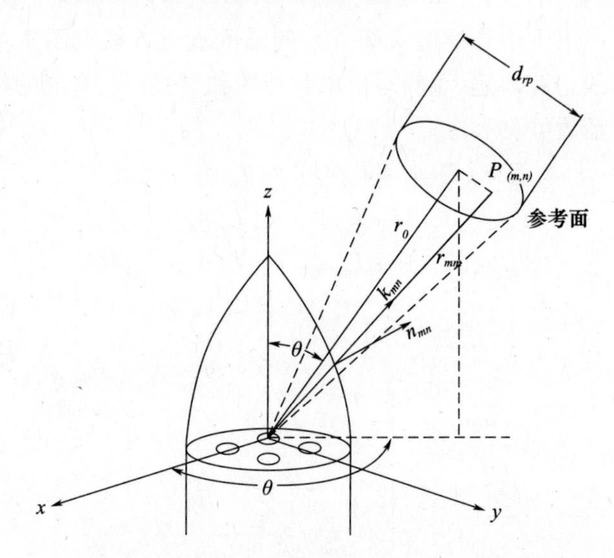

图9.6 参考面、射线跟踪技术的等效传输系数

9.1.2 多模螺旋天线

如果螺旋天线直径足够大,可能存在高阶模。对于第 P 阶模,其对应于与 P_λ 相应的有源环周长,其中 P 是整数。当电流沿着螺旋线向前流动时,其相位从0逐渐变化为 $2\pi P$。所有 $P>1$ 的模在瞄准方向上有一个辐射方向图的零深,Corzine 和 Mosko[12] 发表的一篇论文中,较深入地讨论了如何通过使用前两阶模,由单个天线生成单脉冲和、差信号。第3章中介绍并讨论了一种由四壁螺旋天线的前两阶模生成单脉冲和、差信号的方法。

针对背腔平面螺旋天线辐射方向图技术的研究很少。但是,近来 Reedy 等[13] 研究出了一种矩量法(MOM)和几何绕射理论(general theory of diffraction, GTD)混合的方法。

本书中提出了一种对螺旋天线辐射模式上环形电流数值积分的简化方法,如图9.7所示,在带天线罩的情况下,该方法能够得到螺旋天线辐射方向图相对准确的近似结果。

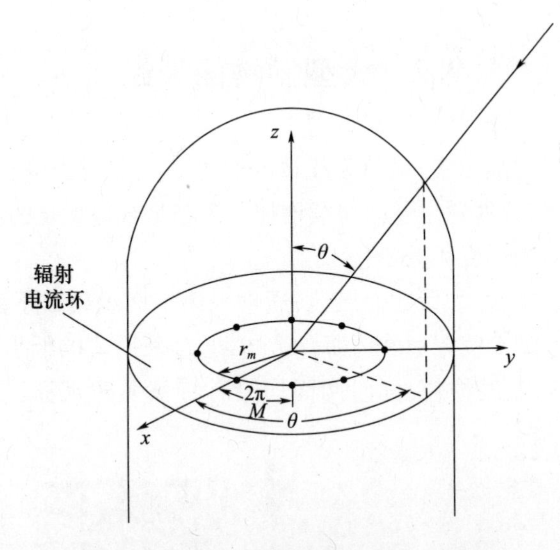

图9.7　在半球天线罩内的多模平面螺旋线

在图9.7中,对于第 P 个电流环,若假定电流环上总共有 M 个采样点,则电流采样点之间的差相移为

$$\phi_M = \frac{2\pi P}{M} \tag{9.7}$$

在采样点 m 处的相移为

$$\phi_m = m\phi_M = \frac{m2\pi P}{M} \tag{9.8}$$

于是,第 P 个电流环的阵列因子可分解为 θ,ϕ 两个场分量:

$$E_x^{\mathrm{AF}} = \sum_{m=0}^{M}\left(-\sin\left(\frac{2\pi m}{M}\right)\mathrm{e}^{-\mathrm{j}\phi_m}\right)T_m(\theta,\phi)\,\mathrm{e}^{\mathrm{j}k(x_m\sin\theta\cos\phi+y_m\sin\theta\sin\phi)} \tag{9.9}$$

$$E_y^{\mathrm{AF}} = \sum_{m=0}^{M}\left(\cos\left(\frac{2\pi m}{M}\right)\mathrm{e}^{-\mathrm{j}\phi_m}\right)T_m(\theta,\phi)\,\mathrm{e}^{\mathrm{j}k(x_m\sin\theta\cos\phi+y_m\sin\theta\sin\phi)} \tag{9.10}$$

式(9.9)和式(9.10)中 $T_m(\theta,\phi)$ 为对于(θ,ϕ)方向入射的射线,与第 m 个采样点相关的天线罩壁复电压传输系数;x_m 为第 P 个电流环(m)上第 m 个采样点的 x 坐标,$x_m = r_p\cos\phi_m$;* y_m 为第 P 个电流环(m)上第 m 个采样点的 y 坐标,$y_m = r_p\sin\phi_m$;r_p 为第 P 个电流环(m)的半径,$r_P = \frac{P\lambda}{2\pi}$。

* :此处按符号应为 ϕ_m,但与上面的相位 ϕ_m 符号冲突,因而保持原书不变。

9.2 大型抛物面天线

自第二次世界大战以来,通信天线罩的数量一直在稳步增长。随着天线罩的优点被广泛认可,天线罩增长率持续增加。为满足日益增长的需求,迫切需要研究用于通信天线罩的专用分析技术。

对于通信天线来说,如抛物面天线,通常采用平面织物或平面薄膜天线罩,如图9.8所示。这类天线罩通常为薄壁结构,通过采用薄的低损耗材料(如Teglar)来降低天线性能的损耗,同时两面均涂有特氟龙防水涂层的玻璃纤维材料,可以进行防水[14]。

图9.8 通信天线中用的电气薄壁天线罩(照片由安德鲁公司提供)

这些天线罩与天线靠得很近,因此可能会引起天线电压驻波比(VSWR)[15]的增加。对于像图9.8所示的平面天线罩,可以通过将天线罩倾斜几度(将天线罩顶部远离天线)以防止馈源喇叭的镜面回波,以降低VSWR的增加[16]。

9.3 充气天线罩

早期的地面天线罩大多是半球形的,从内部用充气压力对天线罩起到支撑作用。将无孔、防水的绝缘织物放置在天线系统上,沿天线基座密封,然后通过充气使其与天线分离。这种织物为薄壁结构,其损耗角正切和厚度不会在系统工作的微波频段引起明显的传输损耗。

半球形结构在强风中表现优越,如降水粒子是环绕球面吹过而不是对球体产生直接撞击。因而,雪、冻结降水或者雨水不会积聚在球面上。这类天线罩的入射角通常小于30°,又被称为垂直入射天线罩[17],这种类型的天线罩常用的罩壁结构所具有的传输特性是:在厚度公差变化较小且工作频带较窄的情况下,其性能与极化在0°~30°入射角下变化不大。

早期用于充气天线罩的材料是氯丁橡胶涂层的尼龙(neroprene - coated nylon)和氯磺酰化聚乙烯合成橡胶涂层的涤纶(hypalon - coated Dacron)和特氟龙涂层的玻璃纤维(Teflon - coated fiberg lass)[18]。现今还有直径大于70m的半球形充气天线罩在服役[19]。

充气天线罩的优点有:

(1)低成本。

(2)在非常宽的频率带宽内保持良好的电磁特性。

(3)相对容易安装和拆卸。

这些特性使得充气天线罩特别适用于移动站点。然而充气天线罩也有一些缺点。例如,其寿命受强风中材料频繁弯曲能力的限制。此外,在强风天气中维持其内部的压力很难;整个结构及其气压系统的维护保养成本很高,并且需要经常进行维护。

充气罩是薄壁的单层结构,因此可用第5章讨论过的WALL计算机程序分析其传输损耗。除了传输损耗,这类天线罩对天线副瓣和去极化的影响可以忽略不计。

9.4 金属空间桁架式天线罩

刚性、自支撑、空间桁架式天线罩克服了充气天线罩的许多局限性,如图9.9所示,这类天线罩承载主要由荷载或应力的主要承重金属构件的三维晶格组成,其框架一般是钢或铝件。这类设计也被称为测地线罩,其内以简单的几何形状构成一个球形结构。有现成的 DOME 形式的测地线罩设计计算机软件,这是一款开发用于生成测地线罩或球形天线罩坐标的免费 DOS 软件[20]。压缩文件中包括 DOS 可执行的 C++源程序。在所有已使用的曲面结构形式中,最常见的大型地面天线罩(直径大于 15m)是空间桁架式天线罩[21]。

图9.9　金属空间桁架式天线罩(照片由 Antennas for Communications Inc. 提供)

在空间桁架式天线罩设计中需要考虑的主要电磁性能是:

(1)介质罩壁损耗。

(2)桁架阻断损耗。

(3)指向误差。

9.4.1　介质罩壁损耗

用分贝作单位时,天线罩传输损耗由两个主要部分组成:

$$L = L_w + L_B \tag{9.11}$$

第一项损耗 L_w 一般贡献最小,是与信号通过罩壁传输有关的损耗。式(9.11)中,用分贝为单位表示。第二项损耗 L_B,来自桁架结构的散射,这是一个阻断损耗项,单位也是分贝。对大多数频段而言,阻断损耗分量大于罩壁的插入损耗。

覆盖罩壁的介质天线罩材料可以是薄壁的防水织物,紧拉在金属空间桁架固定的曲面上。薄膜的电磁插入损耗主要由薄膜的介电特性和膜厚度与工作波长的比值决定。为保证其损耗最小,薄膜厚度应尽可能的薄。

织物的另一种替代材料是采用独立、平的、三角形面元，内部构成主要为低密度泡沫芯层的A夹层天线罩(罩壁)。第5章的WALL程序也可用来计算罩壁的损耗分量 L_w；注意，随着波长减小，由罩壁引起的损耗通常会增加，而由天线罩桁架引起的损耗基本保持不变。

9.4.2　桁架阻断损耗

在涉及天线馈源支架或其他障碍物的阻挡情形下，通常假定阻挡是符合几何光学规律的，由这一假定简化出金属空间桁架天线罩阻断损耗公式[21]：

$$L_B = 10\log\left\{\sqrt{3}\frac{w_B}{L_B}\left[1 + \frac{h_B \arcsin\eta_A \sqrt{1-\eta_A^2}}{L_B \qquad \eta_A^2}\right]\right\} \tag{9.12}$$

式中：w_B 为梁的宽度；L_B 为梁的长度；h_B 为径向方向梁的尺寸；η_A 为天线直径与天线罩直径之比。

式(9.12)可重写为

$$L_B = 10\log\left\{\sqrt{3}\frac{w_B}{L_B}\left[2 + \frac{h_B}{w_B}G(\eta_A)\right]\right\} \tag{9.13}$$

式(9.13)中，用下式定义光学阻断函数：

$$G(\eta_A) = \frac{\arcsin\eta_A - \eta_A\sqrt{1-\eta_A^2}}{\eta_A^2} \tag{9.14}$$ *

在图9.10中绘制了光学阻挡函数图。

图9.10　介质空间桁架式天线罩(照片由 Antennas for Communications Inc. 提供)

---

* 译者注：式(9.14)和式(9.12)两式不一致，原文如此。

② 图9.10，图9.11原文顺序有误，已修正。

9.4.3 指向误差

空间桁架罩引入的瞄准误差极小,通常小于0.1mrad。

从理论上讲,均匀的空间桁架不会产生瞄准误差。当结构上偏离完美均匀性时,第一个显著的影响就是产生瞄准误差。对于精心设计的天线罩,这似乎是唯一显著的效应。瞄准误差可能来源于:①空间桁架结构几何上相对于设计的不完全的均匀性;②公差或加工造成的误差。

为了使主波束和近区副瓣的瞄准误差方向图畸变最小,金属桁架几何上应具有两个特征:

(1)尽可能均匀。换句话说,天线罩所有部位的阻挡面积比都应相同,图9.11和图9.12所示①的阻挡面积几何结构是一种能够十分有效地满足后一个要求的构型[22]。

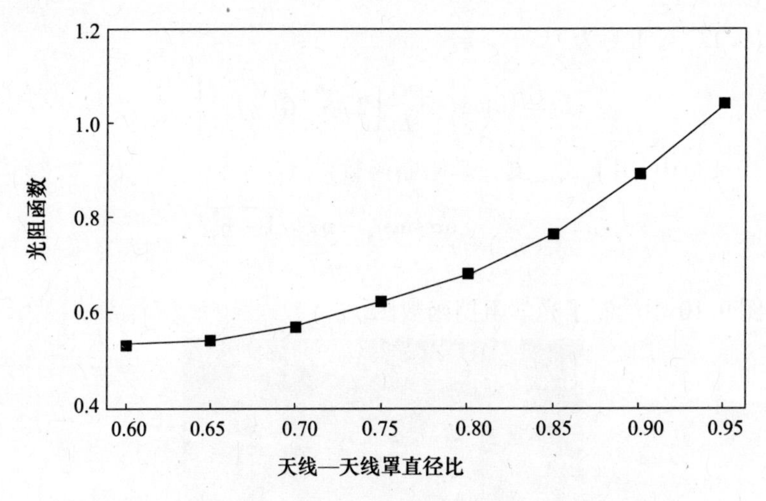

图9.11 光学阻挡函数与天线直径/天线罩直径的关系[21]②

(2)尽可能随机。空间桁架几何结构越随机,瞄准误差就越小。

① 此处及后续几个图的引用,原书有误,已修正。

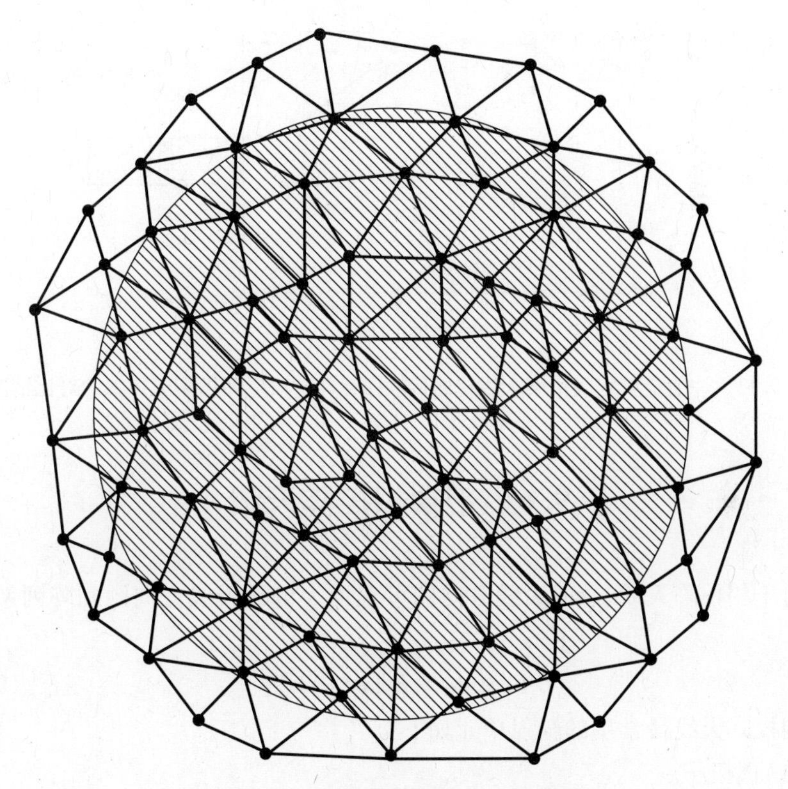

图9.12　天线罩在天线口径上的投影[22]

9.5　介质空间桁架天线罩

介质空间桁架天线罩的框架一般采用塑料材料组成,而不用钢或铝件。与其他类型的地面天线罩相比,这种天线罩有许多优点。其天线罩壁可以做成薄膜、实芯层压结构,或者中间为泡沫芯层的多层夹层结构。对于薄膜罩壁,天线罩平板的法兰尺寸要满足能够支撑环境中风载荷的条件。通常,在隔热或高频和低频损耗要求较高的地方,需要采用两层或三层夹层罩结构。

介质梁或结构起着介质负载的作用。天线罩工程师可以在所需的频带内通过添加电感元件实现电路负载的匹配,可以通过将金属元件分散到天线罩面板织物或罩壁材料中实现感性元件。与金属桁架天线罩相比,由此产生的设计降低了整体天线罩的传输损耗[23]。图9.13给出了相同尺寸和结构的金属空间桁架天线罩与介质空间桁架天线罩的传输损耗的典型数据汇总及对比情况。

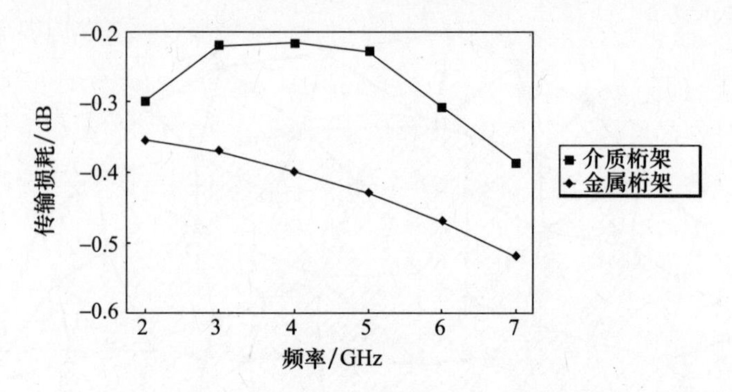

图9.13　一般金属空间桁架天线罩的传输损耗与介质空间桁架天线罩的对比情况

9.6　带罩相控阵天线

对于相控阵天线,总的天线方向图可表示为单元天线方向图和阵列系数的乘积:

$$E(\theta,\phi) = E_e(\theta,\phi)E^{\mathrm{AF}} \tag{9.15}$$

相控阵天线最常用的辐射单元如下:

(1)偶极子。

(2)波导裂缝。

(3)开口波导。

(4)小喇叭天线。

(5)螺旋天线。

(6)微带贴片或盘形辐射单元。

相控阵天线的分支馈电(共电馈电)如图9.14所示。

对于在 $x-y$ 平面的正方形阵列,作如下假定:

(1)x 方向单元的指数为 m,最大值为 M。

(2)y 方向单元的指数为 n,最大值为 N。

若独立选择天线孔径的主平面内的单元幅度加权分布 B_m 和 C_n,则会产生可分离的幅度分布,并使得 $A_{mn}=B_mC_n$,阵因子可以写成两个独立变量 u 和 v 的乘积[24]:

$$E^{\mathrm{AF}} = \sum_{m=0}^{M} I_{mn}\mathrm{e}^{-\mathrm{j}k_0 m d_x u} \sum_{n=0}^{N} \mathrm{e}^{-\mathrm{j}k_0 n d_y v} \tag{9.16}$$

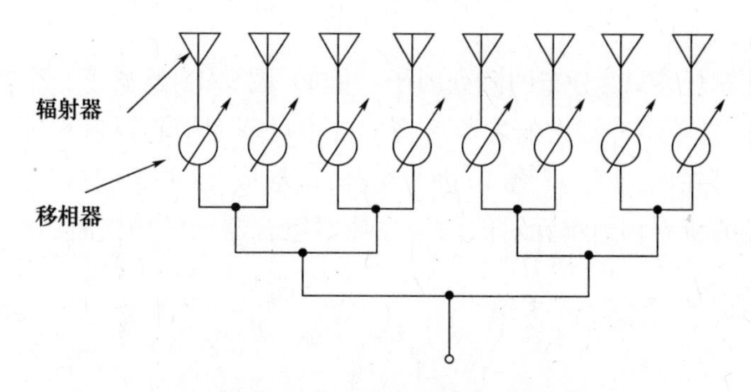

图9.14　相控阵天线的分支馈电(共电馈电)[①]

式(9.16)中采用如下 u 和 v 的定义,其中所要求的波束指向角是 θ_0,ϕ_0:

$$u=\sin\theta_0\cos\phi_0 \tag{9.17}$$

$$v=\sin\theta_0\sin\phi_0 \tag{9.18}$$

除了用于生成赋形天线波束,一般不使用不对称孔径分布方式。本章中仅假定对称孔径分布的情况。具体来说,假定沿 x 轴单元数为奇数 N,沿 y 轴单元数为奇数 M;阵列中心总是取在 $x=0,y=0$,假定单元间距满足栅瓣准则:

$$\frac{d}{\lambda_0}\leqslant\frac{1}{1+\sin\theta_{\max}} \tag{9.19}$$

其中,$\theta_{\max}$ 是天线最大扫描角。在最高工作频率下,一个波长的单元间距将不能进行任何扫描,半波长间距可保证相控阵天线扫描角达到80°。

根据上述关系,通过沿两个主阵列坐标引入线性相移来实现平面天线阵列的波束扫描。目前,在相控阵天线中使用的电子移相器有两种:铁氧体移相器和二极管移相器。对于某一设计而言,最佳类型的选择取决于所需的频率和 RF 功率。详细内容见 Tang 和 Burns 的文献[25]。

第 mn 个天线单元上的电流激励可表示为

$$I_{mn}=A_{mn}\mathrm{e}^{\mathrm{j}k_0(md_x\sin\theta_0\cos\phi_0+nd_y\sin\theta_0\sin\phi_0)} \tag{9.20}$$

在这种波束控制方式中,所需相位是一个行相位项与一个列相位项的和。我们可以使用该结果来定义相控阵上安装天线罩时产生的阵列系数。

$$E^{\mathrm{AF}}=\sum_{m=0}^{M}A_{mn}T_{mn}\mathrm{e}^{-\mathrm{j}k_0md_x(\sin\theta\cos\phi-\sin\theta_0\cos\phi_0)}\sum_{n=0}^{N}\mathrm{e}^{-\mathrm{j}k_0nd_y(\sin\theta\sin\phi-\sin\theta_0\sin\phi_0)} \tag{9.21}$$

其中,$T_{mn}(\theta,\phi)$ 表示与 θ,ϕ 方向入射的射线有关的第 mn 个点处的天线罩复电压传输系数。图9.14给出了分支馈电(共电馈电)相控阵列进行单个波束

① 此图原文位置及图号有误,已修正。

扫描的图形。

可以计算任意A_{mn}分布的阵列因子。例如,图9.15给出了一个同时实现相控阵天线和、差单脉冲波束的方法。将来自相对阵列中心线对称位置的一对辐射单元的信号在匹配端口(魔T)进行组合,以形成和、差天线信号。接下来,横贯天线口径的所有辐射单元对的信号在功率组合器网络中进行组合,以形成和波束。

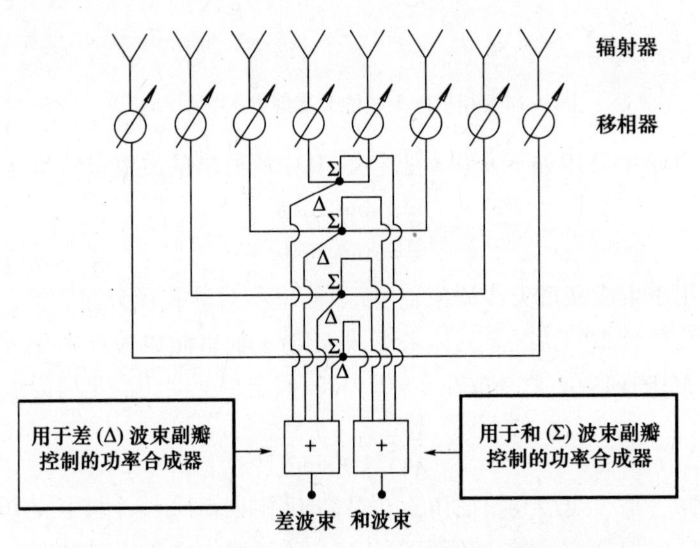

图9.15　能独立控制和、差波束的相控阵单脉冲馈电网络[25]

通过对组合器网络中的信号进行适当的加权,可以获得所需的和波束振幅分布。来自所有辐射单元对的差信号进入到分离的功率合成器网络,以形成差波束。两个功率合成器网络的幅度加权可以采用多种形式,以获得和天线波束和差天线波束的低副瓣。例如,Bayliss型分布对差波束产生低副瓣[26]。对于$\cos^q$型和通道分布,对于方形阵列而言,对于q等于1和2,相应的第一副瓣分别为-23dB和-32dB。

参考文献

[1] Dyson, J. D., "Multimode Logarithmic Spiral Antennas," *National Electronics Conference*, Vol. 17, October 1961, pp. 206-213.

[2] Morgan, T. E., "Reduced Size Spiral Antenna," *IEEE Ninth European Microwave Conference Proceedings*, September 1979, pp. 181-185.

[3] Schuchardt, J. M., D. J. Kozakoff, and M. Hallum, "Seeker Antennas," Ch. 38 in Antenna *Engineering Handbook*, 2nd ed., R. C. Johnson and H. Jasik, (eds.), New York: McGraw-Hill, 1988.

[4] Schuchardt, J. M., and W. O. Purcell, "A Broadband Direction Finding Receiving System," *Martin Marietta Interdivision Antenna Symposium*, Orlando, FL, August 1967, pp. 1-14.

[5] Feagler, E. R., "The Interferometer as a Sensor for Missile Guidance," *IEEE Eastcon Record*, September 1978, pp. 203-210.

[6] Marales, G., "Simulation of Electrical Design of Streamlined Radomes," *AIAA Summer Computer Simulation Conference*, Toronto, Canada, July 1979, pp. 353-354.

[7] Ossin, A., *Millimeter Wavelength Radomes*, Report AFML-TR-79-4076, Wright Patterson Air force Base, Dayton, OH, July 1979.

[8] Siwak, K., et al., "Boresight Errors Induced by Missile Radomes," *IEEE Transactions on Antennas and Propagation*, Vol. AP-27, November 1979, pp. 832-841.

[9] Russell, R. F., and S. Massey, "Radio Frequency System Simulator," *AIAA Guidance Conference*, August 1972, pp. 72-861.

[10] Sutherlin, D. W., and C. L. Phillips, "Hardware-in-the-Loop Simulation of Antiradiation Missiles," *IEEE Southeastcon Proceedings*, Clemson, SC, April 1976, pp. 43-45.

[11] Israel, M., et al., "A Reference Plane Method for Antenna Radome Analysis," *Proceedings of the* 15*th Symposium on Electromagnetics Windows*, Georgia Institute of Technology, Atlanta, GA, 1980.

[12] Corzine, R. G., and J. A. Mosko, *Four Arm Spiral Antennas*, Norwood, MA, Artech-House, 1990.

[13] Reedy, C. J., M. D. Deshpande, and D. T. *Fraleeh*, *Analysis of Elliptically Polarized Cavity Backed Antennas Using a Combined FEM/MOM/GTD Technique*, NASA CR 198197, August 1995.

[14] Sellar, C. A., Jr., "Preliminary Testing of Teflon as a Hydrophobic Coating for Microwave Radomes," *IEEE Transactions on Antennas and Propagation*, Vol. AP-27, No. 4, July 1979, pp. 555-557.

[15] Redheffer, R. M., *The Interaction of Microwave Antennas with Dielectric Sheets*, Radiation-Laboratory Report 484-18, Boston, MA, MIT Lincoln Laboratory, March 1946.

[16] Knop, C. M., "Microwave Relay Antennas," Ch. 30 in *Antenna Engineering Handbook*, 3rd ed., R. C. Johnson, (ed.), New York: McGraw-Hill, 1993.

[17] Huddleston, G. K., and H. H. Bassett, "Radomes," Ch. 44 in *Antenna Engineering Handbook*, 3rd ed., R. C. Johnson, (ed.), New York: McGraw-Hill, 1993.

[18] Skolnik, M. I., *Introduction to Radar Systems*, 2nd ed., New York: McGraw-Hill, 1994.

[19] Bird, W. W., "Large Air Supported Radomes for Satellite Communications Ground Sta-

tions," *Proceedings of the OSU – RTD Symposium on Electromagnetic Windows*, Ohio State-University, 1964.

[20] Bono, R., "Geodesic Domes," http://www.cris.com/ ~ rjbono/html/domes.html, 1996.

[21] D'Amato, R., "Metal Space Frame Radome Design," *International Symposium on Structures Technology for Large Radio and Radar Telescope Systems*, Massachusetts Institute of Technology, October 1967.

[22] Kay, A. L., "Electrical Design of Metal Space Frame Radomes," *IEEE Transactions on Antennas and Propagation*, Vol. AP – 13, March 1965.

[23] Dielectric Space Frame (DSF) Radome Advantages, Antennas for Communication (AFC) Company, ttp://www.ocala.com/afc/imp_mat.gif, 2009.

[24] Rudge, A. W., et al., *A Handbook of Antenna Design*, London, England: Peter Peregrinus-Ltd., 1986.

[25] Tang, R., and R. W. Burns, "Phased Arrays," Ch. 20 in *Antenna Engineering Handbook*, 3rd ed., R. C. Johnson, (ed.), New York: McGraw – Hill, 1993.

[26] Bayliss, E. T., "Design of Monopulse Difference Patterns with Low Sidelobes," *Bell Systems Technical Journal*, May – June 1968, pp. 623 – 650.

精选书目

Bird, W. W., "Large Air Supported Radomes for Satellite Communications Ground Stations," *Proceedings of the OSU – RTD Symposium on Electromagnetic Windows*, Ohio State University, 1964.

Schuchardt, J. M., et al., "Automated Radome Performance Evaluation in the RFSS Facility at MICOM," *Proceedings of the 15th Electromagnetic Windows Symposium*, Georgia Institute of Technology, Atlanta, GA, June 1980.

Webb, L. L., "Analysis of Field – of – View Versus Accuracy for a Microwave Monopulse," *IEEE Southeascon Proceedings*, April 1973, pp. 63 – 66.

第四部分

天线罩规范及环境适应性

第 10 章　天线罩性能要求和测试

10.1　飞机天线罩的要求

RTCA 文件 DO－213[1] 给出了早期用于多普勒气象雷达天线的飞机天线罩的最低工作性能要求的有趣概述。其中，天线罩传输效率定义为以百分数表示的单程功率传输损耗。本书前面讨论的各种类别天线罩的平均和最小传输效率如表 10.1 所示。

表 10.1　飞机天线罩的传输效率

天线罩等级	平均传输效率	最小传输效率
a	90%	85%
b	87%	82%
c	84%	78%
d	80%	75%
e	70%	55%

在天线允许的扫描角范围内，最大的天线罩瞄准误差（BSE）要求不超过 8.72mrad，天线波束宽度的增加不超过 10%，由天线罩反射回天线的功率不超过 0.5%。

10.2　陆地和海洋卫星通信天线罩的要求

卫星接收上行链路信号，选择性地处理这些信号，转化其频率并将这些信号放大和再发送给另一卫星或者一至多个地面终端。除了一般要求的低天线罩损耗（－0.5dB），对于卫星通信的使用，设计者还会面临三个特殊的问题：

（1）小的天线罩去极化，不会降低频率复用性能（有时需要小到－40～－50dB的天线罩去极化）。

(2)小的配准误差(上、下行链路之间的瞄准误差差异),用于基于到达波束方向建立发射波束方向。

(3)非常小的远区副瓣,以符合 FCC 第 25.209 部分、国际通信卫星组织 IESS-207 和 IESS-601、欧洲卫星通信公司 EESS500 及其他规范中关于副瓣包络的规定。

MIL-R-7705B[2]、MIL-STD-188-146[3]、andbyLida[4]、Kolawole[5]、Tirro[6]和 Evans[7]中都涵盖了卫星通信天线罩的关键要求。

10.3 天线罩测试方法

在新型飞机天线罩的设计和研制阶段,显然需要进行天线罩电性能测试。而且,依据国际标准和飞机制造商的部件维护手册,在修复天线罩缺陷后也需要进行电性能测试。以下章节详细介绍了实现这些测试所需的测试方法和通用测试设备,其内容来源于 Fordham[8]、Hartman[9]和 Hollis 等[10]的文献。

10.3.1 室外测试设施

在室外远场范围内进行的天线罩测试通常是在以下非常远的距离上进行的。

$$R \geqslant \frac{2D^2}{\lambda} \tag{10.1}$$

其中,D 是天线的最大直径;λ 是在测试频率下的自由空间波长。

在室外远场测试场配置中,被测天线罩内的测试天线通常安装在仪器控制室外的塔、屋顶或者平台的测试定位器上。微波接收机前端通常置于测试定位器的基座上,因此只需要一条射频路径通过定位器,大大简化系统设计。图 10.1说明了用于天线罩瞄准误差或损耗的测试配置。对于多端口天线,如具有和通道、方位差及俯仰差通道的单脉冲天线,可以使用多路复用器在所有端口上同时进行测量。接收器前端通过与接收器的接口由控制台进行远程控制。

通常,天线罩的位置由固定接收天线周围的电子机械控制。天线罩测试定位器方位轴的数值由定位器控制器和读出单元读出。典型的控制系统由操作控制台上的控制单元与测试定位器附近的功率放大器单元相连接组成。这种配置可使大功率信号远离敏感的测量仪器,同时由设备控制台提供测试定位器的远程控制。

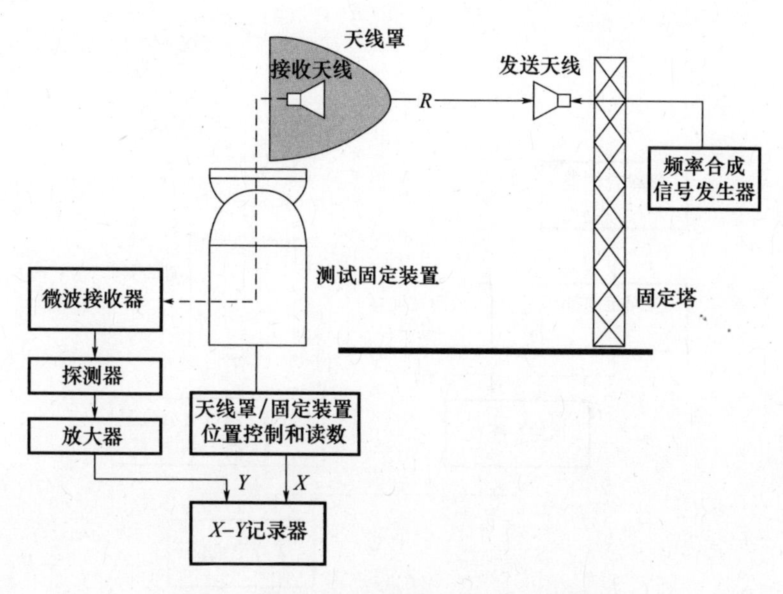

图 10.1　辐射方向图和瞄准误差的测试装置

发射天线通常置于室外远场天线测试场对面的塔或其他支撑结构上。频率合成信号源置于发射天线附近以减小信号损失。在一些应用中，多路复用器可用于信号源和双极化发射天线之间，以实现共极化和交叉极化同时测量。必须注意测试程序和测量顺序。大多数现代化天线罩测试设施在测量完成后会自动生成测试报告作为文档编制。

一种用于测量天线罩导致天线 VSWR 变化的测试装置如图 10.2 所示。这也能很容易地实现在一个室外设施测试中不受附近物体反射的影响。

10.3.2　室内暗室的使用

根据 RTCA DO－213[1]，关于室内暗室、发射信号源与接收天线之间的最小距离 R，如图 10.3 所示，应符合公式为

$$R \geqslant \frac{D^2}{2\lambda} \tag{10.2}$$

其中，D 是最大天线的直径；λ 是在测试频率下的自由空间波长。这通常不如室外天线测试场的效果好。室内暗室设施通常非常紧凑（暗室尺寸 5m（长）×5m（宽）×10m（高）），可以处理工业中应用的大多数飞机天线罩。

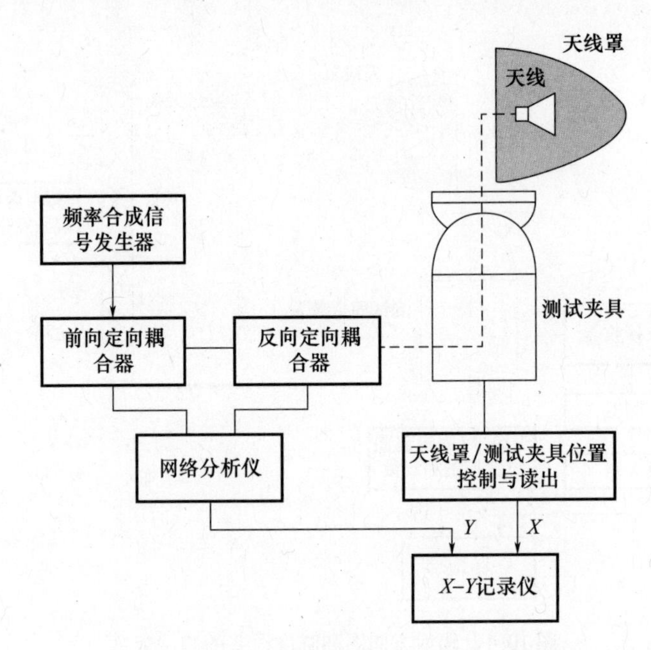

图 10.2　天线罩引起天线驻波比变化的测试装置

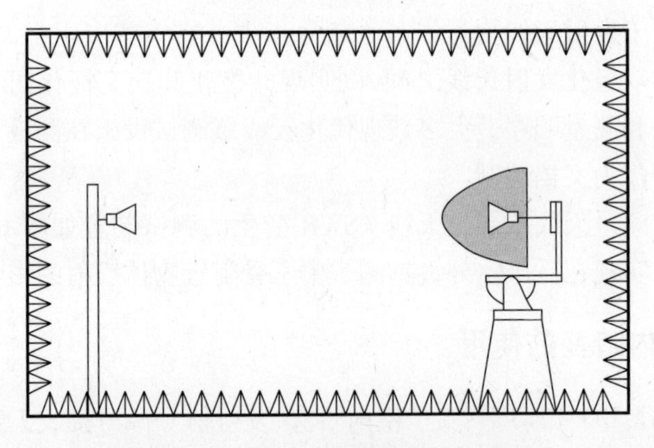

图 10.3　辐射方向图测量的室内暗室

在室内暗室中进行的测试包括天线罩传输效率、副瓣电平抬升和瞄准误差。利用现代测试设备通常可最大限度地实现测试程序和设备操作全部自动化，因此电子技术人员所需的唯一技能就是操作室内暗室天线罩测试设备。例如，图 10.4所示的专用自动定位器，它允许天线罩围绕固定天线移动。图 10.5 所示的是在室内暗室中进行天线罩的损耗测量。

图 10.4　室内暗室测试用天线罩定位器机构(照片由 MI Technologies 提供)

图 10.5　室内暗室天线罩损耗测量(照片由法国圣戈班高功能塑料公司提供)

与室外测试一样,在测量完成后,大多数现代化天线罩测试设备将自动生成测试报告以供文档编制之用。

10.3.3 紧缩场的使用

当传统方法中工作频率下的天线测试远场空间无法实现时,天线测试紧缩场提供了便于天线系统测试的设施。紧缩场机械地校准电磁能量,以产生远场环境中用于测试天线的平面波。紧缩场用一个发射球面波前的源天线,通过一个或多个二次反射面,在期望的测试区域(通常称为静区)内将辐射球面波前形成一个平面波前。如图10.6所示,一个喇叭天线和一个反射面,是这一功能的典型实现形式,图中显示了在紧缩场内对带有天线罩的天线进行测试。这种设施的照片可以在图10.7中看到。

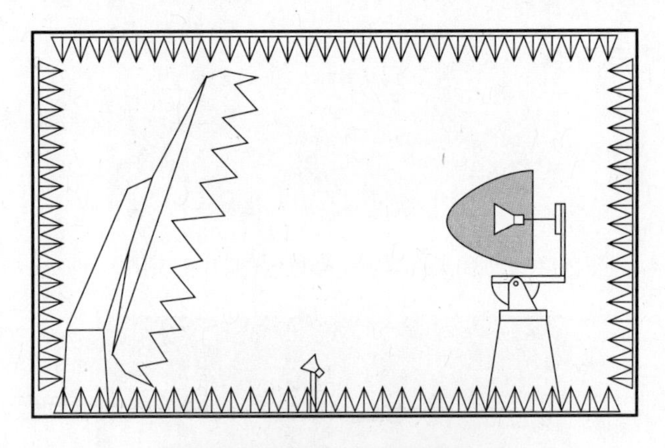

图10.6　紧缩场天线罩测量设备

图10.7　带有反射面的天线测试紧缩场(照片由MI技术公司提供)

紧缩场的物理尺寸可能比全尺寸远场暗室所需的尺寸要小得多。然而,由于需要一个精确的反射面(通常优于 $\lambda_{min}/100$RMS 的表面精度),并且需要对反射面边缘进行特殊处理以免干扰所需的波束模式,因此制造特殊设计的反射面的成本通常是昂贵的。

当使用紧缩场来测量天线罩电性能时,相位和幅值在被测天线上的变化应分别小于 10°和 0.5dB。

10.3.4　近场测试设置

近场测试是通过测量天线附近的电磁场,然后用数学方法将数据转换到任意位置来实现的。近场测试是一种微波全息术。波前测量通常在平面、球面或圆柱面上进行。近场测试是基于惠更斯原理,即电磁场或波前中的每一点都可以看作在所有方向上均匀传播的二次球面波的源。天线的远场角响应可以通过测量天线附近的电磁场分布并用惠更斯原理计算。远场能量分布是通过将所有近场球面子波对远场区域中期望点的贡献求和。

为商用运输机机头天线罩室内测试而设计的球面近场天线罩测试设备,已经由多家公司设计出来并进行销售[11-12]。图 10.8 所示是在球面近场测试设施中测试天线罩。

图 10.8　在球面近场测试设施中测试天线罩(照片由 Orbit FR 提供)

参考文献

[1] Minimum Operational Performance Standards for Nose Mounted Radomes, Document RTCA/DO - 213, RTCA, Washington, D. C., 1993.

[2] MIL - R - 7705B, *General Specification for Military Specification Radome*, January 1975.

[3] *Interoperability and Performance Standards for Satellite Communications*, MIL - STD - 188 - 146, 1983.

[4] Lida, T., *Satellite Communications*, Fairfax, VA: IOS Press, 2002.

[5] Kolawole, M. O., *Satellite Communications Engineering*, London: Taylor and Francis, Inc., 2002.

[6] Tirro, S., *Satellite Communications System Design*, New York: Springer, 1993.

[7] Evans, B. G., *Satellite Communications Systems*, London: IEEE Telecommunications Series (UK), 1999.

[8] Fordham, J. A., *An Introduction to Antenna Test Ranges, Measurements and Instrumentation*, MI - Technologies, Atlanta, GA, 2009.

[9] Hartman, R., and J. Berlekamp, "Fundamentals of Antenna Test and Evaluation," *Microwave Systems New and Communications Tracking*, June 1988.

[10] J. S. Hollis, T. J. Lyon, and L. Clayton, (eds.), *Microwave Antenna Measurements*, Atlanta, GA: Scientific - Atlanta, Inc., 1985.

[11] www. mi - technologies. com.

[12] www. orbitfr. com.

精选书目

Hudgens, J. M., and G. M. Cawthon, "Extreme Accuracy Tracking Gimbal for Radome Measurements," *Proc. of 25th Annual Meeting of the Antenna Measurement Techniques Association (AMTA'02)*, Cleveland, OH, October 2003, pp. 291 - 295.

Hudgens, J. M., and G. W. Cawthon, *Extremely Accurate Tracking Gimbal for Radome Measurements*, MI Technologies, Suwanee, GA, 2003.

McBride, S. T., and G. M. Cawthon, *Error Compensation for Radome Measurements*, MI Technologies, Suwanee, GA, 2003.

Product Catalog, *Microwave Measurements Systems and Product*, Microwave Instrumentation Technologies, LLC.

第 11 章　随环境的退化

RTCA DO - 213[1] 是一个有趣的飞机天线罩性能规范，编写于风切变气象雷达面世时，该规范建立了通用的机头安装气象雷达天线罩的性能要求。虽然该规范现在已过时，但它对定义基本天线罩性能参数仍然有用。在本章内容编写时，民用法规确立了这些参数定量的监管要求。本章将讨论对于天线罩电性能设计人员主要感兴趣的参数。

11.1　雨蚀

对于以相对较高速度飞行的飞机天线罩而言，雨水侵蚀（雨蚀）损害是环境方面主要考虑的因素，在受到超过其设计载荷的极端降雨影响下，雨蚀甚至能够使天线罩罩壁发生分层或破裂。载荷是天线罩在飞行中会遇到的雨水最大冲击角、平均雨滴大小、降雨率以及飞机速度的函数。

因为维护保养问题可能导致需要进行结构维修，飞机运营商对雨蚀特别感兴趣。耐雨蚀能力的降低可能要求更多的维护保养和重新喷漆（图 11.1）。雨冲击和侵蚀可能会带来额外的维护问题，这取决于飞机的任务剖面；例如，MIL - R - 7705B 要求[2] 的基础来自美国海军的飞机天线罩在越南雨季糟糕的经验。短程涡轮螺旋桨飞机有着与远程洲际或越洋飞机完全不同的雨蚀环境。此外，支线飞机所处的环境甚至比支线涡轮螺旋桨飞机更为恶劣。通用航空和商用航空的飞行员更需要适可而止的飞行，而军队的飞行员则不能顾及天气情况。

根据 RTCA DO - 213 规定，一个天线罩设计，除非事先通过测试或使用材料以及天线罩结构的服役史认定合格，否则建议在得到认可的雨蚀设备上测试带有表面涂层的天线罩壁样件。通常的雨蚀机械验证测试是通过旋臂装置进行的，该装置使用一个旋转的转子，在转子尖端安装测试样件。经过校准的喷头阵列围绕圆周并沿样件宽度方向喷射，以提供模拟的雨滴大小和速度。然而，可以通过改变水滴从喷嘴到样件的距离来实现测试要求。一些设施使用几英寸的固定距离，而另一些可以达到几英尺的距离。MIL - R - 7705B 的要求是 2mm 的水滴,1英寸/h和500英里/h的速度。这是极端的条件,但代表了最坏情况下的高速飞行。

图11.1 典型飞机天线罩的雨蚀现象(照片由美国数字通信(USDigiComm)公司提供)

11.1.1 防雨蚀涂料

飞机维护保养人员追求不断改善由雨水引起的侵蚀,以及降低总的维护保养成本。实现此目的的一种方法是使用防雨蚀涂料,如符合AMS-C-83231及AMS-C-83445规范的"Caapcoat"涂料。两个规范都适用于除了颜色和抗静电性能之外具有相似性能的材料。对于高速飞机,AMS-3138是适用于所要求的氟弹性体涂料的标准。

这些材料的防雨蚀性能被认为是涂料中最好的。然而,虽然这些涂料的简单应用能够大大改善防雨蚀性能,但整个涂料体系,从基材制备到所有涂料的应用,以及所有过程中的准备和处理,都对最终的防雨蚀效果有很大的影响。通常,任何防护涂料体系都可能由于底漆或基材的附着力或底漆材料的黏结失效而最终失效。

11.1.2 防雨蚀靴涂层

由防雨蚀材料制成的防雨蚀涂层,与Caapcoat涂料十分相似。解释起来很简单:该薄膜是一种涂层厚度和弹性性能与涂料相似的聚氨酯。例如,图11.2所示是应用到强雨场的结构;采用防雨蚀涂料处理过的左半部分,雨蚀效应可以忽略;而没有处理的右半部分则退化严重。

图 11.2　防雨蚀材料仅使用在试件的左半边(照片由3M航空航天公司飞机维修部提供)

3M公司设计生产了一种专门用于飞机上的聚氨酯胶带材料:3M聚氨酯防护胶带和防护膜。用于飞机天线罩前缘时(图11.3),这些胶带可以显著降低雨蚀造成的损伤。3M聚氨酯防护膜是按预先定制安装在飞机上的,因此其形成了连续的屏障,从而保持对包括密封胶和凸起特征在内的表面结构的黏结性能。当前,有超过500种不同定制规格的3M雨蚀防护膜。

图 11.3　用于飞机天线罩的防雨蚀膜(照片由3M航空航天公司提供)

3M胶带和防护膜的设计使其易于操作而不会撕裂,并且不含有害化学物质或挥发性有机化合物(volatile organic compounds,VOCs),相对容易安装。完整的黏合过程需要24h,但60min后就可以飞行了。

11.2 大气中的电荷

大气电荷的损害表现在两个方面:雷击和天线罩表面的静电积聚。下面几节讨论每种情况的一些注意事项。

11.2.1 雷击损坏

闪电对飞机天线罩构成了严重、直接和动态的威胁(图11.4)。法规规定,对于非金属材料,应以不危害飞机的方式对闪电电流进行引导。

如图11.5所示,雷击对天线罩造成的一种常见损伤是穿孔。除非快速修复,否则闪电击穿会导致吸潮和/或水进入天线罩壁中,这将大大降低其电性能。这样的击穿,不仅是飞机的上部结构损坏,还会引起射频子系统的二次损坏,从而危及飞机安全。

图11.4 飞机天线罩遭受雷击(照片由美国数字通信(USDigiComm)公司提供)

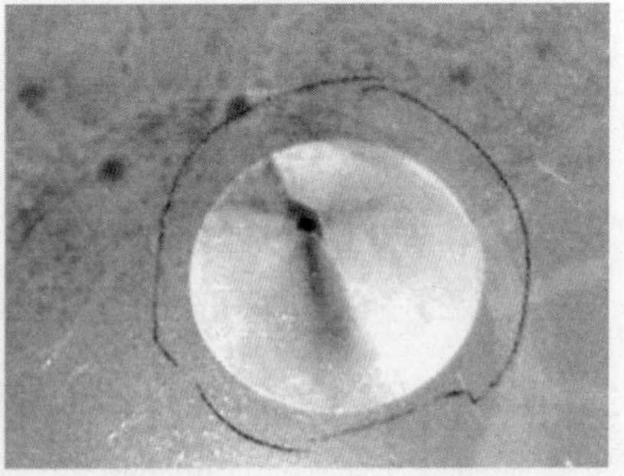

图11.5 真实闪电穿透飞机天线罩(照片由Saint Gobain Performance Plastics提供)

11.2.2　闪电分流条的使用

满足法规规定防雷击要求的方法通常是使用一组闪电分流条。如图 11.6 所示,这些分流条在天线罩表面上的作用类似于避雷针,将闪电转移到分流条上,而不是击穿天线罩介质壁并可能击中天线。过去的几十年中,在这类分流条方面的技术得到了长足发展,闪电分流条不是实体金属条,而是导体和半导体材料的不同排列形式。图 11.7 显示了一个装有该类型闪电分流条的飞机天线罩。

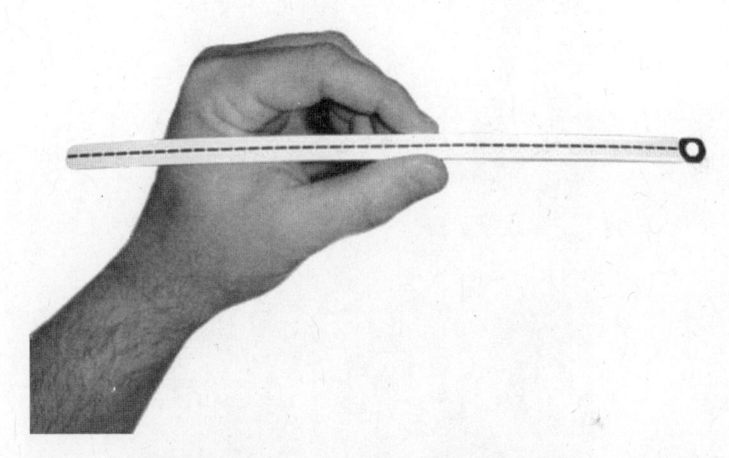

图 11.6　闪电分流条(照片由美国数字通信(USDigiComm)公司提供)

图 11.7　飞机天线罩上的闪电分流条(照片由美国数字通信(USDigiComm)公司提供)

天线罩的闪电分流系统有两个方面:①围绕天线罩排布的分流条配置限制了被击穿的概率;②分流条结构及其接地路径限制了闪电电流的损害。

由于同时测试真实的闪电电压、电流和波形是不现实的,所以将这两个方面分别进行测试。标准测试规范(SAE ARP-5416 或次选 DO-160 第23 节)就是以此方式建立的。图 11.8 描绘了经受雷电测试的飞机天线罩。

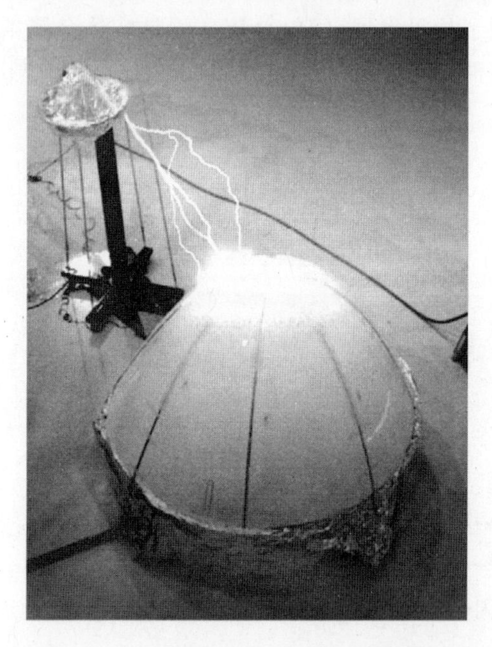

图 11.8　带分流条的飞机天线罩正经受雷击试验
(照片由美国数字通信(USDigiComm)公司提供)

11.2.3　抗静电系统

其他的静态放电通常来自静电积淀,会在导航/通信(navigation/communication,NAV / COM)系统上产生相当大的噪声。如今,大多数机载天线罩通常带有兆欧级抗静电涂层,以将累积的静电荷安全地输送到机身上。抗静电涂层的应用很简单,但涂料、接地、维护和检查以及涂层对耐雨蚀的影响是非常复杂的问题。

抗静电系统的作用就是把这种积累静电排出。MIL-C-83231[3] 指定了抗静电和抗腐蚀涂料系统的组合,市场上有许多具有此功能的新产品。在以前的飞机天线罩涂装中,抗静电涂层已被应用在天线罩表面或作为装饰漆下面的一层。

当前使用涂料的推荐表面电阻(每单位平方面积的欧姆值)范围为 0.5 ~ 500MΩ/□,为使抗静电系统有效,应使其延伸到机身为止。

11.2.4　天线罩吸湿与疏水材料

在微波频率,即使是极薄的液态水层,也会导致天线罩很高的传输损耗。消除这些损耗的方法是在天线罩表面采用疏水涂层。疏水涂层增加了表面张力,使得水珠变大,这样,它们更容易被气流吹走或由于重力而掉落。疏水涂层是大型地面天线罩的一个重要方面,因为其有时静止的特性通常会导致其表面上形成水,从而降低天线性能。

飞机天线罩通常不需要疏水涂层。曾经有过专门的机载雷达系统对天线罩表面少量水产生的额外反射特别敏感的实例。在这种情况下,一种名为 Cytonix 的材料取得成功。它很像汽车消费产品 Rain – X,但它的使用寿命要长得多。

对于地面天线罩,外部表面通常使用聚四氟乙烯涂料。遗憾的是,这些材料的性能会随着时间的推移而退化,需要经常重新涂覆。其他地面天线罩是采用 PTFE 聚四氟乙烯注入增强纤维(圣戈班雷德尔),本质上几乎无限地保持疏水性。

11.3　天线罩的抗冲击性

天线罩抗冲击性应考虑两个条件:冰雹的冲击和鸟的撞击。

根据 RTCA DO – 213[1],所有飞机的天线罩都应该具有结构特性,以使天线罩能够像当前正在使用的天线罩设计那样不受冰雹影响。例如,在低密度蜂窝芯或泡沫芯的每一侧,采用三层 181 环氧玻璃纤维或聚酯层压板所构成的 A 夹层飞机天线罩,在其服役历史上还没有已知的冰雹冲击灾祸事故。对于这种类型的结构,在冰雹冲击点的局域损伤(包括面层分层或芯层破碎)是可以接受的,并且从没有听说这种结构类型的天线罩破裂解体。在天线罩解体情况下,其碎片可能会被吸入喷气发动机入口,引起其他的飞机飞行困难或故障。图 11.9 和图 11.10 分别示出了在飞行中受到小冰雹和大冰雹实际冲击损坏的天线罩。

MIL – R – 7705B 和 DO – 213 的要求是基于飞机巡航速度下 3/4 英寸直径冰雹条件下的。在这两种情况下,天线罩都可以失效,但不会造成灾难性的后果,也就是说不会危及飞机安全。两个规范都提供了基于经验的通用指导,在此基础上叠层天线罩结构通常可以取代试验。有两种测试方法:加德纳(Gardner)

冲击试验和气动冰雹枪试验。加德纳冲击试验通常使用圆角钢冲击器冲击平板样件。然而,可以使用各种塑料来更好地模拟冰的机械特性。气动冰雹枪试验使用真实的冰块。但是,可以通过添加一些棉纤维增强材料来承受枪支的射击载荷。

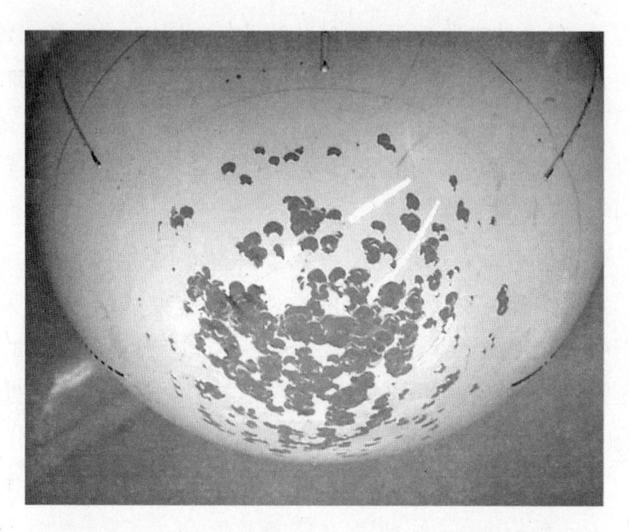

图 11.9　飞机天线罩遭受小冰雹冲击损伤的照片
(照片由 Saint Gobain Performance Plastics 提供)

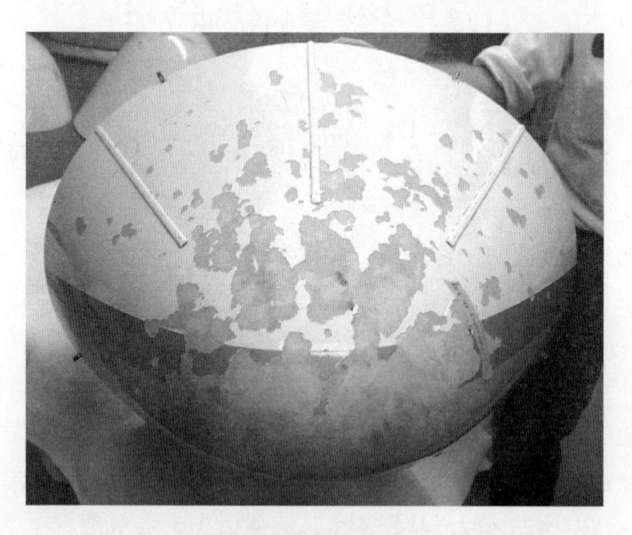

图 11.10　飞机天线罩遭受大冰雹冲击损伤的照片
(照片由 Saint Gobain Performance Plastics 提供)

像雨蚀试验一样,加德纳冲击试验是一种相对的测试方法,很难等同于真实的服役经历。气动冰雹枪试验是相当切合实际的,但是执行起来价格相当昂贵。

图11.11和图11.12所示的损坏反映出针对鸟撞的雷达罩机械设计也是一个需要认真考虑的问题。

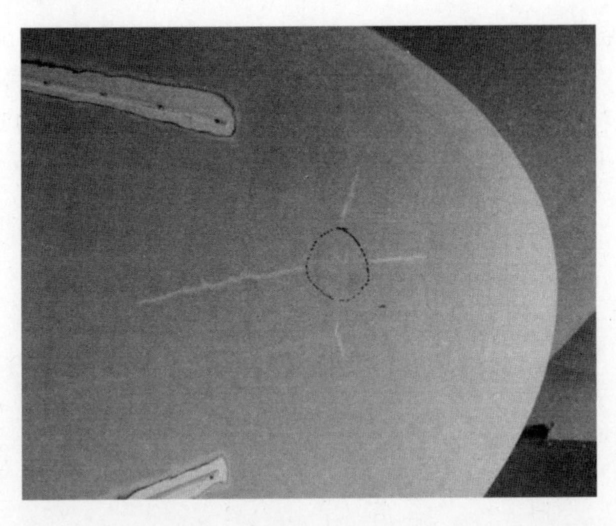

图11.11　飞机天线罩遭遇小鸟撞击后的照片(照片由 Saint Gobain Performance Plastics 提供)

图11.12　飞机天线罩遭遇大鸟撞击后的照片(照片由 Saint Gobain Performance Plastics 提供)

参考文献

[1] *Minimum Operational Performance Standards for Nose Mounted Radomes*, Document RTCA/DO-213, RTCA, Washington, D. C., 1993.

[2] MIL-R-7705B, *General Specifications for Radome*, USAF specification, 1975.

[3] Military Specification MIL-C-83231, *Coatings, Polyurethane, RainErosion Resistant for Exterior Aircraft and Missile Plastic Parts*, 1969.

附录 A　不同坐标系下的向量运算

A.1　直角坐标系

$$\nabla f = \frac{\partial f}{\partial x}\boldsymbol{x} + \frac{\partial f}{\partial y}\boldsymbol{y} + \frac{\partial f}{\partial z}z$$

$$\nabla \cdot \boldsymbol{A} = \frac{\partial A_x}{\partial x} + \frac{\partial A_y}{\partial y} + \frac{\partial A_z}{\partial z}$$

$$\nabla \cdot \boldsymbol{A} = \left(\frac{\partial A_z}{\partial y} - \frac{\partial A_y}{\partial z}\right)\boldsymbol{x} + \left(\frac{\partial A_x}{\partial z} - \frac{\partial A_z}{\partial x}\right)\boldsymbol{y} + \left(\frac{\partial A_y}{\partial x} - \frac{\partial A_x}{\partial y}\right)\boldsymbol{z} = \begin{bmatrix} \boldsymbol{x} & \boldsymbol{y} & \boldsymbol{z} \\ \frac{\partial}{\partial x} & \frac{\partial}{\partial y} & \frac{\partial}{\partial z} \\ A_x & A_y & A_z \end{bmatrix}$$

A.2　柱坐标系

$$\nabla f = \frac{\partial f}{\partial r}\boldsymbol{r} + \frac{1}{r}\frac{\partial f}{\partial \phi}\phi + \frac{\partial f}{\partial z}\boldsymbol{z}$$

$$\nabla \cdot \boldsymbol{A} = \frac{1}{r}\frac{\partial}{\partial r}rA_r + \frac{1}{r}\frac{\partial A_\phi}{\partial \phi} + \frac{\partial A_z}{\partial z}$$

$$\nabla \times \boldsymbol{A} = \left(\frac{1}{r}\frac{\partial A_z}{\partial \phi} - \frac{\partial A_\phi}{\partial z}\right)\boldsymbol{r} + \left(\frac{\partial A_r}{\partial z} - \frac{\partial A_z}{\partial r}\right)\boldsymbol{\phi} + \frac{1}{r}\left(\frac{\partial}{\partial r}rA_\phi - \frac{\partial A_r}{\partial \phi}\right)\boldsymbol{z}$$

A.3　球坐标系

$$\nabla f = \frac{\partial f}{\partial r}\boldsymbol{r} + \frac{1}{r}\frac{\partial f}{\partial \theta}\boldsymbol{\theta} + \frac{1}{r\sin\theta}\frac{\partial f}{\partial \phi}\boldsymbol{\phi}$$

$$\nabla \cdot \boldsymbol{A} = \frac{1}{r^2}\frac{\partial}{\partial r}r^2 A_r + \frac{1}{r\sin\theta}\frac{\partial}{\partial \theta}(A_\theta \sin\theta) + \frac{1}{r\sin\theta}\frac{\partial A_\phi}{\partial \phi}$$

$$\nabla \times \boldsymbol{A} = \frac{1}{r\sin\theta}\left[\frac{\partial}{\partial \theta}(A_\phi \sin\theta) - \frac{\partial A_\theta}{\partial \phi}\right]\boldsymbol{r} + \frac{1}{r}\left(\frac{1}{\sin\theta}\frac{\partial A_r}{\partial \phi} - \frac{\partial}{\partial r}rA_\phi\right)\boldsymbol{\theta} + \frac{1}{r}\left(\frac{\partial}{\partial r}rA_\theta - \frac{\partial A_r}{\partial \theta}\right)\boldsymbol{\phi}$$

附录B　任意媒质中的传播常数和波阻抗

在第5章中,我们提出了一种基于边界值问题的矩阵求解方案,来计算信号经多层天线罩介质壁传输的电磁波传输和插入相位延迟。该分析通过与该层相关的损耗角正切项解释了每个介质层中的介电损耗。在本附录中,我们考虑同时具有损耗正切项和电导率项的电介质材料,以及此类材料中的电磁波行为。通过数学推导,读者应该能够确定传播常数、表观介电常数和波阻抗。

下面这些在数学推导中所作的假设适用于大多数可选的天线罩材料:

(1)材料是非磁性的,即 $\mu = \mu_0$。

(2)导电率项完全是实数,即 $\sigma = \sigma'$。

(3)介电项既有实部又有虚部,可建模为 $\varepsilon' - \mathrm{j}\varepsilon''$。

B.1　介质中的波分量

我们从麦克斯韦旋度方程的时域形式开始:

$$\nabla \times \boldsymbol{E} = -\mu_0 \frac{\partial \boldsymbol{H}}{\partial t} \tag{B.1}$$

$$\nabla \times \boldsymbol{H} = \sigma \boldsymbol{E} + \varepsilon \frac{\partial \boldsymbol{E}}{\partial t} \tag{B.2}$$

在直角坐标系中向量 A 的总旋度为

$$\nabla \times \boldsymbol{A} = \left(\frac{\partial A_z}{\partial y} - \frac{\partial A_y}{\partial z}\right)\boldsymbol{x} + \left(\frac{\partial A_x}{\partial z} - \frac{\partial A_z}{\partial x}\right)\boldsymbol{y} + \left(\frac{\partial A_y}{\partial x} - \frac{\partial A_x}{\partial y}\right)\boldsymbol{z} \tag{B.3}$$

在下面的推导中,我们还将假定一个沿正 z 方向传输的横电磁波(transverse electromagnetic, TEM),该波仅有 E_x 和 E_y 分量。(对法向入射到介质表面的情形,认为波仅有 E_x 和 E_y 分量,读者可以推导出相同的结果。)因此,我们有

$$\nabla \times \boldsymbol{E} = \frac{\partial E_x}{\partial z}\boldsymbol{y} - \frac{\partial E_x}{\partial y}\boldsymbol{z} \tag{B.4}$$

$$\nabla \times \boldsymbol{H} = \frac{2\partial H_y}{\partial z}\boldsymbol{x} + \frac{\partial H_y}{\partial x}\boldsymbol{z} \tag{B.5}$$

若函数是关于 y 和 x 的不变场,则这两个表达式可以简化为

$$\nabla \times \boldsymbol{E} = \frac{\partial E_x}{\partial z}\boldsymbol{y} = -\mu_0 \frac{\partial H_y}{\partial t}\boldsymbol{y} \tag{B.6}$$

或

$$\frac{\partial E_x}{\partial z} = -\mu_0 \frac{\partial H_y}{\partial t} \tag{B.7}$$

与此类似,有

$$\nabla \times \boldsymbol{H} = -\frac{\partial H_y}{\partial z}\boldsymbol{x} = \sigma E_x \boldsymbol{x} + \varepsilon \frac{\partial E_x}{\partial t}\boldsymbol{x} \tag{B.8}$$

或

$$-\frac{\partial H_y}{\partial z} = \sigma E_x + \varepsilon \frac{\partial E_x}{\partial t} \tag{B.9}$$

对于正弦($e^{j\omega t}$)时变场,式(B.7)和式(B.9)简化为

$$\frac{\partial E_x}{\partial z} = -j\omega\mu_0 H_y \tag{B.10}$$

$$\frac{\partial H_y}{\partial z} = (\sigma + j\omega\varepsilon) E_x \tag{B.11}$$

现在,由于传播场为

$$E_x \approx e^{-j\gamma z}; H_y \approx e^{-j\gamma z} \tag{B.12}$$

那么

$$\frac{\partial E_x}{\partial z} = -j\gamma E_x \tag{B.13}$$

$$\frac{\partial H_y}{\partial z} = -j\gamma H_y \tag{B.14}$$

式(B.10)和式(B.11)可表示为

$$j\gamma E_x = -j\omega\mu_0 H_y \tag{B.15}$$

$$j\gamma H_y = (\sigma + j\omega\varepsilon) E_x \tag{B.16}$$

由式(B.15)和式(B.16)得

$$\frac{E_x}{H_y} = \frac{\omega\mu_0}{\gamma} = \frac{-j\gamma}{\sigma + j\omega\varepsilon} \tag{B.17}$$

B.2 传播常数和表观介电常数的推导

传播常数可以由式(B.17)推出:

$$\gamma^2 = \omega^2\mu\varepsilon - \mathrm{j}\omega\mu_0\sigma \tag{B.18}$$

或者，用介电常数的实部和虚部表示：

$$\gamma^2 = \omega^2\mu_0\varepsilon' - \mathrm{j}\omega^2\mu_0\varepsilon'' - \mathrm{j}\omega\mu_0\sigma = \omega^2\mu_0\varepsilon'\left[1 - \mathrm{j}\left(\frac{\varepsilon''}{\varepsilon'} + \frac{\sigma}{\omega\varepsilon'}\right)\right] \tag{B.19}$$

由式(B.19)，结合损耗角正切的定义，可以得到以下结果：

$$\gamma = \sqrt{\omega^2\mu_0\varepsilon'}\sqrt{1 - \mathrm{j}\left(\tan\delta + \frac{\sigma}{\omega\varepsilon'}\right)} = k\sqrt{1 - \mathrm{j}\left(\tan\delta + \frac{\sigma}{\omega\varepsilon'}\right)} \tag{B.20}$$

与第 5 章中没有导电率项的材料得出的表达式比较，我们得到下面的复表观介电常数：

$$\varepsilon = \varepsilon'\left[1 - \mathrm{j}\left(\tan\delta + \frac{\sigma}{\omega\varepsilon'}\right)\right] \tag{B.21}$$

或者，相对表观介电常数：

$$\varepsilon_r = \varepsilon'_r\left[1 - \mathrm{j}\left(\tan\delta + \frac{\sigma}{\omega\varepsilon_0\varepsilon'_r}\right)\right] \tag{B.22}$$

B.3　波阻抗

由式(B.20)，我们可以得

$$\gamma = k\left[1 + \left(\tan\delta + \frac{\sigma}{\omega\varepsilon'}\right)^2\right]^{0.25} \mathrm{e}^{-\mathrm{j}0.5\arctan\left(\tan\delta + \frac{\sigma}{\omega\varepsilon'}\right)} \tag{B.23}$$

如果我们将式(B.23)代入式(B.17)，根据相对表观介电常数，得到正入射的波阻抗为

$$Z = \frac{\dfrac{120\pi}{\sqrt{\varepsilon'}}\mathrm{e}^{-\mathrm{j}0.5\arctan\left(\tan\delta + \frac{\sigma}{\omega\varepsilon_0\varepsilon'}\right)}}{1 + \left(\tan\delta + \dfrac{\sigma}{\omega\varepsilon_0\varepsilon_r}\right)} \tag{B.24}$$

式(B.24)可以用来计算分界面上的 Fresnel 传输和反射系数。

对于法向入射以外的情况，假设波从一种介质传播到另一种介质。通过以下近似，可以针对垂直和平行极化，修正传播方向上界面边界内部的阻抗。对于垂直极化：

$$Z_{\perp} = \frac{120\pi\cos\theta}{\sqrt{\varepsilon_r - \sin^2\theta}} \tag{B.25}$$

对于平行极化：

$$Z_{\parallel} = \frac{120\pi \sqrt{\varepsilon_r - \sin^2\theta}}{\varepsilon_r \cos\theta} \tag{B.26}$$

其中,θ 是相对于表面法线的入射角,读者应该用式(B.22)给出表观相对介电常数。

附录 C　多层传播及 Fresnel 传输与反射系数

本附录处理多层介质壁中传输与反射电磁波分量计算的矩阵求解问题。特别地，对于附图 C.1 中的单层壁，反射与传输波分量可以由以下矩阵求解计算：

$$\begin{bmatrix} E_0^+ \\ E_0^- \end{bmatrix} = \frac{1}{T_1}\begin{bmatrix} 1 & R_1 \\ R_1 & 1 \end{bmatrix}\left[\begin{pmatrix} \mathrm{e}^{\mathrm{j}k_1t_1} & 0 \\ 0 & \mathrm{e}^{-\mathrm{j}k_1t_1} \end{pmatrix}\right]\frac{1}{T_2}\begin{bmatrix} 1 & R_2 \\ R_2 & 1 \end{bmatrix}\begin{bmatrix} E_2^+ \\ 0 \end{bmatrix} \tag{C.1}$$

由此

$$\begin{bmatrix} E_0^+ \\ E_0^- \end{bmatrix} = \frac{1}{T_1}\left[\begin{pmatrix} \mathrm{e}^{\mathrm{j}k_1t_1} & R_1\mathrm{e}^{-\mathrm{j}k_1t_1} \\ R_1\mathrm{e}^{+\mathrm{j}k_1t_1} & \mathrm{e}^{-\mathrm{j}k_1t_1} \end{pmatrix}\right]\frac{1}{T_2}\begin{bmatrix} 1 & R_2 \\ R_2 & 1 \end{bmatrix}\begin{bmatrix} E_2^+ \\ 0 \end{bmatrix} \tag{C.2}$$

式中：T_1 和 T_2 分别是前面和后面电压 Fresnel 传输系数；R_1 和 R_2 分别是前面和后面的电压 Fresnel 反射系数。参数 k_1 是介质材料内的波数，t_1 是材料的厚度。建议以厘米为单位计算厚度，波束计算使用的单位是cm^{-1}。

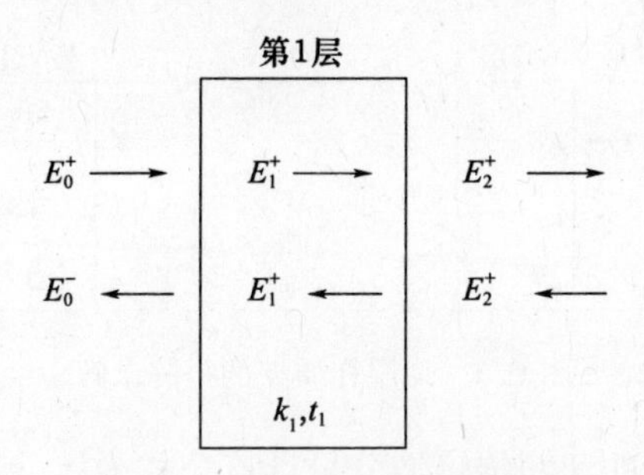

图 C.1　单层介质壁的矩阵解

对于图 C.2 所描述的两层壁，可以由以下矩阵求解计算反射与传输波分量：

$$\begin{bmatrix} E_0^+ \\ E_0^- \end{bmatrix} = \frac{1}{T_1}\begin{bmatrix} 1 & R_1 \\ R_1 & 1 \end{bmatrix}\left[\begin{pmatrix} \mathrm{e}^{\mathrm{j}k_1t_1} & 0 \\ 0 & \mathrm{e}^{-\mathrm{j}k_1t_1} \end{pmatrix}\right]\frac{1}{T_2}\begin{bmatrix} 1 & R_2 \\ R_2 & 1 \end{bmatrix}$$

$$\left[\begin{pmatrix} \mathrm{e}^{\mathrm{j}k_2t_2} & 0 \\ 0 & \mathrm{e}^{-\mathrm{j}k_2t_2} \end{pmatrix}\right]\frac{1}{T_3}\begin{bmatrix} 1 & R_3 \\ R_3 & 1 \end{bmatrix}\begin{bmatrix} E_3^+ \\ 0 \end{bmatrix} \tag{C.3}$$

由此

$$\begin{bmatrix} E_0^+ \\ E_0^- \end{bmatrix} = \frac{1}{T_1}\left[\begin{pmatrix} \mathrm{e}^{\mathrm{j}k_1t_1} & R_1\mathrm{e}^{-\mathrm{j}k_1t_1} \\ R_1\mathrm{e}^{+\mathrm{j}k_1t_1} & \mathrm{e}^{-\mathrm{j}k_1t_1} \end{pmatrix}\right]\frac{1}{T_2}\begin{bmatrix} 1 & R_2 \\ R_2 & 1 \end{bmatrix}$$

$$\left[\begin{pmatrix} \mathrm{e}^{\mathrm{j}k_2t_2} & R_1\mathrm{e}^{-\mathrm{j}k_2t_2} \\ R_1\mathrm{e}^{+\mathrm{j}k_2t_2} & \mathrm{e}^{-\mathrm{j}k_2t_2} \end{pmatrix}\right]\frac{1}{T_3}\begin{bmatrix} 1 & R_3 \\ R_3 & 1 \end{bmatrix}\begin{bmatrix} E_3^+ \\ 0 \end{bmatrix} \tag{C.4}$$

其中,T_i,R_i,t_i 以及 k_i 分别为第 i 层电压 Fresnel 传输系数、电压 Fresnel 反射系数、厚度以及波束,如单层情形所显示。

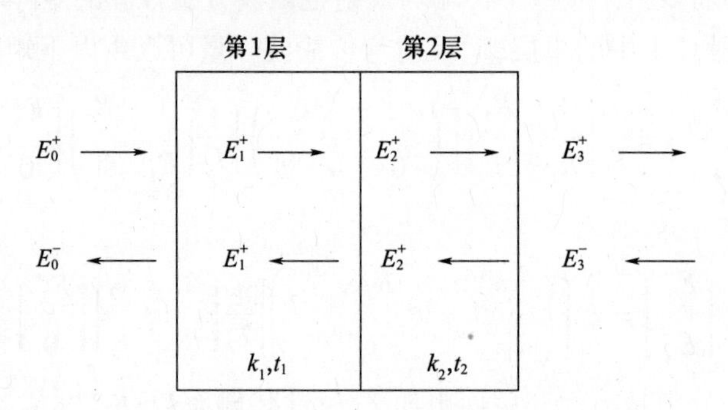

图 C.2 双层介质壁的矩阵解

最后,我们可以将 N 层介质壁的结果概括如图 C.3 所示。

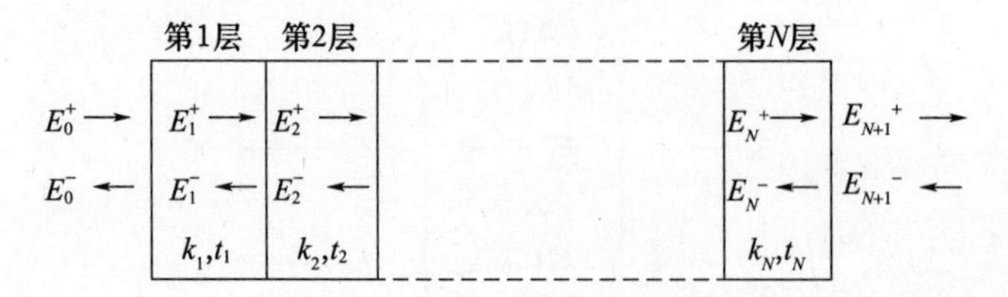

图 C.3 N 层介质壁的矩阵求解

特别地,前面反射的和净传输波分量计算公式为

$$\begin{bmatrix} E_0^+ \\ E_0^- \end{bmatrix} = \left[\prod_{i=1}^{N}\frac{1}{T_i}\begin{pmatrix} 1 & R_i \\ R_i & 1 \end{pmatrix}\begin{pmatrix} \mathrm{e}^{\mathrm{j}k_it_i} & 0 \\ 0 & \mathrm{e}^{-\mathrm{j}k_it_i} \end{pmatrix}\right]\frac{1}{T_{N+1}}\begin{bmatrix} 1 & R_{N+1} \\ R_{N+1} & 1 \end{bmatrix}\begin{bmatrix} E_{N+1}^+ \\ 0 \end{bmatrix} \tag{C.5}$$

由此我们可以得到最终结果:

$$\begin{bmatrix} E_0^+ \\ E_0^- \end{bmatrix} = \left[\prod_{i=1}^{N}\frac{1}{T_i}\begin{pmatrix} \mathrm{e}^{\mathrm{j}k_it_i} & R_i\mathrm{e}^{-\mathrm{j}k_it_i} \\ R_i\mathrm{e}^{\mathrm{j}k_it_i} & \mathrm{e}^{-\mathrm{j}k_it_i} \end{pmatrix}\right]\frac{1}{T_{N+1}}\begin{bmatrix} 1 & R_{N+1} \\ R_{N+1} & 1 \end{bmatrix}\begin{bmatrix} E_{N+1}^+ \\ 0 \end{bmatrix} \tag{C.6}$$

其中式(C.5)、式(C.6)中所有参数沿用之前讨论的单层和双层罩壁情形下的含义。

C.1　Fresnel 传输与反射系数

这些系数的计算可以通过一些不同的方法实现,并且注意到它们都是波极化、相对于表面法向的入射角、相应材料中的波数,以及材料折射率的函数。一种近似是忽略折射率的复分量(损耗项),这样,对于垂直极化,可以得

$$R=\frac{n_i\cos\theta_i-n_t\cos\theta_t}{n_i\cos\theta_i+n_t\cos\theta_t} \tag{C.7}$$

其中,n_i,n_t 分别是界面左侧和右侧材料折射率的实部;θ_i,θ_t 分别是界面左侧和右侧相对于表面法向的入射角,可以由 Snell 定律很容易计算出来。

同样,对于垂直极化波分量,电压传输系数的一个表达式为

$$T=\frac{2n_i\cos\theta_i}{n_i\cos\theta_i+n_t\cos\theta_t} \tag{C.8}$$

对于平行极化波分量,式(C.7)和式(C.8)可简化为

$$R=\frac{n_i\cos\theta_t-n_t\cos\theta_i}{n_i\cos\theta_i+n_t\cos\theta_t} \tag{C.9}$$

和

$$T=\frac{2n_i\cos\theta_i}{n_i\cos\theta_t+n_t\cos\theta_i} \tag{C.10}$$

对所有公式都可以进行简化,对于垂直极化,可以得

$$R=\frac{\sin(\theta_t-\theta_i)}{\sin(\theta_i+\theta_t)} \tag{C.11}$$

对于平行极化波分量,有

$$R=\frac{\tan(\theta_t-\theta_i)}{\tan(\theta_i+\theta_t)} \tag{C.12}$$

通过应用下式,可以得到两种极化下每一种情况相应的传输系数:

$$T=\sqrt{1-R^2} \tag{C.13}$$

附录 D　单元电流的辐射

本附录的目的是推导出用无限小(偶极子)电流元系综的电磁场及阵列因子的表达式。如图 D.1 所示,考虑了三种情形:①沿 z 方向的电流元;②沿 x 方向的电流元;③沿 y 方向的电流元。

一个无限小偶极子单元的远场辐射方向图来自麦克斯韦方程组的解。假定时谐场取决于 $e^{j\omega t}$,基本关系可用旋度和散度运算符表示:

$$\nabla \times \boldsymbol{H} = j\omega\varepsilon_0 \boldsymbol{E} + \boldsymbol{J} \tag{D.1}$$

$$\nabla \times \boldsymbol{E} = j\omega\mu_0 \boldsymbol{H} \tag{D.2}$$

其中,ε_0 和 μ_0 是自由空间的介电常数和磁导率,$\boldsymbol{B} = \mu_0 \boldsymbol{H}$,$\boldsymbol{D} = \varepsilon_0 \boldsymbol{E}$。现在,定义磁向量位:

$$\boldsymbol{H} = \nabla \times \boldsymbol{A} \tag{D.3}$$

那么,由式(D.2)和式(D.3),我们得

$$\nabla \times (\boldsymbol{E} + j\omega\mu_0 \boldsymbol{A}) = 0 \tag{D.4}$$

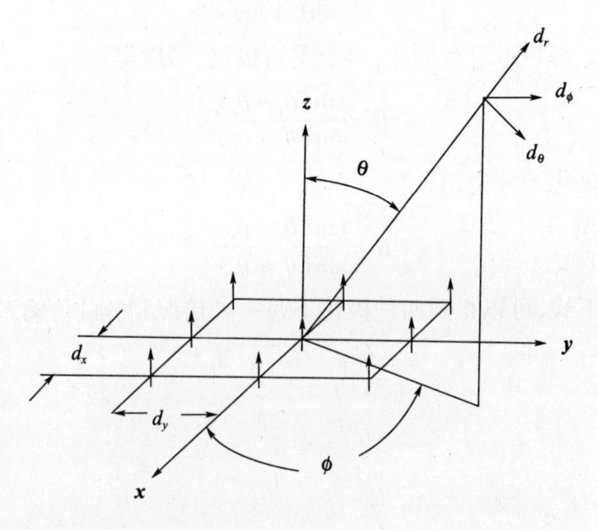

(a)

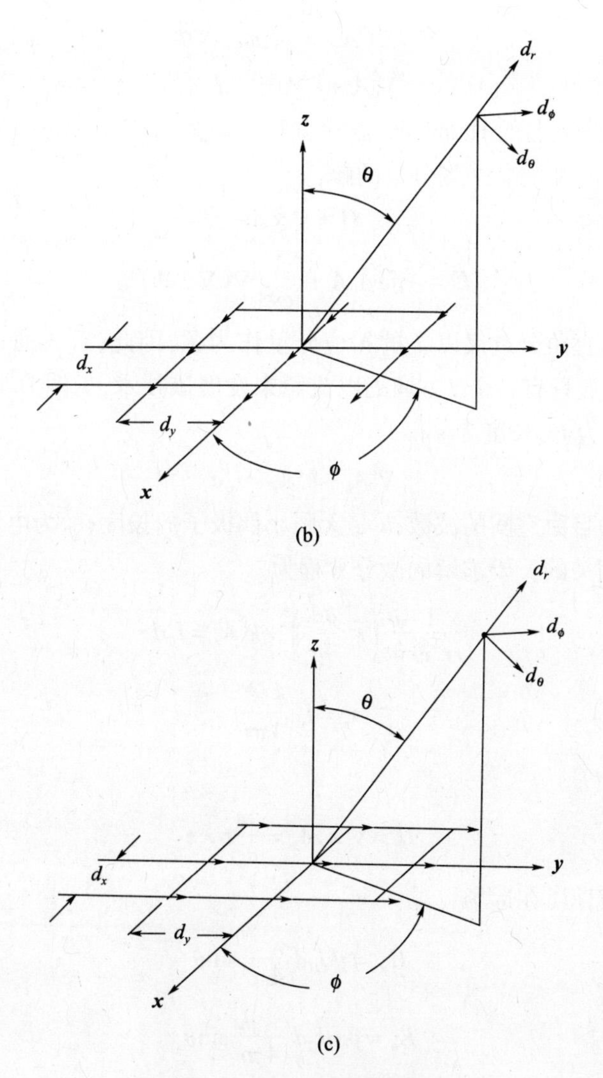

图 D.1 无限小电流元的辐射

(a)z 方向;(b)x 方向;(c)y 方向。

因为任意无旋的向量都可以定义成一个标量函数的梯度,这样就可以定义一个电标量位 $\boldsymbol{\Phi}$:

$$\boldsymbol{E} + \mathrm{j}\omega\mu_0 \boldsymbol{A} = -\nabla \boldsymbol{\Phi} \tag{D.5}$$

由式(D.1)、式(D.3)和式(D.5),我们得

$$\nabla(\nabla \cdot \boldsymbol{A}) - \nabla^2 \boldsymbol{A} - k^2 \boldsymbol{A} = -\mathrm{j}\omega\mu_0 \nabla \boldsymbol{\Phi} + \boldsymbol{J} \tag{D.6}$$

通过旋度和散度可以唯一地确定一个向量。如果我们选择:

$$\nabla(\nabla \cdot \boldsymbol{A}) = -\mathrm{j}\omega\varepsilon_0 \nabla\Phi \tag{D.7}$$

$$\nabla^2 \boldsymbol{A} + k^2 \boldsymbol{A} = -\boldsymbol{J} \tag{D.8}$$

我们将得到著名的 Helmholtz 波动方程。由式(D.3)、式(D.5)和式(D.7)可以得到向量位 $\boldsymbol{A}$ 的各个场分量的解:

$$\boldsymbol{H} = \nabla \times \boldsymbol{A} \tag{D.9}$$

$$\boldsymbol{E} = -\mathrm{j}\omega\mu_0 \boldsymbol{A} + \frac{1}{\mathrm{j}\omega\varepsilon_0}\nabla(\nabla \cdot \boldsymbol{A}) \tag{D.10}$$

因为 $\boldsymbol{A}$ 的直角分量仅以 $\boldsymbol{J}$ 的相应分量作为源,因此,首先通过假设在标准球坐标系的原点只有一个 z 方向的电流源来发展该技术,见图 D.1(a)。我们假定电流的幅度为 I_0,长度为 d。

$$\nabla^2 A_z - k^2 A_z = I_0 d \tag{D.11}$$

其中,k 为自由空间的波数;h 是无限小偶极子的长度;I_0 为电流的幅度。假定 A_z 是与 r 相关的。要求解的微分方程为

$$\frac{1}{r^2 \partial r}\frac{\partial}{\partial r}\left(r^2 \frac{\partial A_z}{\partial r}\right) + k^2 A_z = I_0 d \tag{D.12}$$

$$A_z = I_0 \frac{\mathrm{e}^{-\mathrm{j}kr}}{4\pi r} \tag{D.13}$$

由式(D.9)

$$\boldsymbol{H} = \nabla \times z A_z = \frac{\partial A}{\partial r}\boldsymbol{r} \times z \tag{D.14}$$

由此,我们得(在远场)

$$H_\Phi = \mathrm{j}kI_0 d \frac{\mathrm{e}^{-\mathrm{j}kr}}{4\pi r}\sin\theta \tag{D.15}$$

$$E_\theta = \mathrm{j}k\eta I_0 d \frac{-\mathrm{j}kr}{4\pi r}\sin\theta \tag{D.16}$$

其中,

$$\eta = \sqrt{\frac{\mu_0}{\varepsilon_0}} = 120\pi \tag{D.17}$$

式(D.15)和式(D.16)可以等效为

$$E_\theta = \mathrm{j}\omega\varepsilon_0 \sin\theta A_z \tag{D.18}$$

$$H_\phi = \frac{1}{\eta}E_\theta \tag{D.19}$$

远场模式和孔径电流之间的关系是由每个无限小电流辐射场的线性叠加而来的。例如,考虑图 D.1(a)所示的 z 向电流分布。电流在 x 方向上的位置为

$$x = md_x \tag{D.20}$$

电流在 y 方向的位置为

$$y = nd_y \tag{D.21}$$

在式(D.20)和式(D.21)中，m 和 n 为整数，$0,1,2,\cdots,M$，$n=0,1,2,\cdots,N$，d_x 和 d_y 分别为 x 方向和 y 方向的电流间隔。总的电流为

$$I = \sum_{m=0}^{M}\sum_{n=0}^{N} I_{mn}\delta(x - md_x)\delta(y - nd_y)\delta(z) \tag{D.22}$$

这里，Dirac delta 函数由下面的关系式定义：

$$\delta(p)\begin{cases}0;对所有\ p\neq 0 & (D.23)\\ 1;对所有\ p=0 & (D.24)\end{cases}$$

在式(D.13)中使用该离散电流分布，我们得

$$A_z = \iiint \frac{e^{-jkr}}{4\pi r}\delta(z)\sum_{m=0}^{M}\sum_{n=0}^{N} I_{mn}\delta(x - md_x)\delta(y - nd_y)\,dxdydz \tag{D.25}$$

对于离天线的固定距离 r_0，可简化为

$$A_z = \left[\frac{e^{-jkr_0}}{4\pi r_0}\right]\sum_{m=0}^{M}\sum_{n=0}^{N} I_{mn}e^{-jk\sin\theta(md_x\cos\phi + nd_y\sin\phi)} \tag{D.26}$$

这一结果足以得到远场方向图。要特别指出，远场方向图是所有无限小电流源系统电流贡献的简单相加，将式(D.26)代入式(D.18)，有

$$E_\theta = \sin(\theta)\left[\frac{e^{-jkr_0}}{4\pi r_0}\right]\sum_{m=0}^{M}\sum_{n=0}^{N} I_{mn}e^{j\psi_{mn}} \tag{D.27}$$

其中，空间相位项定义公式为

$$\psi_{mn} = k\sin\theta(md_x\cos\phi + nd_y\sin\phi) \tag{D.28}$$

在式(D.27)里，我们能够去掉方括号[ ]里的项，因为它是一个标量常数。如果这样做，就得到下面的阵列因子：

$$E_\theta^{AF} = \sin(\theta)\sum_{m=0}^{M}\sum_{n=0}^{N} I_{mn}e^{j\psi_{mn}} \tag{D.29}$$

如果电流是沿 x 方向的，类似的推导可以得到沿 x 极化轴场分量阵列因子的表达式：

$$E_x^{AF} = \cos\left[\arctan\left(\frac{\sin\theta\cos\phi}{\sqrt{\cos^2\theta + \sin^2\theta\sin^2\phi}}\right)\right]\sum_{m=0}^{M}\sum_{n=0}^{N} I_{mn}e^{j\psi_{mn}} \tag{D.30}$$

如果电流是 y 方向的，沿 y 极化轴方向场分量的阵列因子为

$$E_y^{AF} = \cos\left[\arctan\left(\frac{\sin\theta\sin\phi}{\sqrt{\cos^2\theta + \sin^2\theta\sin^2\phi}}\right)\right]\sum_{m=0}^{M}\sum_{n=0}^{N} I_{mn}e^{j\psi_{mn}} \tag{D.31}$$

附录 E TORADOME 软件程序清单

```
#COMPILE EXE
FUNCTION PBMAIN
'———— RADOME SHAPE PARAMETERS ————————————————
GLOBAL x0, y0, z0, L0, D0, Adia, AZ, EL, FREQUENCY AS SINGLE
GLOBAL DRAD, Adia, INCREMENT, RADIUS, MAGAouter() AS SINGLE
GLOBAL PHASEAouter(), Ainner(), PI AS SINGLE
GLOBAL AZ, EL, EDB(),RE, IM, CNST, JACK AS SINGLE
'———— VECTOR PARAMETERS ————————————————————
GLOBAL BTO, RTO, Ix, x, y, z, xi, yi, zi, Nt, Nx, Ny, Nz, COUNTA AS SINGLE
GLOBAL COUNTB, xp, yp, zp, RE, IM, PHI, alpha, ri, rp, MATTHEW AS SINGLE
GLOBAL MARK, LUKE, JOHN, times, EY, EZ, VV(), CONV, theta AS SINGLE
GLOBAL Kx, Ky, Kz, IZ, IY, IZZ, IYY, VH(), I, J,II
, JJ, M, MM, MMM AS SINGLE
GLOBAL DR(), GR(), DUMB, VV(), VH(), XAZ, XEL, NAT AS SINGLE
GLOBAL EPOL, REU, IMU, REL, IML AS SINGLE
DIM Ainner( -50 TO 50, -50 TO 50), MAGAouter( -50 TO 50, -50 TO 50)
DIM PHASEAouter( -50 TO 50, -50 TO 50)
DIM EDB( -90 TO 90, -90 TO 90), VV(3), VH(3), DR(3), GR(3)
'———— GLOBAL VARIABLES NEEDED IN SUBROUTINE WALL ——————
GLOBAL wavenumber, ER(), LTAN(), THK(), gamma, Ttotmag() AS SINGLE
GLOBAL Ttotph(), Rtotmag(), Rtotph() AS SINGLE
GLOBAL N, K, THK(), XER(), XLTAN(), XIZ, XIY AS SINGLE
DIM ER(10), LTAN(10), THK(10), Ttotmag(2), Ttotph(2), Rtotmag(2),
Rtotph(2)
'———— USER INPUT VARIABLES ——————————————————
GLOBAL IO_FREQ, IO_LAYERS, IO_N, IO_N2, IO_ERRORTIMES AS SINGLE
GLOBAL IO_THK(), IO_ER(), IO_LTAN(), IO_cursor_y, IO_cursor_x AS SIN-
GLE
GLOBAL IO_varinput IO_StartFreq, IO_StopFreq AS SINGLE
```

```
GLOBAL IO_FILENAME, IO_keystroke, IO_vardump AS STRING
GLOBAL IO_RadomeDiameter, IO_RadomeLength AS SINGLE
GLOBAL IO_AntennaDiameter, IO_AntennaXo, IO_AntennaEL AS SINGLE
GLOBAL IO_AntennaAZ AS SINGLE
GLOBAL IO_AntennaPol AS STRING
DIM IO_THK(10), IO_ER(10), IO_LTAN(10)
'———— ADDED TO MAKE RUN ————————————————————
GLOBAL keystroke AS STRING
GLOBAL pol, BSE, NAT, XTHK(), XER(), XLTAN(), XAZ, XEL AS SINGLE
GLOBAL StartFreq, StopFreq, xPosRad AS SINGLE
DIM XTHK(10), XER(10), XLTAN(10)
'———— CONSTANTS ————————————————————————————
DRAD =3.14159265/180
PI =3.14159265
'************************************
*********************************
'* START Subroutine *
'************************************
*********************************
START:
COLOR 15,1
CLS
COLOR 15,14
LOCATE 1,1
PRINT SPACE$(80);
COLOR 0,14
LOCATE 1,21
PRINT "TANGENT OGIVE RADOME ANALYSIS DEMO PROGRAM"
COLOR 15,1
LOCATE 10,1
PRINT " This software computes the transmission loss through a tan-
gent ogive"
PRINT
PRINT " shaped radome. The radome wall can be a multilayer composite
with up to"
PRINT
```

```
PRINT " five(5) layers of different material types and thicknesses."
PRINT
LOCATE 23,1
COLOR 9,1
PRINT " www.Radomes.net "
COLOR 9,7
LOCATE 25,1
PRINT SPACE$(80);
LOCATE 1,1
COLOR 1,7
LOCATE 25,28
PRINT "<Press Any Key> to Continue";
CURSOR OFF
DO
IO_keystroke = INKEY$
IF IO_keystroke ><"" THEN EXIT DO
LOOP
'*************************************************************************
' * IO_RESTART Subroutine - Radome Geometry *
'*************************************************************************
IO_RESTART:
CURSOR OFF
COLOR 15,1
CLS
COLOR 15,14
LOCATE 1,1
PRINT SPACE$(80);
COLOR 0,14
LOCATE 1,28
PRINT "RADOME GEOMETRY DESCRIPTION"
COLOR 1,7
LOCATE 25,1
PRINT SPACE$(80);
LOCATE 1,1
```

```
COLOR 8,1
LOCATE 22,4
PRINT " <Arrow Keys> - Move Cursor  <Enter> - Edit Data  <F1> - Next
Page <Esc> - Exit";
COLOR 15,1
COLOR 9,7
LOCATE 24,1
PRINT SPACE$(80);
LOCATE 25,1
PRINT SPACE$(80);
LOCATE 1,1
COLOR 1,7
LOCATE 24,2
PRINT "NOTE: To Change Data, Use Arrow Keys to Select Desired Field,
ThenPress the";
LOCATE 25,8
PRINT "Enter Key to Edit Data Within That Field. Press Enter Again
When Done.";
COLOR 15,1
ON ERROR GOTO IO_PROGRAMERROR1
IF IO_ERRORTIMES >= 3 THEN
COLOR 15,0
BEEP
PRINT
PRINT " UNRECOVERABLE ERROR IN PROGRAM EXECUTION!"
SLEEP 7000
END
END IF
OPEN "C:\RADGEO.DAT" FOR INPUT AS #1
'—— CURSOR ——
INPUT #1, IO_cursor_y
INPUT #1, IO_cursor_x
'—— DATA ——
INPUT #1, IO_StartFreq
INPUT #1, IO_StopFreq
INPUT #1, IO_RadomeDiameter
```

```
INPUT #1, IO_RadomeLength
INPUT #1, IO_AntennaDiameter
INPUT #1, IO_AntennaEL
INPUT #1, IO_AntennaAZ
INPUT #1, IO_AntennaXo
INPUT #1, IO_AntennaPol
CLOSE #1
COLOR 15,1
LOCATE 3,2
PRINT "Start Frequency(GHz) = ";
COLOR 15,0
IO_vardump = USING$ (" ###.## ", IO_StartFreq)
PRINT IO_vardump
COLOR 15,1
LOCATE 5,2
PRINT "Stop Frequency(GHz) = ";
COLOR 15,0
IO_vardump = USING$ (" ###.## ", IO_StopFreq)
PRINT IO_vardump
COLOR 15,1
LOCATE 7,2
PRINT "Radome Diameter = ";
COLOR 15,0
IO_vardump = USING$ (" ###.## ", IO_RadomeDiameter)
PRINT IO_vardump
COLOR 15,1
LOCATE 9,2
PRINT "Radome Length = ";
COLOR 15,0
IO_vardump = USING$ (" ###.## ", IO_RadomeLength)
PRINT IO_vardump
COLOR 15,1
LOCATE 11,2
PRINT "Antenna Diameter = ";
COLOR 15,0
IO_vardump = USING$ (" ###.## ", IO_AntennaDiameter)
```

```
PRINT IO_vardump
COLOR 15,1
LOCATE 13,2
PRINT "Elevation(deg) = ";
COLOR 15,0
IO_vardump = USING$ (" ###.## ", IO_AntennaEL)
PRINT IO_vardump
COLOR 15,1
LOCATE 15,2
PRINT "Azimuth(deg) = ";
COLOR 15,0
IO_vardump = USING$ (" ###.## ", IO_AntennaAZ)
PRINT IO_vardump
COLOR 15,1
LOCATE 17,2
PRINT "Antenna Xo Location = ";
COLOR 15,0
IO_vardump = USING$ (" ###.## ", IO_AntennaXo)
PRINT IO_vardump
COLOR 15,1
LOCATE 19,2
PRINT "Antenna Polarization = ";
COLOR 15,0
IO_vardump = USING$ (" & ", IO_AntennaPol)
PRINT IO_vardump
COLOR 15,1
CURSOR OFF
LOCATE IO_cursor_y, IO_cursor_x
PRINT CHR$(16);
DO
IO_keystroke = INKEY$
IF IO_keystroke = CHR$(27) THEN END
IF IO_keystroke = CHR$(0) + CHR$(72) THEN
IF IO_cursor_y > 4 THEN
LOCATE IO_cursor_y, IO_cursor_x: PRINT " ";
IO_cursor_y = IO_cursor_y - 2
```

```
LOCATE IO_cursor_y, IO_cursor_x: PRINT CHR$(16);
END IF
END IF
'———— CURSOR DOWN ————
IF IO_keystroke = CHR$(0) + CHR$(80) THEN
IF IO_cursor_y < 19 THEN
LOCATE IO_cursor_y, IO_cursor_x: PRINT " ";
IO_cursor_y = IO_cursor_y + 2
LOCATE IO_cursor_y, IO_cursor_x: PRINT CHR$(16);
END IF
END IF
'= = = = = = = = RUN DATA = = = = = = = =
IF IO_keystroke = CHR$(0) +CHR$(59) THEN GOTO IO_RESTART2
'———— ALTER DATA <Enter>————
IF IO_keystroke = CHR$(13) THEN GOTO IO_ALTER_DATA
LOOP
END
'**************************************
******************************
'* IO_ALTER_DATA Subroutine *
'**************************************
******************************
IO_ALTER_DATA:
'———— START FREQUENCY ————
IF IO_cursor_y = 3 THEN
LOCATE IO_cursor_y, 27
COLOR 15,0
PRINT SPACE$(7);
LOCATE IO_cursor_y, 27
CURSOR ON, 100
INPUT IO_varinput
CURSOR OFF
IF IO_varinput > = .01 AND IO_varinput < = 100 THEN IO_StartFreq =
IO_varinput ELSE BEEP
END IF
'———— STOP FREQUENCY ————————————————————
```

```
    IF IO_cursor_y = 5 THEN
    LOCATE IO_cursor_y, 27
    COLOR 15,0
    PRINT SPACE$(7);
    LOCATE IO_cursor_y, 27
           CURSOR ON, 100
    INPUT IO_varinput
    CURSOR OFF
    IF IO_varinput > = .01 AND IO_varinput < = 100 THEN IO_StopFreq = IO
_varinput ELSE BEEP
    END IF
    '———— RADOME DIAMETER ————————————————————————
    IF IO_cursor_y = 7 THEN
    LOCATE IO_cursor_y, 27
    COLOR 15,0
    PRINT SPACE$(7);
    LOCATE IO_cursor_y, 27
    CURSOR ON, 100
    INPUT IO_varinput
    CURSOR OFF
    IF IO_varinput < 999.99 AND IO_varinput > = 1 THEN
    IO_RadomeDiameter = IO_varinput ELSE BEEP
    END IF
    '———— RADOME LENGTH ——————————————————————————
    IF IO_cursor_y = 9 THEN
    LOCATE IO_cursor_y, 27
    COLOR 15,0
    PRINT SPACE$(7);
    LOCATE IO_cursor_y, 27
    CURSOR ON, 100
    INPUT IO_varinput
    CURSOR OFF
    IF IO_varinput < 999.99 AND IO_varinput > = 1 THEN
    IO_RadomeLength = IO_varinput ELSE BEEP
    END IF
    '———— ANTENNA DIAMETER ————————————————————————
```

```
IF IO_cursor_y = 11 THEN
LOCATE IO_cursor_y, 27
COLOR 15,0
PRINT SPACE$(7);
LOCATE IO_cursor_y, 27
CURSOR ON, 100
INPUT IO_varinput
CURSOR OFF
    IF IO_varinput < 999.99 AND IO_varinput > = 1 THEN IO_AntennaDi-
ameter = IO_varinput ELSE BEEP
END IF
'———— ELEVATION ————————————————————————————
IF IO_cursor_y = 13 THEN
LOCATE IO_cursor_y, 27
COLOR 15,0
PRINT SPACE$(7);
LOCATE IO_cursor_y, 27
CURSOR ON, 100
INPUT IO_varinput
CURSOR OFF
IF IO_varinput > = 0 AND IO_varinput < = 90 THEN IO_AntennaEL = IO_
varinput ELSE BEEP
END IF
'———— AZIMUTH ————————————————————————————
IF IO_cursor_y = 15 THEN
LOCATE IO_cursor_y, 27
COLOR 15,0
PRINT SPACE$(7);
LOCATE IO_cursor_y, 27
CURSOR ON, 100
INPUT IO_varinput
CURSOR OFF
IF IO_varinput > =0 AND IO_varinput < =90 THEN IO_AntennaAZ = IO_
varinput ELSE BEEP
END IF
'———— ANTENNA Xo LOCATION ————————————————————————
```

```
IF IO_cursor_y = 17 THEN
LOCATE IO_cursor_y, 27
COLOR 15,0
PRINT SPACE$(7);
LOCATE IO_cursor_y, 27
CURSOR ON, 100
INPUT IO_varinput
CURSOR OFF
IF IO_varinput > = 0 AND IO_varinput < = 999.99 THEN IO_AntennaXo =
IO_varinput ELSE BEEP
END IF
'——— ANTENNA POLARIZATION ——————————————————
IF IO_cursor_y = 19 THEN
LOCATE IO_cursor_y, 27
COLOR 15,0
PRINT SPACE$(9);
LOCATE IO_cursor_y, 27
IF IO_AntennaPol = "Vertical" THEN IO_AntennaPol = "Horizonal"
ELSE
IO_AntennaPol = "Vertical"
END IF
END IF
CLOSE
OPEN "C: \RADGEO.DAT" FOR OUTPUT AS #1
'—— CURSOR ——
PRINT #1, IO_cursor_y
PRINT #1, IO_cursor_x
'—— DATA ——
PRINT #1, IO_StartFreq
PRINT #1, IO_StopFreq
PRINT #1, IO_RadomeDiameter
PRINT #1, IO_RadomeLength
PRINT #1, IO_AntennaDiameter
PRINT #1, IO_AntennaEL
PRINT #1, IO_AntennaAZ
PRINT #1, IO_AntennaXo
```

```
PRINT #1, IO_AntennaPol
CLOSE #1
GOTO IO_restart
'*************************************************************
* IO_RESTART2 Subroutine *
'*************************************************************
IO_RESTART2:
'——— TEST FOR ANTENNA HITTING WALL ———
BTO = (4 * IO_RadomeLength^2 - IO_RadomeDiameter^2)/(4 * IO_RadomeDiameter)
RTO = (4 * IO_RadomeLength^2 + IO_RadomeDiameter^2)/(4 * IO_RadomeDiameter)
xPosRad = (SQR(RTO^2) - IO_AntennaXo^2) - BTO
IF (IO_AntennaDiameter + .5) > (2 * xPosRad) THEN BEEP
COLOR 15,12
LOCATE 22,1
PRINT SPACE$(80);
LOCATE 22,2
PRINT "ANTENNA EDGE HITS RADOME WALL, ALTER ANTENNA SIZE, RADOME SIZE OR Xo - LOCATION"
GOSUB waitforanykey
GOTO IO_RESTART
END IF
'——— TEST FOR LESS THAN HEMISPHERE ———
IF IO_RadomeLength < (IO_RadomeDiameter/2) THEN
BEEP
COLOR 15,12
LOCATE 22,1
PRINT SPACE$(80);
LOCATE 22,2
PRINT "RADOME DIMENSIONS ARE LESS THAN A HEMISPHERE, ALTER RADOME LENGTH OR DIAMETER"
GOSUB waitforanykey
GOTO IO_RESTART
```

```
END IF
COLOR 15,1
CLS
COLOR 15,14
LOCATE 1,1
PRINT SPACE$(80);
COLOR 0,14
LOCATE 1,30
PRINT "WALL LAYER DESCRIPTION"
COLOR 8,1
LOCATE 22,4
PRINT" <Arrow Keys> -Move Cursor <Enter> -Edit Data <F1> -Run Da-
ta
 <Esc> -Exit";
COLOR 15,1
COLOR 9,7
LOCATE 24,1
PRINT SPACE$(80);
LOCATE 25,1
PRINT SPACE$(80);
LOCATE 1,1
COLOR 1,7
LOCATE 24,2
PRINT "NOTE: To Change Data, Use Arrow Keys to Select Desired Field,
Then Press the";
LOCATE 25,8
PRINT "Enter Key to Edit Data Within That Field. Press Enter Again
When Done.";
COLOR 15,1
ON ERROR GOTO IO_PROGRAMERROR2
IF IO_ERRORTIMES >= 3 THEN
COLOR 15,0
BEEP
PRINT
PRINT " UNRECOVERABLE ERROR IN PROGRAM EXECUTION!"
SLEEP 7000
```

```
END
END IF
OPEN "C: \WALLDSC.DAT" FOR INPUT AS #1
'—— CURSOR —
INPUT #1, IO_cursor_y
INPUT #1, IO_cursor_x
'—— LAYERS ——
INPUT #1, IO_LAYERS
'—— THK, ER, LTAN ——
FOR IO_N = 1 TO 5
INPUT #1, IO_THK(IO_N), IO_ER(IO_N), IO_LTAN(IO_N)
NEXT IO_N
CLOSE #1
LOCATE 3,2
PRINT "Number of Layers: ";
COLOR 15,0
IO_vardump = USING$ (" # ", IO_LAYERS)
PRINT IO_vardump
COLOR 15,1
'———— DIMLY PRINT ALL LAYERS ————————————————————
IO_N = 0
FOR IO_N2 = 1 TO 10 STEP 2
IO_N = IO_N + 1
COLOR 0,1
LOCATE 4 + IO_N2,2
PRINT "Thickness(";LTRIM$ (STR$ (IO_N));"): ";
IO_vardump = USING$ (" #.### ", IO_THK(IO_N))
PRINT IO_vardump
LOCATE 4 + IO_N2, 27
PRINT "Dielectric(";LTRIM$ (STR$ (IO_N));"): ";
IO_vardump = USING$ (" *0.## ", IO_ER(IO_N))
PRINT IO_vardump
LOCATE 4 + IO_N2, 53
PRINT "Loss Tangent(";LTRIM$ (STR$ (IO_N));"): ";
IO_vardump = USING$ (" #.#### ", IO_LTAN(IO_N))
PRINT IO_vardump
```

```
NEXT IO_N2
'———— HIGHLIGHT SELECTED NUMBER OF LAYERS ————————
IO_N = 0
FOR IO_N2 = 1 TO IO_LAYERS * 2 STEP 2
IO_N = IO_N+1
COLOR 15,1
LOCATE 4 + IO_N2,2
PRINT "Thickness(";LTRIM$(STR$(IO_N));"): ";
COLOR 15,0
IO_vardump = USING$ (" #.### ", IO_THK(IO_N))
PRINT IO_vardump
COLOR 15,1
LOCATE 4 + IO_N2, 27
PRINT "Dielectric(";LTRIM$(STR$(IO_N));"): ";
COLOR 15,0
IO_vardump = USING$ (" *0.## ", IO_ER(IO_N))
PRINT IO_vardump
COLOR 15,1
LOCATE 4 + IO_N2, 53
PRINT "Loss Tangent(";LTRIM$(STR$(IO_N));"): ";
COLOR 15,0
IO_vardump = USING$ (" #.#### ", IO_LTAN(IO_N))
PRINT IO_vardump
COLOR 15,1
NEXT IO_N2
CURSOR OFF
LOCATE IO_cursor_y, IO_cursor_x
PRINT CHR$(16);
DO
IO_keystroke = INKEY$
IF IO_keystroke = CHR$(27) THEN GOTO IO_RESTART
'———— CURSOR UP ————
IF IO_keystroke = CHR$(0) + CHR$(72) THEN
IF IO_cursor_y > 4 THEN
LOCATE IO_cursor_y, IO_cursor_x: PRINT " ";
IO_cursor_y = IO_cursor_y - 2
```

```
IF IO_cursor_y < 4 THEN IO_cursor_x = 1
LOCATE IO_cursor_y, IO_cursor_x: PRINT CHR$(16);
END IF
END IF
'———— CURSOR DOWN ————
IF IO_keystroke = CHR$(0) + CHR$(80) THEN
IF IO_cursor_y < 14 AND IO_cursor_y < (IO_LAYERS*2)+2 THEN
LOCATE IO_cursor_y, IO_cursor_x: PRINT " ";
IO_cursor_y = IO_cursor_y + 2
LOCATE IO_cursor_y, IO_cursor_x: PRINT CHR$(16);
END IF
END IF
'———— CURSOR LEFT ————
IF IO_keystroke = CHR$(0) + CHR$(75) THEN
IF IO_cursor_y >= 5 AND IO_cursor_x > 1 THEN
IF IO_cursor_x = 26 THEN
LOCATE IO_cursor_y, IO_cursor_x: PRINT " ";
IO_cursor_x = 1
LOCATE IO_cursor_y, IO_cursor_x: PRINT CHR$(16);
END IF
IF IO_cursor_x = 52 THEN
LOCATE IO_cursor_y, IO_cursor_x: PRINT " ";
IO_cursor_x = 26
LOCATE IO_cursor_y, IO_cursor_x: PRINT CHR$(16);
END IF
END IF
END IF
'———— CURSOR RIGHT ————
IF IO_keystroke = CHR$(0) + CHR$(77) THEN
IF IO_cursor_y >= 5 AND IO_cursor_x < 52 THEN
IF IO_cursor_x = 26 THEN
LOCATE IO_cursor_y, IO_cursor_x: PRINT " ";
IO_cursor_x = 52
LOCATE IO_cursor_y, IO_cursor_x: PRINT CHR$(16);
END IF
IF IO_cursor_x = 1 THEN
```

```
LOCATE IO_cursor_y, IO_cursor_x: PRINT " ";
IO_cursor_x = 26
LOCATE IO_cursor_y, IO_cursor_x: PRINT CHR$(16);
END IF
END IF
END IF
'———— ALTER DATA <Enter>————
IF IO_keystroke = CHR$(13) THEN GOTO IO_ALTER_DATA2
' = = = = = = = = RUN DATA = = = = = = = =
IF IO_keystroke = CHR$(0) +CHR$(59) THEN GOTO WALL_MODULE
LOOP
END
'**************************************
**********************************
IO_ALTER_DATA2:
'———— LAYERS ——————————————————————————
IF IO_cursor_y = 3 AND IO_cursor_x = 1 THEN
LOCATE IO_cursor_y, 20
COLOR 15,0
PRINT SPACE$(3);
LOCATE IO_cursor_y, 21
CURSOR ON, 100
INPUT IO_varinput
CURSOR OFF
IF IO_varinput = > 1 AND IO_varinput < = 5 THEN IO_LAYERS = INT(IO_
varinput) ELSE BEEP
END IF
'———— THICKNESS 1 ——————————————————————
IF IO_cursor_y = 5 AND IO_cursor_x = 1 THEN
LOCATE IO_cursor_y, 17
COLOR 15,0
PRINT SPACE$(5);
LOCATE IO_cursor_y, 17
CURSOR ON, 100
INPUT IO_varinput
CURSOR OFF
```

```
IF IO_varinput = > 0 AND IO_varinput < = 3 THEN IO_THK(1) = IO_varin-
put ELSE BEEP
END IF
'———— THICKNESS 2 ————————————————————————————
IF IO_cursor_y = 7 AND IO_cursor_x = 1 THEN
LOCATE IO_cursor_y, 17
COLOR 15,0
PRINT SPACE$(5);
LOCATE IO_cursor_y, 17
CURSOR ON, 100
INPUT IO_varinput
CURSOR OFF
IF IO_varinput = > 0 AND IO_varinput < = 3 THEN IO_THK(2) = IO_varin-
put ELSE BEEP
END IF
'———— THICKNESS 3 ————————————————————————————
IF IO_cursor_y = 9 AND IO_cursor_x = 1 THEN
LOCATE IO_cursor_y, 17
COLOR 15,0
PRINT SPACE$(5);
LOCATE IO_cursor_y, 17
CURSOR ON, 100
INPUT IO_varinput
CURSOR OFF
IF IO_varinput = > 0 AND IO_varinput < = 3 THEN IO_THK(3) = IO_varin-
put ELSE BEEP
END IF
'———— THICKNESS 4 ————————————————————————————
IF IO_cursor_y = 11 AND IO_cursor_x = 1 THEN
LOCATE IO_cursor_y, 17
COLOR 15,0
PRINT SPACE$(5);
LOCATE IO_cursor_y, 17
CURSOR ON, 100
INPUT IO_varinput
CURSOR OFF
```

```
IF IO_varinput = > 0 AND IO_varinput < = 3 THEN IO_THK(4) = IO_varin-
put ELSE BEEP
END IF
'———— THICKNESS 5 ————————————————————————
IF IO_cursor_y = 13 AND IO_cursor_x = 1 THEN
LOCATE IO_cursor_y, 17
COLOR 15,0
PRINT SPACE$ (5);
LOCATE IO_cursor_y, 17
CURSOR ON, 100
INPUT IO_varinput
CURSOR OFF
IF IO_varinput = > 0 AND IO_varinput < = 3 THEN IO_THK(5) = IO_varin-
put ELSE BEEP
END IF
'———— DIELECTRIC 1 ————————————————————————
IF IO_cursor_y = 5 AND IO_cursor_x = 26 THEN
LOCATE IO_cursor_y, 43
COLOR 15,0
PRINT SPACE$ (5);
LOCATE IO_cursor_y, 43
CURSOR ON, 100
INPUT IO_varinput
CURSOR OFF
IF IO_varinput = > .01 AND IO_varinput < = 99 THEN IO_ER(1) = IO_
varinput ELSE BEEP
END IF
'———— DIELECTRIC 2 ————————————————————————
IF IO_cursor_y = 7 AND IO_cursor_x = 26 THEN
LOCATE IO_cursor_y, 43
COLOR 15,0
PRINT SPACE$ (5);
LOCATE IO_cursor_y, 43
CURSOR ON, 100
INPUT IO_varinput
CURSOR OFF
```

```
IF IO_varinput = > .01 AND IO_varinput < = 99 THEN IO_ER(2) = IO_
varinput ELSE BEEP
END IF
'——— DIELECTRIC 3 ————————————————————————
IF IO_cursor_y = 9 AND IO_cursor_x = 26 THEN
LOCATE IO_cursor_y, 43
COLOR 15,0
PRINT SPACE$ (5);
LOCATE IO_cursor_y, 43
CURSOR ON, 100
INPUT IO_varinput
CURSOR OFF
IF IO_varinput = > .01 AND IO_varinput < = 99 THEN IO_ER(3) = IO_
varinput ELSE BEEP
END IF
'——— DIELECTRIC 4 ————————————————————————
IF IO_cursor_y = 11 AND IO_cursor_x = 26 THEN
LOCATE IO_cursor_y, 43
COLOR 15,0
PRINT SPACE$ (5);
LOCATE IO_cursor_y, 43
CURSOR ON, 100
INPUT IO_varinput
CURSOR OFF
IF IO_varinput = > .01 AND IO_varinput < = 99 THEN IO_ER(4) = IO_
varinput ELSE BEEP
END IF
'——— DIELECTRIC 5 ————————————————————————
IF IO_cursor_y = 13 AND IO_cursor_x = 26 THEN
LOCATE IO_cursor_y, 43
COLOR 15,0
PRINT SPACE$ (5);
LOCATE IO_cursor_y, 43
CURSOR ON, 100
INPUT IO_varinput
CURSOR OFF
```

```
    IF IO_varinput = > .01 AND IO_varinput < = 99 THEN IO_ER(5) = IO_
varinput ELSE BEEP
    END IF
    '———— LOSS TANGENT 1 ————————————————————————————
    IF IO_cursor_y = 5 AND IO_cursor_x = 52 THEN
    LOCATE IO_cursor_y, 71
    COLOR 15,0
    PRINT SPACE$ (6);
    LOCATE IO_cursor_y, 71
    CURSOR ON, 100
    INPUT IO_varinput
    CURSOR OFF
    IF IO_varinput = > .0001 AND IO_varinput < 1 THEN IO_LTAN(1) = IO_
varinput ELSE BEEP
    END IF
    '———— LOSS TANGENT 2 ————————————————————————————
    IF IO_cursor_y = 7 AND IO_cursor_x = 52 THEN
    LOCATE IO_cursor_y, 71
    COLOR 15,0
    PRINT SPACE$ (6);
    LOCATE IO_cursor_y, 71
    CURSOR ON, 100
    INPUT IO_varinput
    CURSOR OFF
    IF IO_varinput = > .0001 AND IO_varinput < 1 THEN IO_LTAN(2) = IO_
varinput ELSE BEEP
    END IF
    '———— LOSS TANGENT 3 ————————————————————————————
    IF IO_cursor_y = 9 AND IO_cursor_x = 52 THEN
    LOCATE IO_cursor_y, 71
    COLOR 15,0
    PRINT SPACE$ (6);
    LOCATE IO_cursor_y, 71
    CURSOR ON, 100
    INPUT IO_varinput
    CURSOR OFF
```

```
IF IO_varinput = > .0001 AND IO_varinput < 1 THEN IO_LTAN(3) =
IO_varinput ELSE BEEP
END IF
'———— LOSS TANGENT 4 ————————————————————————
IF IO_cursor_y = 11 AND IO_cursor_x = 52 THEN
LOCATE IO_cursor_y, 71
COLOR 15,0
PRINT SPACE$ (6);
LOCATE IO_cursor_y, 71
CURSOR ON, 100
INPUT IO_varinput
CURSOR OFF
IF IO_varinput = > .0001 AND IO_varinput < 1 THEN IO_LTAN(4) = IO_
varinput ELSE BEEP
END IF
'———— LOSS TANGENT 5 ————————————————————————
IF IO_cursor_y = 13 AND IO_cursor_x = 52 THEN
LOCATE IO_cursor_y, 71
COLOR 15,0
PRINT SPACE$ (6);
LOCATE IO_cursor_y, 71
CURSOR ON, 100
INPUT IO_varinput
CURSOR OFF
IF IO_varinput = > .0001 AND IO_varinput < 1 THEN IO_LTAN(5) = IO_
varinput ELSE BEEP
END IF
CLOSE
OPEN "C: \WALLDSC. DAT" FOR OUTPUT AS #1
'—— CURSOR ——
PRINT #1, IO_cursor_y
PRINT #1, IO_cursor_x
'—— LAYERS ——
PRINT #1, IO_LAYERS
'—— THK, ER, LTAN ——
FOR IO_N = 1 TO 5
```

```
PRINT #1, IO_THK(IO_N), IO_ER(IO_N), IO_LTAN(IO_N)
NEXT IO_N
CLOSE #1
GOTO IO_restart2
'*************************************
*********************************
'* IO_PROGRAMERROR1 Subroutine *
'*************************************
*********************************
IO_PROGRAMERROR1:
IF ERR = 53 THEN
CLOSE
OPEN "C:\RADGEO.DAT" FOR OUTPUT AS #1
'—— CURSOR ——
PRINT #1,"3"
PRINT #1,"1"
'—— START FREQ ——
PRINT #1,"2"
'—— STOP FREQ ——
PRINT #1,"8"
'—— RAD DIA ——
PRINT #1,"12"
'—— RAD LENGTH ——
PRINT #1,"24"
'—— ANT DIA ——
PRINT #1,"8"
'—— EL ——
PRINT #1,"0"
'—— AZ ——
PRINT #1,"0"
'—— ANT LOCATION X ——
PRINT #1,"0"
'—— ANT POL ——
PRINT #1, "Vertical"
CLOSE #1
GOTO IO_RESTART
```

```
ELSE
BEEP
COLOR 15,9
PRINT " ERROR IN PROGRAM EXECUTION! "
SLEEP 5000
END IF
END
'*************************************************************************
'* IO_PROGRAMERROR2 Subroutine *
'*************************************************************************
IO_PROGRAMERROR2:
IF ERR = 53 THEN
CLOSE
OPEN "C:\WALLDSC.DAT" FOR OUTPUT AS #1
'—— CURSOR ——
PRINT #1,"3"
PRINT #1,"1"
'—— LAYERS ——
PRINT #1,"3"
'—— THK, ER, LTAN ——
FOR IO_N = 1 TO 5
PRINT #1,".05, 3, .001"
NEXT IO_N
CLOSE #1
GOTO IO_RESTART
ELSE
BEEP
COLOR 15,9
PRINT " ERROR IN PROGRAM EXECUTION! "
SLEEP 5000
END IF
END
'*************************************************************************
```

```
' * WALL_MODULE Subroutine *
' * * * * * * * * * * * * * * * * * * * * * * * * * * * * * * * * * * * * * * * * * * * * * * * * * * * * * * * * * * * * * * * * *
WALL_MODULE:
GLOBAL DRAD, PI, FREQUENCY, wavenumber, ER(), LTAN(), THK() AS SINGLE
GLOBAL GAMMA, GAMMADEG, TRANSMAG(), TRANSPHS() AS SINGLE
GLOBAL FREQSTART, FREQSTOP, Rtotmag(), Rtotph(), times AS SINGLE
GLOBAL vardump, dummy AS STRING
COLOR 15,1
CLS
COLOR 15,14
LOCATE 1,1
PRINT SPACE$(80);
COLOR 0,14
LOCATE 1,30
PRINT "CALCULATED TORADOME DATA"
COLOR 1,7
LOCATE 25,1
PRINT SPACE$(80);
LOCATE 1,1
LOCATE 25,18
PRINT "<Press Any Key> - Return to Data Input Screen";
COLOR 15,1
DIM ER(6), LTAN(6), THK(6), TRANSMAG(2), TRANSPHS(2), Rtotmag(2),
Rtotph(2)
PI = 3.14159265
DRAD = PI/180
OPEN "C:\RADGEO.DAT" FOR INPUT AS #1
'—— CURSOR ——
INPUT #1, dummy
INPUT #1, dummy
'—— DATA ——
INPUT #1, IO_StartFreq
StartFreq = IO_StartFreq
INPUT #1, IO_StopFreq
StopFreq = IO_StopFreq
```

```
INPUT #1, IO_RadomeDiameter
D0 = IO_RadomeDiameter
INPUT #1, IO_RadomeLength
L0 = IO_RadomeLength
INPUT #1, IO_AntennaDiameter
Adia = IO_AntennaDiameter
INPUT #1, IO_AntennaEL
EL = IO_AntennaEL
INPUT #1, IO_AntennaAZ
AZ = IO_AntennaAZ
INPUT #1, IO_AntennaXo
X0 = IO_AntennaXo
Y0 = 0
Z0 = 0
INPUT #1, IO_AntennaPol
IF IO_AntennaPol = "Vertical" THEN
EPOL = 0
ELSE
EPOL = 1
END IF
CLOSE #1
LOCATE 11,49
vardump = USING$ ("EL = ##.##", EL)
PRINT vardump
LOCATE 13,49
vardump = USING$ ("AZ = ##.##", AZ)
PRINT vardump
LOCATE 15,49
PRINT "Polarization = ";IO_AntennaPol
LOCATE 4,9
PRINT "Frequency(GHz) Loss(dB)"
LOCATE 5,9
PRINT "—————————— ——————"
LOCATE 7,1
OPEN "C: \WALLDSC.DAT" FOR INPUT AS #1
'—— CURSOR ——
```

```
INPUT #1, dummy
INPUT #1, dummy
'—— LAYERS ——
INPUT #1, N
'—— THK, ER, LTAN ——
FOR times = 1 TO 5
INPUT #1, THK(times), ER(times), LTAN(times)
NEXT times
CLOSE #1
'———— POLARIZATION ————————————————————
IF EPOL = 0 THEN
EZ = 1
EY = 0
'PRINT " PROGRAM SET FOR VERTICALLY POLARIZED ANTENNA"
END IF
IF EPOL = 1 THEN
EZ = 0
EY = 1
'PRINT " PROGRAM SET FOR HORIZONTALLY POLARIZED ANTENNA"
END IF
'———— COMPUTE TANGENT OGIVE PARAMETERS ————————
BTO = (4 * L0^2 - D0^2) / (4 * D0)
RTO = (4 * L0^2 + D0^2) / (4 * D0)
INCREMENT = Adia/100
'———— NOW TO COMPUTE PROPAGATION VECTOR ————————
Kx = COS(EL * DRAD) * COS(AZ * DRAD)
Ky = COS(EL * DRAD) * SIN(AZ * DRAD)
Kz = SIN(EL * DRAD)
'———— LOAD INTERNAL ANTENNA APERTURE DISTRIBUTION ————
CNST = 0
FOR IZ = -50 TO 50 STEP 5
IF IZ 0 THEN
FOR IY = -50 TO 50 STEP 5
IF IY 0 THEN
y0 = IY * INCREMENT
z0 = IZ * INCREMENT
```

```
RADIUS = SQR(y0^2 + z0^2)
IF RADIUS > = Adia/2 THEN
Ainner(IY, IZ) = 0
ELSE
MATTHEW = ((0.9 * PI) * IZ)/100
MARK = ((.8 * PI) * RADIUS)/Adia
LUKE = ((0.9 * PI) * IY)/100
Ainner(IY, IZ)
 = EZ * COS(MATTHEW) + EY * COS(LUKE)) * SQR(COS(MARK))
CNST = CNST + Ainner(IY, IZ)
END IF
END IF
NEXT IY
END IF
NEXT IZ
'PRINT CNST, Adia, BTO, RTO
'input hash$
'THIS NOW LOOKS GOOD TO HERE
'NOTE: WE ONLY NEED TO SETUP THE INITIAL APERTURE DISTRIBUTION ONCE:
'IT NEVER CHANGES
'———— FREQUENCY LOOP ————————————————————————
FOR FREQUENCY = StartFreq TO StopFreq STEP
((StopFreq - StartFreq)/15)
wavenumber = 0.532 * FREQUENCY
'———— ROTATION OF POLARIZATION VECTOR ——————————
IF EZ = 1 THEN
VV(1) = -SIN(EL * DRAD) * COS(AZ * DRAD)
VV(2) = -SIN(EL * DRAD) * SIN(AZ * DRAD)
VV(3) = COS(EL * DRAD)
VH(1) = 0
VH(2) = 0
VH(3) = 0
END IF
IF EY = 1 THEN
VV(1) = 0
VV(2) = 0
```

```
VV(3) = 0
VH(1) = -SIN(AZ * DRAD)
VH(2) = COS(AZ * DRAD)
VH(3) = 0
END IF
'———— LOAD EXTERNAL ARRAY TO GET A GAIN LOSS COMPUTATION ————
RE = 0
IM = 0
FOR IZ = -50 TO 50 STEP 5
IF IZ 0 THEN
FOR IY = -50 TO 50 STEP 5
IF IY 0 THEN
y0 = IY * INCREMENT
z0 = IZ * INCREMENT
RADIUS = SQR(y0^2 + z0^2)
IF RADIUS < Adia/2 THEN
GOSUB GIMBALROT
GOSUB INTERCEPT
GOSUB NORMAL
JACK = (Nx * Kx + Ny * Ky + Nz * Kz)
IF JACK = 0 THEN JACK = 10^-6
gamma = ATN(SQR(1 - JACK^2) / JACK)
gamma = ABS(gamma)
GOSUB WALL_SUBROUTINE
GOSUB DECOMP
RE = RE + MAGAouter(IY, IZ) * COS(PHASEAouter(IY,
IZ))
IM = IM + MAGAouter(IY, IZ) * SIN(PHASEAouter(IY,
IZ))
END IF
END IF
IF INKEY$ = CHR$ (27) THEN GOTO IO_RESTART
NEXT IY
END IF
NEXT IZ
EDB(AZ, EL) = 20 * LOG10(SQR(RE^2 + IM^2) /CNST)
```

```
IF EDB(AZ,EL) > =0 THEN
vardump = USING$(" ###.## +##.##",
FREQUENCY, -0.001)
ELSE
vardump = USING$(" ###.## +##.##",
FREQUENCY, EDB(AZ, EL))
END IF
PRINT vardump
NEXT FREQUENCY
DO
IF INKEY$ = CHR$(27) THEN GOTO IO_RESTART
IF INKEY$ "" THEN GOTO IO_RESTART
LOOP
END
'* * * * * * * * * * * * * * * * * * * * * * * * * * * * * * * * * * * * *
* * * * * * * * * * * * * * * * * * * * * * * * * * * * * * * * *
'* GIMBALROT SUBROUTINE *
'* * * * * * * * * * * * * * * * * * * * * * * * * * * * * * * * * * * * *
* * * * * * * * * * * * * * * * * * * * * * * * * * * * * * * * *
GIMBALROT:
'———— TRANSFORM THE APERTURE POINTS THROUGH AZ, EL ANGLES ————
xp = -COS(AZ*DRAD) * SIN(EL*DRAD) * z0 - (SIN(AZ*DRAD) * y0)
yp = -SIN(AZ*DRAD) * SIN(EL*DRAD) * z0 + (COS(AZ*DRAD) * y0)
zp = COS(EL*DRAD) * z0
RETURN
'* * * * * * * * * * * * * * * * * * * * * * * * * * * * * * * * * * * * *
* * * * * * * * * * * * * * * * * * * * * * * * * * * * * * * * *
'* ICEPT Subroutine *
'* * * * * * * * * * * * * * * * * * * * * * * * * * * * * * * * * * * * *
* * * * * * * * * * * * * * * * * * * * * * * * * * * * * * * * *
* * * * * * * *
INTERCEPT:
'———— FIND THE INTERCEPT OF A RAY AND THE RADOME SURFACE ————
MMM = 0
CONV = 1
FOR MM = 1 TO 100000
```

```
MMM = MMM + CONV
x = xp + Kx * MMM
y = yp + Ky * MMM
z = zp + Kz * MMM
ri = SQR(y^2 + z^2)
rp = ABS((SQR(RTO^2 - x^2)) - BTO)
IF ABS(rp - ri) < = 3 THEN CONV = .5
IF ABS(rp - ri) < = 2 THEN CONV = .1
IF ABS(rp - ri) < = 1 THEN CONV = .01
IF (rp - ri) < = .1 THEN EXIT FOR
NEXT MM
xi = x
yi = y
zi = z
RETURN
'*****************************************
*********************************
'* NORMAL Subroutine *
'*****************************************
*********************************
NORMAL:
Nx = 1/SQR(1 + ((rp + BTO)/xi)^2)
Nt = SQR(1 - Nx^2)
M = ABS(zi/yi)
alpha = ATN(M)
IF zi > 0 AND yi > 0 THEN
Nz = Nt * SIN(alpha): Ny = Nt * COS(alpha)
END IF
IF zi > 0 AND yi < 0 THEN
Nz = Nt * SIN(alpha): Ny = -Nt * COS(alpha)
END IF
IF zi < 0 AND yi < 0 THEN
Nz = -Nt * SIN(alpha): Ny = -Nt * COS(alpha)
END IF
IF zi < 0 AND yi > 0 THEN
Nz = -Nt * SIN(alpha): Ny = Nt * COS(alpha)
```

```
END IF
RETURN
'* * * * * * * * * * * * * * * * * * * * * * * * * * * * * * * * * * * * * *
* * * * * * * * * * * * * * * * * * * * * * * * * * * * * * * * *
'* DECOMPOSE AND RECOMPOSE RAYS *
'* * * * * * * * * * * * * * * * * * * * * * * * * * * * * * * * * * * * * *
* * * * * * * * * * * * * * * * * * * * * * * * * * * * * * * * *
DECOMP:
LOCAL AA, BB, CC, DD AS DOUBLE
Nx = Nx + 10^-5
Ny = Ny + 10^-5
Nz = Nz + 10^-5
DUMB = (Ny * Kz - Nz * Ky)^2
DUMB = DUMB + (Nz * Kx - Nx * Kz)^2
DUMB = DUMB + (Nx * Ky - Ny * Kx)^2
DUMB = SQR(DUMB)
'——— DR() IS A VECTOR PERPENDICULAR TO THE PLANE OF INCIDENCE ———
DR(1) = (Ny * Kz - Nz * Ky) /DUMB
DR(2) = (Nz * Kx - Nx * Kz) /DUMB
DR(3) = (Nx * Ky - Ny * Kx) /DUMB
DR(1) = DR(1)/SQR(DR(1)^2 + DR(2)^2 + DR(3)^2)
DR(2) = DR(2)/SQR(DR(1)^2 + DR(2)^2 + DR(3)^2)
DR(3) = DR(3)/SQR(DR(1)^2 + DR(2)^2 + DR(3)^2)
DUMB = (DR(2) * Kz - DR(3) * Ky)^2
DUMB = DUMB + (DR(3) * Kx - DR(1) * Kz)^2
DUMB = DUMB + (DR(1) * Ky - DR(2) * Kx)^2
DUMB = SQR(DUMB)
'———— GR() IS A VECTOR IN THE PLANE OF INCIDENCE ————————
GR(1) = (DR(2) * Kz - DR(3) * Ky) /DUMB
GR(2) = (DR(3) * Kx - DR(1) * Kz) /DUMB
GR(3) = (DR(1) * Ky - DR(2) * Kx) /DUMB
GR(1) = GR(1) /SQR(GR(1)^2 + GR(2)^2 + GR(3)^2)
GR(2) = GR(2) /SQR(GR(1)^2 + GR(2)^2 + GR(3)^2)
GR(3) = GR(3) /SQR(GR(1)^2 + GR(2)^2 + GR(3)^2)
'——— LOAD THE ELEMENTS OF THE EXTERNAL ARRAY Aouter(IY, IZ) ————
'THIS SUBROUTINE DECOMPOSES THE WAVE INTO PARALLEL AND PERP COMPO-
```

```
NENTS,
    'APPLIES THE RESPECTIVE TRANSMISSION COEFFICIENTS AT THE VALUES
OF AZ
    'AND EL AND RECOMPOSES THE WAVE INTO AN EQUIVALENT APERTURE
OUTSIDE RADOME
    '——— FOR A VERTICALLY POLARIZED APERTURE VOLTAGE ————————
    AA = (VV(1) * DR(1)) + (VV(2) * DR(2)) + (VV(3) * DR(3))
    AA = AA * Ttotmag(0)
    BB = (VV(1) * GR(1)) + (VV(2) * GR(2)) + (VV(3) * GR(3))
    BB = BB * Ttotmag(1)
    '———— FOR A HORIZONTALLY POLARIZED APERTURE VOLTAGE ——————
    CC = (VH(1) * DR(1) + VH(2) * DR(2) + VH(3) * DR(3)) * Ttotmag(0)
    DD = (VH(1) * GR(1) + VH(2) * GR(2) + VH(3) * GR(3)) * Ttotmag(1)
    '———— FOR VERTICAL POLARIZATION ——————————————————
    IF EZ = 1 THEN
    MAGAouter(IY, IZ) = Ainner(IY, IZ) * SQR(AA^2 + BB^2)
    PHASEAouter(IY, IZ) = ABS(Ttotph(0) - Ttotph(1))
    END IF
    '———— FOR HORIZONTAL POLARIZATION ————————————————
    IF EY = 1 THEN
    MAGAouter(IY, IZ) = Ainner(IY, IZ) * SQR(CC^2 + DD^2)
    PHASEAouter(IY, IZ) = ABS(Ttotph(0) - Ttotph(1))
    END IF
    RETURN
    '* * * * * * * * * * * * * * * * * * * * * * * * * * * * * * * * * * * * *
* * * * * * * * * * * * * * * * * * * * * * * * * * * * * * * * *
    '* WALL Subroutine *
    '* * * * * * * * * * * * * * * * * * * * * * * * * * * * * * * * * * * * *
* * * * * * * * * * * * * * * * * * * * * * * * * * * * * * * * *
    WALL_SUBROUTINE:
    LOCAL AMW(), BMW(), CMW(), APW(), BPW(), CPW(), ANG AS SINGLE
    LOCAL IW, JW, KW AS SINGLE
    LOCAL R1, R2, E1, E2, R3, E3, tranmag, tranph, PA, corr AS SINGLE
    LOCAL zmag(), zph(), rez(), imz(), emag(), eph() AS SINGLE
    LOCAL phimag( ), phiph( ), rephi( ), imphi( ), magterm( ), angterm( )
AS SINGLE
```

```
LOCAL Rmag(), Rph(), reR(), imR(), Tmag(), Tph(), reT(), imT() AS SIN-
GLE
LOCAL xx, yy, MAG, ROOTMAG, ROOTANG, NUMMAG, NUMANG, DENMAG, DENANG AS
SINGLE
DIM AMW(10), BMW(10), CMW(10), APW(10), BPW(10), CPW(10)
DIM zmag(10), zph(10), rez(10), imz(10), emag(10), eph(10)
DIM phimag(10), phiph(10), rephi(10), imphi(10), magterm(10),
angterm(10)
DIM Rmag(10), Rph(10), reR(10), imR(10)
DIM Tmag(10), Tph(10), reT(10), imT(10)
FOR POL = 0 TO 1
zmag(0) = 1
zph(0) = 0
rez(0) = 1
imz(0) = 0
FOR IW = 1 TO N
xx = ER(IW)
yy = ER(IW) * -LTAN(IW)
GOSUB RECTPOLAR
emag(IW) = MAG
eph(IW) = ANG
NEXT IW
rephi(N + 1) = 0
imphi(N + 1) = 0
FOR IW = 1 TO N
xx = ER(IW) - (SIN(GAMMA))^2
yy = ER(IW) * -LTAN(IW)
GOSUB RECTPOLAR
GOSUB COMPLEXSR
magterm(IW) = ROOTMAG: angterm(IW) = ROOTANG
phimag(IW) = wavenumber * magterm(IW)
phiph(IW) = angterm(IW)
MAG = phimag(IW)
ANG = phiph(IW)
GOSUB POLARRECT
rephi(IW) = xx
```

```
imphi(IW) = yy
zmag(IW) = COS(GAMMA) /(magterm(IW) + 1E-12)
zph(IW) = -angterm(IW)
MAG = zmag(IW)
ANG = zph(IW)
GOSUB POLARRECT
rez(IW) = xx
imz(IW) = yy
IF POL = 1 THEN
zmag(IW) = 1 /((emag(IW) * zmag(IW)) + 1E-12)
zph(IW) = -(eph(IW) + zph(IW))
MAG = zmag(IW)
ANG = zph(IW)
GOSUB POLARRECT
rez(IW) = xx
imz(IW) = yy
END IF
NEXT IW
zmag(N + 1) = 1
zph(N + 1) = 0
rez(N + 1) = 1
imz(N + 1) = 0
FOR IW = 1 TO (N + 1)
xx = rez(IW) - rez(IW - 1)
yy = imz(IW) - imz(IW - 1)
GOSUB RECTPOLAR
NUMMAG = MAG
NUMANG = ANG
xx = rez(IW) + rez(IW - 1)
yy = imz(IW) + imz(IW - 1)
GOSUB RECTPOLAR
DENMAG = MAG
DENANG = ANG
Rmag(IW) = NUMMAG /DENMAG
Rph(IW) = NUMANG - DENANG
MAG = Rmag(IW)
```

```
ANG = Rph(IW)
GOSUB POLARRECT
reR(IW) = xx
imR(IW) = yy
reT(IW) = 1 + reR(IW)
imT(IW) = imR(IW)
xx = reT(IW)
yy = imT(IW)
GOSUB RECTPOLAR
Tmag(IW) = MAG
Tph(IW) = ANG
NEXT IW
AMW(1) = EXP( -imphi(1) * THK(1))
AMW(4) = 1 /AMW(1)
AMW(2) = Rmag(1) * AMW(4)
AMW(3) = Rmag(1) * AMW(1)
APW(1) = rephi(1) * THK(1)
APW(2) = Rph(1) - APW(1)
APW(3) = Rph(1) + APW(1)
APW(4) = -APW(1)
FOR KW = 2 TO N
BMW(1) = EXP( -imphi(KW) * THK(KW))
BMW(4) = 1 /BMW(1)
BMW(2) = Rmag(KW) * BMW(4)
BMW(3) = Rmag(KW) * BMW(1)
BPW(1) = rephi(KW) * THK(KW)
BPW(2) = Rph(KW) - BPW(1)
BPW(3) = Rph(KW) + BPW(1)
BPW(4) = -BPW(1)
GOSUB CMULT
NEXT KW
BMW(1) = 1
BMW(4) = 1
BMW(2) = Rmag(N + 1)
BMW(3) = BMW(2)
BPW(1) = 0
```

```
BPW(2) = Rph(N + 1)
BPW(3) = BPW(2)
BPW(4) = 0
GOSUB CMULT
tranmag = 1
tranph = 0
FOR JW = 1 TO N + 1
tranmag = tranmag * Tmag(JW)
tranph = tranph + Tph(JW)
NEXT JW
tranmag = 1 /(tranmag + 1E-12)
DO
IF tranph > 2 * PI THEN tranph = tranph - 2 * PI ELSE EXIT
DO
LOOP
tranph = -tranph
IF POL = 0 THEN
Ttotmag(0) = 1 /(tranmag * AMW(1))
Ttotph(0) = ABS( -(tranph + APW(1)))
Rtotmag(0) = AMW(3) /AMW(1)
Rtotph(0) = ABS(APW(3) - APW(1))
END IF
IF POL = 1 THEN
Ttotmag(1) = 1 /(tranmag * AMW(1))
Ttotph(1) = ABS( -(tranph + APW(1)))
Rtotmag(1) = AMW(3) /AMW(1)
Rtotph(1) = ABS(APW(3) - APW(1))
END IF
NEXT POL
RETURN
'***************************************
**********************************
'* CMULT Subroutine *
'***************************************
**********************************
CMULT:
```

```
FOR IW = 1 TO 3 STEP 2
FOR JW = 1 TO 2
R1 = AMW(IW) * BMW(JW)
R2 = AMW(IW + 1) * BMW(JW + 2)
E1 = APW(IW) + BPW(JW)
E2 = APW(IW + 1) + BPW(JW + 2)
R3 = R1 * COS(E1) + R2 * COS(E2)
E3 = R1 * SIN(E1) + R2 * SIN(E2)
CMW(JW + IW - 1) = SQR(R3 * R3 + E3 * E3)
IF (R3 > 0) AND (E3 > 0) THEN PA = 0
IF (R3 < 0) THEN PA = PI
IF (R3 > 0) AND (E3 < 0) THEN PA = 2 * PI
CPW(JW + IW - 1) = (ATN(E3 /(R3 + 1E -12))) + PA
NEXT JW
NEXT IW
FOR IW = 1 TO 4
AMW(IW) = CMW(IW)
APW(IW) = CPW(IW)
NEXT IW
RETURN
'* * * * * * * * * * * * * * * * * * * * * * * * * * * * * * * * * * * * * *
* * * * * * * * * * * * * * * * * * * * * * * * * * * * * * * * *
' * RECTPOLAR Subroutine *
'* * * * * * * * * * * * * * * * * * * * * * * * * * * * * * * * * * * * * *
* * * * * * * * * * * * * * * * * * * * * * * * * * * * * * * *
RECTPOLAR:
MAG = SQR(xx ^2 + yy ^2)
IF (xx > 0) AND (yy > 0) THEN corr = 0
IF (xx < 0) AND (yy < 0) THEN corr = PI
IF (xx > 0) AND (yy < 0) THEN corr = 0
IF (xx < 0) AND (yy > 0) THEN corr = PI
IF (xx > 0) AND (yy = 0) THEN corr = 0
IF (xx < 0) AND (yy = 0) THEN corr = PI
IF (xx = 0) AND (yy 0) THEN corr = 0
IF (xx = 0) AND (yy = 0) THEN ANG = 0
ANG = ATN(yy /(xx + 1E -12)) + corr
```

```
RETURN
‘* * * * * * * * * * * * * * * * * * * * * * * * * * * * * * * * * * * * *
* * * * * * * * * * * * * * * * * * * * * * * * * * * * * * * * *
‘* OLARRECT Subroutine *
‘* * * * * * * * * * * * * * * * * * * * * * * * * * * * * * * * * * * * *
* * * * * * * * * * * * * * * * * * * * * * * * * * * * * * * * *
POLARRECT:
xx = MAG * COS(ANG)
yy = MAG * SIN(ANG)
RETURN
‘* * * * * * * * * * * * * * * * * * * * * * * * * * * * * * * * * * * * *
* * * * * * * * * * * * * * * * * * * * * * * * * * * * * * * * *
‘* COMPLEXSR Subroutine *
‘* * * * * * * * * * * * * * * * * * * * * * * * * * * * * * * * * * * * *
* * * * * * * * * * * * * * * * * * * * * * * * * * * * * * * * *
COMPLEXSR:
ROOTMAG = SQR(MAG)
ROOTANG = ANG /2
RETURN
‘* * * * * * * * * * * * * * * * * * * * * * * * * * * * * * * * * * * * *
* * * * * * * * * * * * * * * * * * * * * * * * * * * * * * * * *
‘* WAITFORANYKEY Subroutine *
‘* * * * * * * * * * * * * * * * * * * * * * * * * * * * * * * * * * * * *
* * * * * * * * * * * * * * * * * * * * * * * * * * * * * * * * *
waitforanykey:
DO
keystroke = INKEY$
IF keystroke = CHR$(27) THEN END
IF keystroke “” THEN EXIT DO
LOOP
RETURN
END FUNCTION
```

附录 F　本书程序的操作手册*

F.1　程序概述

本书包含的两个程序:程序 WALL 和程序 TORADOME。程序 WALL 计算通过多层平板介质天线罩壁后的传输与频率和罩壁详情(每一层的厚度、介电常数、损耗角正切)的函数关系。程序 TORADOME 计算波在由带正切卵形天线罩的天线传播时的损耗和瞄准线误差。TORADOME 还可以计算各层罩壁特性由用户输入的多层介质罩壁。

两个程序都编译成可执行代码,并且用户友好。可以在 CD 上运行或复制到笔记本电脑或计算机的 C 盘下运行。

F.2　系统要求

运行本书程序的系统要求:

(1)具有 WindowsXP、Vista 或更高版本操作系统的计算机。

(2)最低主频 1.0GHz。

(3)最小系统内存 1GB。

F.3　平板分析

F.3.1　理论

平板传输分析模块(WALL)评估通过多层介质平板的平行和垂直分量传输系数,可以作为频率的函数来计算,此时,入射角自动以 5°步长,以表面法向为 0°计算到 85°。

---

* 译者注:原书附有光盘,而译本无源程序光盘,但为方便读者,此处仍翻译操作手册。

数学上，将其作为前向和后向传播的电磁波的边界值问题来推导。由平板的公式，产生矩阵方程，并且在每个介质边界都是菲涅耳反射和透射系数的函数。

F.3.2　程序的操作

在程序驻留位置（CD 或计算机的 C 盘）单击 WALL. exe，该程序将提示用户以下信息：

（1）层数 N。

（2）第 i 层的厚度，$T(i)$（单位为英寸）。

（3）第 i 层的相对介电常数，ER(i)。

（4）第 i 层损耗角正切，LTAN(i)。

（5）频率（GHz）。

当运行程序时，输出将以入射角 0°~85°，5°间隔的平行及垂直极化传输系数（单位 dB）的列表形式给出。接着，用户还有一个选择是终止程序或回到数据输入屏幕改变参数和重新计算。

F.4　正切卵形天线罩

F.4.1　理论

当将介质天线罩放置在单脉冲天线上时，天线性能的特性就会改变。天线罩分析模块（TORADOME）是通过允许用户评估（多层）天线罩壁设计和天线罩外形对带罩单脉冲天线影响，来解决这个问题的电磁解决方案。

数学上，通过几何光学（GO）射线追踪分析进行，这将穿过罩壁的天线孔径分布投影到要求的方向，并由孔径分布计算和、差单脉冲氟化铯方向图，该方向图被天线传输效应所改变。

F.4.2　程序操作

在程序驻留位置（CD 或硬盘 C），单击 TORADOME. EXE。

程序将提示用户以下信息：

（1）天线罩壁描述层数 N。

（2）第 i 层的厚度，$T(i)$（单位为英寸）。

（3）第 i 层的相对介电常数，ER(i)。

(4)第 i 层损耗角正切,LTAN(i)。

(5)频率(GHz)。

正切卵形天线罩描述(图 F.1):

(1)天线罩长度,L_0(单位英寸)。

(2)天线罩底座直径,D_0(单位英寸)。

(3)天线直径,Adia(英寸)。

(4)万向节由天线罩底座旋转的位置,x_0(单位英寸)。

(5)天线极化,水平或垂直。

(6)天线扫描方位角,AZ(度)。

(7)天线扫描俯仰角,EL(度)。

当运行程序时,输出数据屏幕将给出计算的作为频率函数的天线罩损耗(dB),从起始频率(GHz)到终止频率(GHz),以 15 个等间隔给出。用户接着可以选择是停止还是回到是数据输入界面,改变参数(图 F.1),并返回计算结果。

该程序可以运行形状从半球(天线罩长 =0.5 倍天线罩直径),到更尖的正切卵形天线罩(天线罩长度 >0.5 倍天线罩直径)。

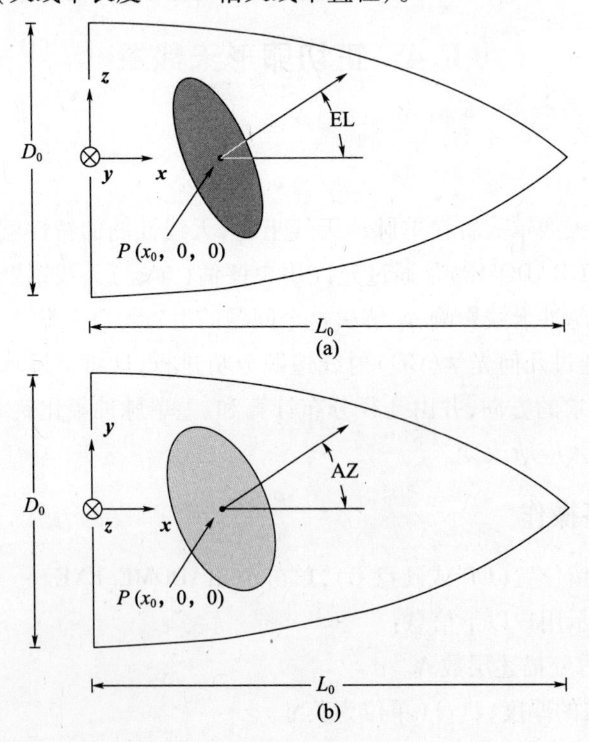

图 F.1　运行程序 TORADOME 所需的正切卵形几何外形参数:(a)侧视图;(b)俯视图

关于作者

丹尼斯·J. 卡扎科夫是天线罩设计与分析的专家和顾问。他建立了US-DigiComm公司，这是一家广泛参与电磁研究的公司。在此之前，他是毫米波技术有限公司的总裁/CEO，这是一家微波及毫米波传感器与设备的高技术制造商。在这之前，他是佐治亚技术研究所(Georgia Tech Research Institute，GTRI)电磁实验室的项目主任；位于佛罗里达州奥兰多的马丁·玛丽埃塔公司的副主任工程师；并在其他多个公司担任工程师职务。他从布鲁克林理工学院获得理学学士学位，从佛罗里达大学获得理学硕士学位，从东南理工学院获得工程博士学位。卡扎科夫是IEEE学会高级会员，IEEE天线与传播学会会员。在他的职业生涯中，他在已投入生产的飞机、导弹及地面天线罩和天线的设计与分析方面拥有丰富的实践经验。他的电子邮件地址是dr. kozakoff@ usdigicomm. com。